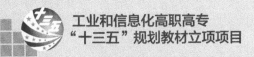

工业和信息化高职高专“十三五”规划教材立项项目

高等职业教育『十三五』土建类技能型人才培养规划教材

建筑工程质量事故分析与处理

刘青 贺晓文／主编
许宏良 赵丽颖／副主编

人民邮电出版社
北京

图书在版编目（CIP）数据

建筑工程质量事故分析与处理 / 刘青，贺晓文主编
. -- 北京 : 人民邮电出版社，2015.11（2021.1重印）
高等职业教育“十三五”土建类技能型人才培养规划
教材
ISBN 978-7-115-40181-6

Ⅰ. ①建… Ⅱ. ①刘… ②贺… Ⅲ. ①建筑工程－工程质量事故－事故分析－高等职业教育－教材②建筑工程－工程质量事故－事故处理－高等职业教育－教材 Ⅳ. ①TU712

中国版本图书馆CIP数据核字(2015)第182587号

内 容 提 要

本书按照高职高专人才培养目标以及专业教学改革的需要，结合建筑工程最新标准与规范进行编写。全书共 9 个学习情境，主要内容包括建筑工程质量管理概述、建筑物的可靠性检测、地基与基础工程质量事故分析与处理、混凝土结构工程质量事故分析与处理、砌体结构工程质量事故分析与处理、钢结构工程事故分析与处理、装饰装修工程事故分析与处理、防水工程事故分析与处理及火灾后建筑的鉴定与加固。每个学习情境里面都设置大量的工程案例。通过案例分析，可培养学生的实际应用和操作能力。

本书既可作为高职高专院校土建类相关专业的教材，也可作为建筑工程施工现场相关技术和管理人员的参考书。

◆ 主　编　刘　青　贺晓文
副 主 编　许宏良　赵丽颖
责任编辑　刘盛平
责任印制　张佳莹　杨林杰
◆ 人民邮电出版社出版发行　北京市丰台区成寿寺路 11 号
邮编　100164　电子邮件　315@ptpress.com.cn
网址　http://www.ptpress.com.cn
北京天宇星印刷厂印刷
◆ 开本：787×1092　1/16
印张：15.25　2015 年 11 月第 1 版
字数：368 千字　2021 年 1 月北京第 3 次印刷

定价：35.00 元

读者服务热线：(010)81055256　印装质量热线：(010)81055316
反盗版热线：(010)81055315
广告经营许可证：京东市监广登字20170147号

前 言

近年来，我国在进行大规模的工程建设时，建筑工程事故时有发生，已成为人们关注的焦点。为保证建筑物的安全使用，保护公民的生命和财产安全，必须进行事故原因分析和事故处理；科学地分析地基与基础工程事故、建筑主体结构事故、火灾与爆炸事故等的原因，制订出合理的事故处理方案；从已有的建筑工程事故中吸取经验教训，以改进设计、施工和管理工作，从而防止同类事故的发生。

本书作为高职高专院校土建类相关专业的教材，对建筑工程质量管理的基本概念、建筑物可靠性的鉴定与检测方法做了介绍，总结了地基与基础工程质量事故、混凝土结构工程质量事故、砌体结构工程质量事故、钢结构工程事故、装饰装修工程事故、防水工程事故的分析与处理方法，归纳了火灾后建筑的鉴定和加固方法。本书编写时突出了高等职业教育教学的特点，充分考虑了高等职业院校学生岗位能力培养的要求，在体例安排上也强化了教材与社会实践的结合，强调内容的实用性、适用性及可操作性。

本书在编写上，将理论与实践相结合，采用“工学结合”模式，突出实践环节。将各个学习情境分成若干个学习单元，每个学习单元中设置了情境导入、案例导航、小提示、小技巧、课堂案例、学习案例、案例分析、知识拓展等模块，旨在提高学生的学习兴趣，促进学生的全面发展。每个学习情境最后设置了学习情境小结和学习检测。

本书由郑州铁路职业技术学院的刘青和营口职业技术学院的贺晓文担任主编，江苏城乡建设职业学院的许宏良、营口职业技术学院的赵丽颖任副主编。

本书在编写过程中，参阅了国内同行多部著作，部分高等院校教师也提出了很多宝贵意见，在此，对他们表示衷心的感谢！

由于编者水平有限，书中难免存在不足之处，恳请广大读者指正。

编　者

2015 年 5 月

目 录

学习情境一

建筑工程质量管理概述

情境导入

川黔线K95+120陡沟子大桥为7 ~ 16 m的Ⅱ型梁，20世纪50年代建造，梁底混凝土成片破损、脱落，钢筋锈蚀严重，蜂窝、空洞、裂纹较多。经测试，其承载能力比设计有所降低，危及行车安全。

案例导航

造成上述病害的主要原因是施工质量差、钢筋布置不规范、混凝土保护层厚度不够、混凝土捣固不密实、桥上排水不畅以及大气中有害气体的侵袭等。这些病害加剧了表层混凝土的碳化。

针对上述病害，经方案比选，确定采用黏结钢板加固梁体的下翼缘；对全桥锈蚀的钢筋做彻底的除锈和防锈处理；清除梁体表面的浮皮，凿除所有破碎、疏松的混凝土，直至得到稳定坚实的混凝土表面，然后用CARBO100聚合物水泥砂浆进行修补，恢复保护层厚度，空洞用CARBO100填补密实；对裂缝用环氧树脂勾缝后压注聚氨酯，用罩面胶封闭梁体表面；在梁体上翼缘底两侧用CARBO100聚合物水泥砂浆做滴水檐，并在梁顶道砟槽上钻孔，增设桥面排水通道。

该加固措施在不影响行车的情况下完成了梁体加固，不仅恢复了梁桥承载力，还加强了桥梁的耐久性，经过几年的运营检验，加固效果良好。

如何掌握建筑工程质量管理的相关概念与定义？如何正确分析影响工程质量的因素，并运用质量管理与质量控制的原则与方法对工程施工过程实施管理？如何掌握常见质量事故发生的原因？如何具备分析和处理质量工程事故的能力？需要掌握的相关知识有：

1. 工程质量管理的基本概念；
2. 质量管理体系；
3. 建筑工程质量事故分析与处理的相关规定。

学习单元一　建筑工程质量管理的基本概念

知识目标

（1）了解质量、建筑工程质量、质量管理、工程质量管理的概念。

（2）理解建筑工程质量管理的重要性。

（3）了解建筑工程质量管理的发展阶段。

技能目标

（1）通过对质量管理基本概念的学习，能够认识到建筑工程质量管理的重要性。

（2）能够掌握建筑工程质量管理的相关概念与定义。

基础知识

一、质量与建筑工程质量

（一）质量与建筑工程质量的概念

质量是指反映实体满足明确或隐含需要能力的特性的总和。质量的主体是“实体”，实体可以是活动或者过程的有形产品。例如，建成的厂房、装修后的住宅，或是无形的产品（质量措施规划等），也可以是某个组织体系或人，以及上述各项的组合。由此可见，质量的主体不仅包括产品，而且包括活动、过程、组织体系或人，以及它们的组合。“需要”一般指的是用户的需要，也可以指社会及第三方的需要。“明确需要”一般指甲乙双方以合同契约等方式予以规定，而“隐含需要”则指虽然没有任何形式给予明确规定，但却是人们普遍认同的、无须事先声明的需要。

小提示

特性是区分它物的特征，可以是固有的或赋予的，可以是定性的或定量的。固有的特性是在某事或某物中本来就有的，是产品、过程或体系的一部分，尤其是那种永久的特性。赋予的特性（如某一产品的价格）并非是产品、过程或体系本来就有的。质量特性是固有的特性，并通过产品、过程或体系设计、开发及开发后的实现过程而形成的属性。

质量中的需求通常被转化为一些规定准则的特性，如适用性、耐久性、安全性和可靠性等。

工程质量除了具有上述普遍的质量的含义之外，还具有自身的一些特点。在工程质量中，还需考虑业主需要的，符合国家法律、法规、技术规范、标准、设计文件及合同规定的特性。

（二）建筑工程质量的特性

建筑工程质量的特性主要表现在以下几个方面。

1. 适用性

适用性是指工程满足使用目的的各种性能。它包括理化性能，如尺寸、规格、保温、隔热、隔声等物理性能，耐酸、耐碱、耐腐蚀、防火、防风化、防尘等化学性能；结构性能，指地基基础的牢固程度，结构的强度、刚度和稳定性；使用性能，如民用住宅工程要能使居住者安居，工业厂房要能满足生产活动的需要，道路、桥梁、铁路、航道要能通达便捷等，建筑工程的组成部件、配件及水、暖、电、卫器具、设备也要能满足其使用功能；外观性能，指建筑物的造型、布置、室内装饰效果、色彩等美观大方和协调等。

2. 耐久性

耐久性是指工程在规定的条件下，满足规定功能要求使用的年限，也就是工程竣工后的合理使用寿命周期。

小提示

由于建筑物本身结构类型不同、质量要求不同、施工方法不同及使用性能不同的个性特点，其耐久性也有所区别。例如，民用建筑设计使用年限分为四级（5年、25年、50年、100年），公路工程设计年限一般按等级控制在10～20年，城市道路工程设计年限，视不同道路构成和所用的材料，设计的使用年限也会有所不同。

3. 安全性

安全性是指工程建成后在使用过程中保证结构安全、保证人身和环境免受危害的程度。建筑工程产品的结构安全度、抗震、耐火及防火能力，人防工程的抗辐射、抗核污染、抗爆炸冲击波等能力，是否能达到特定的要求，都是安全性的重要标志。工程交付使用后，必须保证人身财产、工程整体都能免遭工程结构破坏及外来危害的伤害。工程组成部件，如阳台栏杆、楼梯扶手、电气产品漏电保护、电梯及各类设备等，也要保证使用者的安全。

4. 可靠性

可靠性是指工程在规定的时间和规定的条件下完成规定功能的能力。即建筑工程不仅在交工验收时要达到规定的指标，而且在一定使用时期内要保证应有的正常功能。

5. 经济性

经济性是指工程从规划、勘察、设计、施工到整个产品使用寿命周期内的成本和消耗的费用。

小提示

工程经济性具体表现为设计成本、施工成本、使用成本三者之和。包括从征地、拆迁、勘察、设计、采购（材料、设备）、施工、配套设施等建设全过程的总投资和工程使用阶段的能耗、水耗、维护、保养乃至改建更新的使用维修费用。

6. 与环境的协调性

与环境的协调性，是指工程与其周围生态环境相协调，与所在地区经济环境协调及与周围已建工程相协调，以适应环境可持续发展的要求。

上述六个方面的质量特性彼此之间是相互依存的。总体而言，适用性、耐久性、安全性、可靠性、经济性及与环境的协调性都是必须达到的基本要求，缺一不可的。

二、质量管理与工程质量管理

质量管理是指在质量方面指挥和控制组织协调的活动。质量管理的首要任务是确定质量方针、目标和职责，核心是建立有效的质量管理体系，通过具体的四项活动，即质量策划、质量控制、质量保证和质量改进，确保质量方针、目标的实施和实现。

（一）质量策划

质量策划是质量管理的一部分，致力于制定质量目标并按规定的行动过程和相关资料以实现质量目标。质量策划的目的在于制定并采取措施实现质量目标。质量策划是一种活动，其结果形成的文件可以是质量计划。

（二）质量控制

质量控制是质量管理的重要组成部分，其目的是为了使产品、体系或过程的固有特性达到规定的要求，即满足顾客、法律、法规等方面所提出的质量要求（如适用性、安全性等）。所以，质量控制是通过采取一系列的作业技术和活动对各个过程实施控制，如质量方针控制、文件和记录控制、设计和开发控制、采购控制、不合格控制等。

（三）质量保证

质量保证是指为了提供足够的信任而表明工程项目能够满足质量要求，并在质量体系中根据要求提供保证的有计划的、系统的全部活动。质量保证定义的关键是“信任”，由一方向另一方提供信任。由于两方的具体情况不同，质量保证分为内部质量保证和外部质量保证两部分，内部质量保证是企业向自己的管理者提供信任；外部质量保证是供方向顾客或第三方认证机构提供信任。

（四）质量改进

质量改进是指企业及建设单位为获得更多收益而采取的旨在提高活动和过程的效益和效率的各项措施。

工程质量管理就是在工程的全生命周期内，对工程质量进行的监督和管理。针对具体的工程项目，就是项目质量管理。

三、建筑工程质量管理的重要性

《中华人民共和国建筑法》第一条明确了制定此法是“为了加强对建筑活动的监督管理，维护建筑市场秩序，保证建筑工程的质量和安全，促进建筑业的健康发展”。第三条再次强调了对建筑活动的基本要求：“建筑活动应当确保建筑工程质量和安全，符合国家的建筑工程安全标准。”由此可见，建筑工程质量与安全问题在建筑活动中占有极其重要地位。工程项目的质量是项目建设的核心，是决定工程建设成败的关键。它对提高工程项目的经济效益、社会效益和环境效益具有重大的意义。它直接关系到国家财产和人民生命安全，关系着社会主义建设事业的发展。

要确保和提高工程质量，必须加强质量管理工作。如今，质量管理工作已经越来越为人们所重视，大部分企业领导清醒地认识到高质量的产品和服务是市场竞争的有效手段，是争取用户、占领市场和发展企业的根本保证。

作为建设工程产品的工程项目，投资和耗费的人工、材料、能源都相当大，投资者付出巨大的投资，要求获得理想的、满足使用要求的工程产品，以期在预定时间内能发挥作用，为社会经济建设和物质文化生活需要做出贡献。如果工程质量差，不但不能发挥应有的效用，而且还会因质量、安全等问题影响国计民生和社会环境的安全。因此，要从发展战略的高度来认识质量问题，质量已关系到国家的命运、民族的未来，质量管理的水平已关系到行业的兴衰、企业的命运。

建筑施工项目质量的优劣，不但关系到工程的适用性，而且还关系到人民生命财产的安全和社会安定。因为施工质量低劣，造成工程质量事故或潜伏隐患，其后果是不堪设想的，所以在工程建设过程中，加强质量管理，确保国家和人民生命财产安全是施工项目管理的头等大事。

工程质量的优劣，直接影响国家经济建设的速度。工程质量差本身就是最大的浪费，低劣的质量一方面需要大幅度地增加返修、加固、补强等人工、材料、能源的消耗；另一方面还将给用户增加使用过程中的维修、改造费用。同时，低劣的质量必将缩短工程的使用寿命，使用户遭受经济损失。此外，质量低劣还会带来其他的间接损失（如停工、降低使用功能、减产等），给国家和使用者造成的浪费、损失将会更大。因此，质量问题直接影响着我国经济建设的速度。

综上所述，加强工程质量管理是市场竞争的需要，是加快社会主义建设的需要，是实现现代化生产的需要，是提高施工企业综合素质和经济效益的有效途径，是实现科学管理、文明施工的有力保证。国务院已发布了《建设工程质量管理条例》，它是指导我国建设工程质量管理（含施工项目）的法典，也是质量管理工作的灵魂。

四、建筑工程质量管理的发展阶段

质量管理的产生和发展有着漫长的历程，人类历史上自有商品生产以来，就开始了以商品的成品检验为主的质量管理方法。随着科学技术的发展和市场竞争的需要，质量管理已越来越为人们所重视，并逐渐发展成为一门新兴的学科。质量管理作为现代企业管理的有机组成部分，它随着企业管理的发展而发展，其产生、形成、发展和日益完善的过程大体经历了以下几个阶段。

（一）产品质量检验阶段（1940年以前）

工业化之前，生产工艺简单，一个工人或几个工人就可完成产品的生产、制造，质量好坏靠的是工人的经验和技艺。这段时期受小生产经营方式或手工业作坊式生产经营方式的影响，产品质量主要依靠工人的实际操作经验，靠手摸、眼看等感官估计和简单的度量衡器进行测量而定的。工人既是操作者又是质量检验者、质量管理者，且经验就是“标准”，因此，有人称之为“操作者的质量管理”。到19世纪，现代工厂的大量出现，使管理职能分工，由工长执行质量管理的职能。质量检验所使用的手段是各种各样的检测设备和仪表，它的方式是严格把关，进行百分之百的检验。1918年前后，美国出现了以泰勒为代表的“科学管理运动”，强调工长在保证质量方面的作用，于是执行质量管理的责任就由操作者转移给工长，有人称它为“工长的质量管理”。后来，由于企业的规模扩大，这一职能又由工长转移给专职的检验人员。大多数企业都设置专职的检验部门并直属厂长领导，负责全厂各生产单位和产品检验工作，有人称它为“检验员的质量管理”。专职检验既是从成品中挑出废品，保证出厂产品质量，又是一道重要的生产工序。通过检验，反馈质量信息，从而预防今后出现同类废品。

纵观这一阶段质量管理活动，从观念上来看，仅仅把质量管理理解为对产品质量的事后检验；从方法上来看，是对已经生产的产品进行百分之百的全数检验，采用剔除不合格产品来保证产品的质量。

（二）统计质量管理阶段（1940—1960年）

第二次世界大战初期，由于战争的需要，美国许多民用生产企业转为军用品生产。由于事先无法控制产品质量，造成废品量很大，耽误了交货期，甚至因军火质量差而发生事故。同时，军需品的质量检验大多属于破坏性检验，不可能进行事后的检验。于是人们采用了休哈特的“预防缺陷”理论。美国国防部请休哈特等研究制定了一套美国战争时代的质量管理方法，强制生产企业执行。这套方法主要是采用统计质量控制图，了解质量变动的先兆，进行预防，使不合格产品率大为下降，对保证产品质量收到了较好的效果。这种用数理统计方法来控制生产过程影响质量的因素，把单纯的质量检验变成了过程管理，使质量管理从“事后”转到了“事中”，较单纯的质量检验前进了一大步。第二次世界大战后，许多工业发达国家生产企业也纷纷采用和效仿这种质量管理工作模式。但因为对数理统计知识的掌握有一定的要求，在过分强调的情况下，给人们以统计质量管理是少数数理统计人员责任的错觉，而忽略了广大生产与管理人员的作用，结果既没有充分发挥数理统计方法的作用，又影响了管理功能的发展，把数理统计在质量管理中的应用推向了极端。到了20世纪50年代，人们认识到统计质量管理方法并不能全面地保证产品质量，进而导致了“全面质量管理”新阶段的出现。

（三）全面质量管理阶段（1960年至今）

20世纪60年代以后，随着社会生产力的发展和科学技术的进步，经济上的竞争也日趋激烈，特别是一大批高安全性、高可靠性、高科技和高价值的技术密集型产品和大型复杂产品的质量，在很大程度上依靠对各种影响质量的因素加以控制，才能达到设计标准和使用要求。人们对控制质量的认识有了深化，意识到单纯靠统计检验手段已不能满足要求，大规模的工业化生产，质量保证除与设备、工艺、材料、环境等因素有关之外，还与职工的思想意识、技术素质和企业的生产技术管理等息息相关。同时，检验质量的标准与用户中所需求的功能标准之间也存在时差，必须及时地收集反馈信息，修改制定满足用户需要的质量标准，使产品更具竞争性。美国的菲根鲍姆首先提出了较系统的“全面质量管理”概念。其中心思想是，数理统计方法是重要的，但不能单纯依靠它，只有将它和企业管理结合起来，才能保证产品质量。这一理论很快被应用于不同行业生产企业（包括服务行业和其他行业）的质量工作。此后，这一概念通过不断完善，便形成了今天的“全面质量管理”。

小提示

全面质量管理阶段的特点是针对不同企业的生产条件、工作环境及工作状态等多方面因素的变化，把组织管理、数理统计方法以及现代科学技术、社会心理学、行为科学等综合运用于质量管理，建立适用和完善的质量工作体系，对每一个生产环节加以管理，做到全面运行和控制。

通过改善和提高工作质量来保证产品质量；通过对产品的形成和使用全过程的管理，全面保证产品质量；通过形成生产（服务）企业全员、全企业、全过程的质量工作系统，建立质量体系以保证产品质量始终满足用户需要，使企业用最少的投入获取最佳的效益。

学习单元二　质量管理体系

知识目标

（1）了解质量管理体系的ISO标准。

（2）了解质量管理八项原则的基本概念。

（3）掌握质量管理八项原则的具体内容。

（4）掌握质量管理体系12项基础的内容及特征。

（5）掌握质量管理体系12项基础与八项管理原则的关系。

（6）掌握质量管理体系文件的构成及质量管理体系的构成、实施和认证。

技能目标

（1）能够进行质量体系文件的编制和使用。

（2）能够正确分析影响工程质量的因素，并能够运用质量管理与质量控制的原则与方法对工程施工过程实施管理。

基础知识

一、质量管理体系与ISO 9000标准

（一）质量管理体系

任何组织都需要管理，当管理与质量有关时，则为质量管理。实现质量管理的方针目标，有效地开展各项质量管理活动，必须建立相应的管理体系，这个体系就是质量管理体系。

1. 质量管理体系的内涵

（1）质量管理体系应具有唯一性。质量管理体系的设计和建立，应结合组织的质量目标、产品的类别、过程特点和实践经验。因此，不同组织的质量管理体系有着不同的特点。

（2）质量管理体系具有系统性。质量管理体系是相互关联和作用的组合体，包括以下内容。

① 组织结构。合理的组织机构和明确的职责、权限及其协调的关系。

② 程序。规定到位的形成文件的程序和作业指导书，是过程运行和进行活动的依据。

③ 过程。质量管理体系的有效实施，是通过其所需过程的有效运行来实现的。

④ 资源。必需、充分且适宜的资源，包括人员、资金、设施、设备、料件、能源、技术和方法等。

（3）质量管理体系应具有全面有效性。质量管理体系的运行应是全面有效的，既能满足组织内部质量管理的要求，又能满足组织与顾客的合同要求，还能满足第二方认定、第三方认证和注册的要求。

（4）质量管理体系应具有预防性。质量管理体系应能采用适当的预防措施，有一定的防止重要质量问题发生的能力。

（5）质量管理体系应具有动态性。最高管理者定期批准进行内部质量管理体系审核，定期进行管理评审，以改进质量管理体系；还要支持质量职能部门采用纠正措施和预防措施的改进过程，从而达到完善体系的目的。

2. 质量管理体系的特点

（1）它代表现代企业或政府机构思考如何真正发挥质量的作用和如何最优地做出质量决策的一种观点。

（2）它是深入细致的质量文件的基础。

（3）它是使公司内更为广泛的质量活动能够得以切实管理的基础。

（4）它是有计划、有步骤地把整个公司主要质量活动按重要性的顺序进行改善的基础。

（二）ISO 9000标准

1. ISO 9000族标准的产生及修订

1979年，国际标准化组织（ISO）成立了第176技术委员会（ISO/TC 176），负责制定质量管理和质量保证标准。ISO/TC 176的目标是“要让全世界都接受和使用ISO 9000标准，为提高组织的动作能力提供有效的方法；增进国际贸易，促进全球的繁荣和发展；使任何机构和个人，可以有信心地从世界各地得到任何期望的产品，以及将自己的产品顺利地销到世界各地”。

1986年，ISO/TC 176发布了ISO 8402：1986《质量管理和质量保证　术语》；1987年发布了ISO 9000：1987《质量管理和质量保证　选择和使用指南》、ISO 9001：1986《质量体系设计、开发、生产、安装和服务的质量保证模式》、ISO 9002：1987《质量体系　生产、安装和服务的质量保证模式》、ISO 9003：1987《质量体系　最终检验和试验的质量保证模式》以及ISO 9004：1987《质量管理和质量体系要素　指南》。这6项国际标准统称为1987版ISO 9000系列国际标准。1990年，ISO/TC 176技术委员会开始对ISO 9000系列标准进行修订，并于1994年发布了ISO 8402：1994，ISO 9000-1：1994，ISO 9001：1994，ISO 9002：1994，ISO 9003：1994，ISO 9004-1：1994等6项国际标准，统称为1994版ISO 9000族标准，这些标准分别取代1987版6项ISO 9000系列标准。随后，ISO 9000族标准进一步扩充到包含17个标准和技术文件的庞大标准“家族”之中。

2000年12月15日推出2000版，统称为2000版ISO 9000族标准，2000版标准发布后，ISO/TC 176/SC 2一直在关注跟踪标准的使用情况，不断地收集来自各方面的反馈信息。这些反馈多数集中在两个方面：一方面是ISO 9001：2000标准部分条款的含义不够明确，不同行业和规模的组织在使用标准时容易产生歧义；另一方面是与其他标准的兼容性不够。到了2004年，ISO/TC 176/SC 2在其成员中就ISO 9001：2000标准组织了一次正式的系统评审，以便决定ISO 9001：2000标准是应该撤销、维持不变还是进行修订或换版，最后大多数意见是修订。与此同时，ISO/TC 176/SC 2还就ISO 9001：2000和ISO 9001：2004的使用情况进行了广泛的“用户反馈调查”。之后，基于系统评审和用户反馈调查结果，ISO/TC 176/SC 2依据ISO/Guide 72：2001的要求对ISO 9001标准的修订要求进行了充分的合理性研究（Justification Study），并于2004年向ISO/TC 176提出了启动修订程序的要求，并制定了ISO 9001标准修订规范草案。该草案在2007年6月做了最后一次修订。修订规范规定了ISO 9001标准修订的原则、程序、修订意见收集时限和评价方法及工具等，是ISO 9001标准修订的指导文件。目前，ISO 9001：2008《质量管理体系　要求》国际标准已于2008年11月31日正式发布实施。

2. 2008版ISO族标准的构成

2008版的ISO 9000族标准包括了以下密切相关的质量管理体系核心标准。

（1）ISO 9000《质量管理体系——基础和术语》，表述质量管理体系基础知识，并规定质量管理体系术语。

（2）ISO 9001《质量管理体系——要求》，规定质量管理体系要求，用于证实组织具有提供满足顾客要求和适用法规要求的产品的能力，目的在于增进顾客的满意度。

（3）ISO 9004《质量管理体系——业绩改进指南》，提供考虑质量管理体系的有效性和改进两个方面的指南。该标准的目的是促进组织业绩改进和使顾客及其他相关方满意。

（4）ISO 19011《质量和（或）环境管理体系审核指南》，提供审核质量和环境管理体系的指南。

二、质量管理的八项原则

ISO/TC 176在总结1994版ISO 9000标准的基础上提出了质量管理八项原则，作为2000版ISO 9000族标准的设计思想。人们普遍认为，这八项质量管理原则不仅是2000版ISO 9000族标准的理论基础，而且应该成为任何一个组织建立质量管理体系并有效开展质量管理工作所必须遵循的基本原则。

小提示

八项质量管理原则是2008版ISO 9000族标准的编制基础，也是世界各国质量管理成功经验的科学总结，其中不少内容与我国全面质量管理的经验相吻合。它的贯彻执行能促进企业管理水平的提高，并提高顾客对其产品或服务的满意程度，帮助企业达到持续成功的目的。

八项质量管理原则具体指以顾客为关注焦点、领导作用、全员参与、过程方法、管理的系统方法、持续改进、基于事实的决策方法、与供方互利的关系。

（一）以顾客为关注焦点

组织（从事一定范围生产经营活动的企业）依存于其顾客，组织应理解顾客当前的和未来的需求，满足顾客要求，并争取超越顾客的期望。

一个组织在经营上取得成功的关键是生产和提供的产品能够持续地符合顾客的要求，并得到顾客的满意和信赖。这就需要通过满足顾客的需要和期望来实现。因此，一个组织应始终密切地关注顾客的需求和期望，通过各种途径准确地了解和掌握顾客一般和特定的要求，包括顾客当前和未来的、发展的需要和期望。这样才能瞄准顾客的全部要求，并将其要求正确、完整地转化为产品规范和实施规范，确保产品的适用性质量和符合性质量。另外，必须注意顾客的要求并非是一成不变的。随着时间的迁移，特别是技术的发展，顾客的要求也会发生相应的变化。因此，组织必须动态地聚焦于顾客，及时掌握变化着的顾客要求，进行质量改进，力求同步地满足顾客要求并使顾客满意。

（二）领导作用

领导必须将本组织的宗旨、方向和内部环境统一起来，并创造使员工能够充分参与实现组织目标的环境。领导的作用，即最高管理者具有决策和领导一个组织的关键作用。为了营造一个良好的环境，最高管理者应建立质量方针和质量目标，确保关注顾客要求，确保建立和实施一个有效的质量管理体系，确保应有的资源，并随时将组织运行的结果与目标比较，根据情况决定实现质量方针、目标的措施，以及持续改进的措施。在领导作风上还要做到透明、务实和以身作则。

（三）全员参与

各级成员都是组织之本，只有全员充分参与，才能使他们的才干为组织带来收益。产品质量是产品形成过程中全体人员共同努力的结果，其中也包含着为他们提供支持的管理、检查和行政人员的贡献。企业领导应对员工进行质量意识等各方面的教育，激发他们的积极性和责任感，为其能力、知识、经验的提高提供机会，发挥创造精神，鼓励持续改进，给予必要的物质和精神鼓励，使全员积极参与，为达到让顾客满意的目标而奋斗。

（四）过程方法

将相关的资源和活动作为过程进行管理，可以更高效地得到期望的结果。任何使用资源生产活动和将输入转化为输出的一组相关联的活动都可视为过程。2008版ISO 9000标准是建立在过程控制的基础上。一般在过程的输入端、过程的不同位置及输出端都存在着可以进行测量、检查的机会和控制点，对这些控制点实行测量、检测和管理，便能控制过程的有效实施。

（五）管理的系统方法

系统管理是指将相互关联的过程作为系统加以识别、理解和管理，有助于组织提高实现目标的有效性和效率。系统方法的特点在于识别这些活动所构成的过程，分析这些过程之间的相互作用和相互影响的关系，按照某种方法或规律将这些过程有机地组合成一个系统，管理由这些过程构筑的系统，使之能协调地运行。管理的系统方法是系统论在质量管理中的应用。

（六）持续改进

持续改进总体业绩是组织的一个永恒目标，其作用在于增强企业满足质量要求的能力，包括产品质量、过程及体系的有效性和效率的提高。持续改进是增强和满足质量要求能力的循环活动，使企业的质量管理走上了良性循环的轨道。

（七）基于事实的决策方法

有效的决策应建立在数据和信息分析的基础上，数据和信息分析是事实的高度提炼。以事实为依据做出决策，可防止决策失误。为此企业领导应重视数据信息的收集、汇总和分析，以便为决策提供依据。

（八）与供方互利的关系

组织与供方是相互依存的，建立双方的互利关系可以增强双方创造价值的能力。供方提供的产品是企业提供产品的一个组成部分，处理好与供方的关系，涉及企业能否持续稳定地提供顾客满意产品的重要问题。

组织的市场扩大，则为供方或合作伙伴增加了更多合作的机会。所以，组织与供方或合作伙伴的合作与交流是非常重要的。合作与交流必须是坦诚和明确的。合作与交流的结果是最终促使组织与供方或合作伙伴均增强了创造价值的能力，使双方都获得效益。

三、质量管理体系基础

GB/T 19000—2008提供了质量管理体系的12个基础，是八项质量管理原则在质量管理体系中的具体应用。

（一）质量管理体系的理论说明

质量管理体系能够帮助组织增强顾客满意度。顾客要求产品具有满足其需求和期望的特性，这些需求和期望在产品规范中表述，并归结为顾客要求。顾客要求可以由顾客以合同方式规定或由组织自己确定。在任何一种情况下，产品是否可接受最终由顾客确定。因为顾客的需求和期望是不断变化的，以及竞争的压力和技术的发展，这些都促使组织持续地改进产品和过程。

质量管理体系方法鼓励组织分析顾客要求，规定相关的过程，并使其持续受控，以生产顾客能接受的产品。质量管理体系能提供持续改进的框架，以增加顾客和其他相关方满意的机会。质量管理体系还帮助组织提供持续满足要求的产品，向组织及其顾客提供信任。

（二）质量管理体系要求与产品要求

GB/T 19000族标准区分了质量管理体系要求和产品要求。

小提示

GB/T 19000族标准把质量体系要求与产品要求区分开来。GB/T 19001规定了质量管理体系要求。质量管理体系要求是通用的，适用于所有行业或经济领域，不论其提供何种类别的产品，GB/T 19001本身并不规定产品要求。

产品要求可由顾客规定，或由组织通过预测顾客的要求规定，或由法规规定。在某些情况下，产品要求和有关过程的要求可包含在诸如技术规范、产品标准、过程标准、合同协议和法规要求中。

（三）质量管理体系方法

建立和实施质量管理体系的方法包括以下步骤。

（1）确定顾客和其他相关方的需求和期望。

（2）建立组织的质量方针和质量目标。

（3）确定实现质量目标必需的过程和职责。

（4）确定和提供实现质量目标必需的资源。

（5）规定测量每个过程的有效性和效率的方法。

（6）应用这些测量方法确定每个过程的有效性和效率。

（7）确定防止不合格并消除其产生原因的措施。

（8）建立和应用持续改进质量管理体系的过程。

上述方法也适用于保持和改进现有的质量管理体系。

采用上述方法的组织能对其过程能力和产品质量建立信任，为持续改进提供基础，从而增进顾客和其他相关方满意并使组织成功。

（四）过程方法

任何使用资源将输入转化为输出的活动或一组活动都可视为一个过程。

小提示

为使组织有效运行，必须识别和管理许多相互关联和相互作用的过程。通常，一个过程的输出将直接成为下一个过程的输入。系统地识别和管理组织所应用的过程，特别是这些过程之间的相互作用，称为“过程方法”。

GB/T 19000标准鼓励采用过程方法管理组织。以过程为基础的质量管理体系模式，如图1-1所示。该图表明在向组织提供输入方面相关方起重要作用。监视相关方满意程度需要评价有关相关方感受的信息，这种信息可以表明其需求和期望已得到满足的程度。

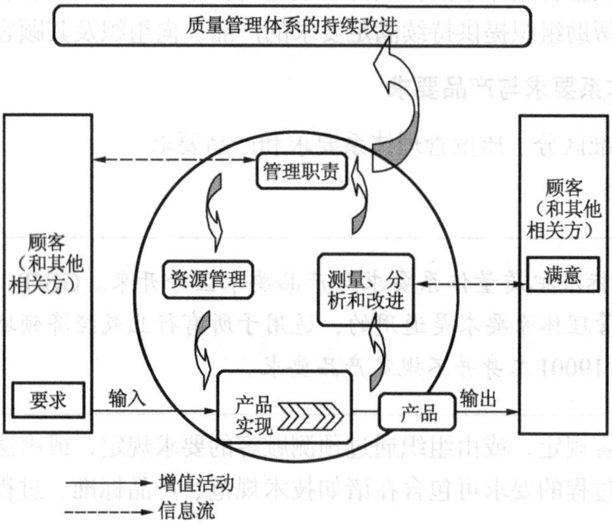

图1-1　以过程为基础的质量管理体系模式

（五）质量方针和质量目标

建立质量方针和质量目标为组织提供了关注的焦点。两者确定了预期的结果，并帮助组织利用其资源达到这些效果。质量方针为建立和评审质量目标提供了框架。质量目标需要与质量方针和持续改进的承诺相一致，其实现需要是可测量的。质量目标的实现对产品质量、运行有效性和财务业绩都有积极影响，因此对相关方的满意和信任也产生了积极影响。

（六）最高管理者在质量管理体系中的作用

最高管理者通过其领导作用及各种措施可以创造一个员工充分参与的环境，质量管理体系能够在这种环境中有效运行。基于质量管理原则，最高管理者可发挥以下作用。

（1）制定并保持组织的质量方针和质量目标。

（2）通过增强员工的意识、积极性和参与程度，在整个组织内促进质量方针和质量目标的实现。

（3）确保整个组织关注顾客要求。

（4）确保实施适宜的过程以满足顾客和其他相关方要求并实现质量目标。

（5）确保建立、实施和保持一个有效的质量管理体系以实现这些质量目标。

（6）确保获得必要资源。

（7）定期评审质量管理体系。

（8）决定有关质量方针和质量目标的措施。

（9）决定改进质量管理体系的措施。

（七）文件

文件是指“信息及其承载媒体”。

1. 文件的价值

文件能够沟通意图、统一行动，其使用有助于：

（1）满足要求和质量改进。

（2）提供适宜的培训。

（3）重复性和可追溯性。

（4）提供客观证据。

（5）评价质量管理体系的有效性和持续适宜性。

2. 质量管理体系中使用的文件类型

（1）向组织内部和外部提供关于质量管理体系的一致信息的文件，这类文件称为质量手册。

（2）表述质量管理体系如何应用于特定产品、项目或合同的文件，这类文件称为质量计划。

（3）阐明要求的文件，这类文件称为规范。

（4）阐明推荐的方法或建议的文件，这类文件称为指南。

（5）提供如何一致地完成活动和过程信息的文件，这类文件包括形成文件的程序、作业指导书和图样。

（6）为完成的活动或达到的结果提供客观证据的文件，这类文件称为记录。

每个组织确定其所需文件的多少和详略程度及所使用的媒体。这取决于下列因素，诸如组织的类型和规模、过程的复杂性和相互作用、产品的复杂性、顾客要求、适用的法规要求、经证实的人员能力以及满足质量管理体系要求所需证实的程度。

（八）质量管理体系评价

1. 质量管理体系过程的评价

评价质量管理体系时，应对每一个被评价的过程提出以下四个基本问题。

（1）过程是否予以识别和适当确定？

（2）职责是否予以分配？

（3）程序是否得到实施和保持？

（4）在实现所要求的结果方面，过程是否有效？

综合上述问题的答案可以确定评价结果。质量管理体系评价在涉及的范围上可以有所不同，并可包括许多活动。例如，质量管理体系审核和质量管理体系评审以及自我评定。

2. 质量管理体系审核

审核用于确定符合质量管理体系要求的程度。审核发现用于评定质量管理体系的有效性和识别改进的机会。

（1）第一方审核用于内部目的，由组织自己或以组织的名义来进行，可作为组织自我合格声明的基础。

（2）第二方审核由组织的顾客或由其他人以顾客的名义进行。

（3）第三方审核由外部独立的审核服务组织进行。这类组织通常是经认可的，提供符合（如GB/T 19001）要求的认证或注册。

GB/T 19011提供了审核指南。

3. 质量管理体系评审

最高管理者的任务之一是就质量方针和质量目标，有规则地、系统地评价质量管理体系的适宜性、充分性、有效性和效率。这种评审可包括考虑修改质量方针和质量目标的需求以响应相关方需求和期望的变化。评审包括确定采取措施的需求，审核报告与其他信息源共同用于质量管理体系的评审。

4. 自我评定

组织的自我评定是一种参照质量管理体系或优秀模式对组织的活动和结果所进行的全面和系统的评审。

自我评定可提供一种对组织业绩和质量管理体系成熟程度总的看法。它还有助于识别组织中需要改进的领域并确定优先开展的事项。

（九）持续改进

持续改进质量管理体系的目的在于增加顾客和其他相关方满意的机会，持续改进包括下述活动。

（1）分析和评价现状，以识别改进范围。

（2）设定改进目标。

（3）寻找可能的解决方法，以实现这些目标。

（4）评价这些解决办法并做出选择。

（5）实施选定的解决办法。

（6）测量、验证、分析和评价实施的结果，以确定这些目标已经实现。

（7）将更改纳入文件。

必要时，对结果进行评审，以确定进一步改进的机会。从这种意义上来说，改进是一种持续的活动。顾客和其他相关方的反馈以及质量管理体系的审核和评审均能用于识别改进的机会。

（十）统计技术的作用

应用统计技术可帮助组织了解变异，从而有助于组织解决问题并提高有效性和效率。这些技术也有助于更好地利用可获得的数据进行决策。

在许多活动的状态和结果中，甚至是在明显的稳定条件下，均可观察到变异。这种变异可通过产品和过程可测量的特性观察到，并且在产品的整个寿命周期（从市场调研到顾客服务和最终处置）的各个阶段，均可看到其存在。

统计技术有助于对这类变异进行测量、描述、分析、解释和建立模型，甚至在数据相对有限的情况下也可实现。这种数据的统计分析能对更好地理解变异的性质、程度和原因提供帮助。从而有助于解决，甚至防止由变异所引起的问题，并促进持续改进。

（十一）质量管理体系与其他管理体系的关注点

质量管理体系是组织管理体系的一部分，它致力于使与质量目标有关的输出（结果）适当地满足相关方的需求、期望和要求。组织的质量目标与其他目标，如增长、资金、利润、环境及职业卫生与安全等目标是相辅相成的。一个组织管理体系的各个部分，连同质量管理体系可以合成一个整体，从而形成使用共有要素的单一的管理体系。这将有利于策划、资源配置、确定互补的目标并评价组织的整体有效性。组织的管理体系可以对照其要求进行评价，也可以对照国家标准如GB/T 19001和GB/T 24001的要求进行审核，这些审核可分开进行，也可合并进行。

（十二）质量管理体系与优秀模式之间的关系

GB/T 19000族标准和优秀模式提出的质量管理体系方法依据共同的原则。它们两者均包含：

（1）使组织能够识别它的强项和弱项。

（2）包含对照通用模式进行评价的规定。

（3）为持续改进提供基础。

（4）包含外部承认的规定。

小提示

GB/T 19000族质量管理体系与优秀模式之间的差别在于它们的应用范围不同。GB/T 19000族标准提出了质量管理体系要求和业绩改进指南，质量管理体系评价可确定这些要求是否得到满足。优秀模式包含能够对组织业绩进行比较评价的准则，并能适用于组织的全部活动和所有相关方。优秀模式评价准则提供了一个组织与其他组织的业绩相比较的基础。

四、质量管理体系文件的构成、实施与认证

GB/T 19000质量管理体系标准对质量管理体系文件的重要性做出了专门的阐述，要求企业重视质量管理体系文件的编制和使用。编制和使用质量管理体系文件本身是一项具有动态管理要求的活动，因为质量管理体系的建立、健全要从编制完善体系文件开始，质量体系的运行、审核与改进都是依据文件规定而进行的，质量管理实施的结果也必须形成文件，作为证实产品质量符合规定要求及质量管理体系有效的证据。

（一）质量管理体系文件的构成

GB/T 19000质量管理体系对文件提出了明确要求，企业应具有完整和科学的质量体系文件。质量管理体系文件一般由以下内容构成：形成文件的质量方针和质量目标，质量手册，质量管理标准所要求的各种生产、工作和管理的程序文件，质量管理标准所要求的质量记录。

以上各类文件的详略程度无统一规定，以适于企业使用，使过程受控为准则。

1. 质量方针和质量目标

质量方针和质量目标一般都以简明的文字来表述，是企业质量管理的方向目标，应反映用户及社会对工程质量的要求及企业相应的质量水平和服务承诺，也是企业质量经营理念的反映。

2. 质量手册

质量手册是规定企业组织建立质量管理体系的文件，质量手册对企业质量体系做系统、完整和概要的描述。其内容一般包括：企业的质量方针、质量目标；组织机构及质量职责；体系要素或基本控制程序；质量手册的评审、修改和控制的管理办法。

质量手册作为企业质量管理系统的纲领性文件，应具备指令性、系统性、协调性、先进性、可行性和可检查性等特性。

3. 程序文件

质量体系程序文件是质量手册的支持性文件，是企业各职能部门为落实质量手册要求而规

定的细则，企业为落实质量管理工作而建立的各项管理标准、规章制度都属于程序文件范畴。各企业程序文件的内容及详略可视企业情况而定，一般有以下六个方面的程序为通用性管理程序，各类企业都应在程序文件中制定下列程序。

（1）文件控制程序。

（2）质量记录管理程序。

（3）内部审核程序。

（4）不合格品控制程序。

（5）预防措施控制程序。

（6）纠正措施控制程序。

小提示

除以上六个程序以外，涉及产品质量形成过程各环节控制的程序文件，如生产过程、服务过程、管理过程、监督过程等管理程序，不做统一规定，可视企业质量控制的需要而制定。

为确保过程的有效运行和控制，在程序文件的指导下，尚可按管理需要编制相关文件，如作业指导书、具体工程的质量计划等。

4. 质量记录

质量记录是阐明所取得的结果或提供所完成活动的证据文件。它是产品质量水平和企业质量管理体系中各项质量活动结果的客观反映，应如实地加以记录，用以证明达到了合同所要求的产品质量，并证明对合同中提出的质量保证要求予以满足的程度。如果出现偏差，则质量记录应反映出采取了哪些相应的纠正措施。

质量记录应字迹清晰、内容完整，并按所记录的产品和项目进行标识，记录应注明日期并经授权人员签字、盖章或作其他审定后方能生效。一旦发生问题，应能通过记录查明情况，找出原因和责任者，有针对性地采取防止问题重复发生的有效措施。质量记录应安全地存储和维护，并根据合同要求考虑如何向需方提供。

（二）质量管理体系的实施运行

质量管理体系的建立是企业按照八项质量管理原则，在确定市场及顾客需求的前提下，制定企业的质量方针、质量目标、质量手册、程序文件及质量记录等体系文件，确定企业在生产（或服务）全过程的作业内容、程序要求和工作标准，并将质量目标分解落实到相关层次、相关岗位的职能和职责中，形成企业质量管理体系执行系统的一系列工作。质量管理体系的建立还包含着组织不同层次的员工培训，它使体系工作的执行要求为员工所了解，为形成全员参与的企业质量管理体系的运行创造了条件。

质量管理体系的建立需识别并提供实现质量目标和持续改进所需的资源，包括人员、基础设施、环境、信息等。

质量管理体系的运行是在生产（或服务）的全过程质量管理文件体系制定的程序、标准、工作要求及目标分解的岗位职责，进行操作运行。

质量体系文件编制完成后，质量体系将进入试运行阶段。其目的是通过试运行，考验质量体系文件的有效性和协调性，并对所暴露出来的问题采取改进措施和纠正措施，以达到进一步完善质量体系文件的目的。在质量体系试运行过程中，要重点抓好以下工作。

（1）有针对性地宣传贯彻质量体系文件，使全体职工认识到新建立或完善的质量体系是对过去质量体系的变革，是为了向国际标准接轨，要适应这种变革就必须认真学习、贯彻质量体系文件。

（2）实践是检验真理的唯一标准。体系文件通过试运行必然会出现一些问题，全体职工应将在实践中出现的问题和改进意见如实地反映给有关部门，以便采取纠正措施。

（3）将体系试运行中暴露出的问题，如体系设计不周、项目不全等进行协调、改进。

（4）加强信息管理，不仅是体系试运行本身的需要，也是保证试运行成功的关键。所有与质量活动有关的人员都应按体系文件要求，做好质量信息的收集、分析、传递、反馈、处理和归档等工作。

（三）质量认证

质量认证是第三方依据程序对产品、过程或服务符合规定的要求给予书面保证（合格证书）。质量认证分为产品质量认证和质量管理体系认证两种。

1. 产品质量认证

产品质量认证是认证机构证明产品符合相关技术规范的强制性要求或者标准的合格评定活动，即由一个公正的第三方认证机构，对工厂的产品抽样，按规定的技术规范、技术规范中的强制性要求或者标准进行检验，并对工厂的质量管理保证体系进行评审，以做出产品是否符合有关技术规范、技术规范中的强制性要求或者标准，工厂能否稳定地生产合格产品的结论。如检验或评审通过，则发给合格证书，允许在被认证的产品及其包装上使用特定的认证标志。

小提示

认证标志是由认证机构设计并公布的一种专用标志，用以证明某项产品或服务符合特定标准或规范。经认证机构批准，使用在每台（件）合格出厂的认证产品上。认证标志是质量标志，通过标志可以向购买者传递正确可靠的质量信息，帮助购买者区别认证的产品与非认证的产品，指导购买者购买自己满意的产品。

对于认证标志图案的构成，许多国家是以国家标准的代码、标准机构或国家机构名称的缩写字母为基础而进行艺术创作而形成的。产品认证的标志可印在包装或产品上，认证标志分为方圆标志、长城标志和PRC标志，如图1-2所示。方圆标志分为合格认证标志，如图1-2（a）所示；安全认证标志如图1-2（b）所示；长城标志如图1-2（c）所示，它为电工产品专用标志；PRC标志如图1-2（d）所示，它为电子元器件专用标志。

（a）合格认证标志　（b）安全认证标志　（c）电工产品专用标志　（d）电子元器件专用标志

图1-2　认证标志

2. 质量管理体系认证

质量管理体系认证是指根据有关的质量保证模式标准，由第三方机构对供方（承包方）的质量管理体系进行评定和注册的活动。这里的第三方机构指的是经国家质量监督检验检疫总局质量体系认可委员会认可的质量管理体系认证机构。质量管理体系认证机构是个专职机构，各认证机构具有自己的认证章程、程序、注册证书和认证合格标志，国家质量监督检验检疫总局对质量认证工作实行统一管理。

（1）认证的特点。

① 由具有第三方公正地位的认证机构进行客观的评价，并做出结论，若通过，则颁发认证证书。审核人员要具有独立性和公正性，以确保认证工作客观、公正地进行。

② 认证的依据是质量管理体系标准，即GB/T 19001，而不能依据质量管理体系的业绩改进指南标准即GB/T 19004来进行，更不能依据具体的产品质量标准。

③ 认证过程中的审核是围绕企业的质量管理体系要求的符合性和满足质量要求及目标方面的有效性来进行的。

④ 认证的结论不是证明具体的产品是否符合有关的技术标准，而是质量管理体系是否符合ISO 9001，即质量管理体系的要求标准是否具有按照规范要求，保证产品质量的能力。

（2）企业质量体系认证的意义。

① 促使企业认真按GB/T 19000系列标准去建立健全质量管理体系，提高企业的质量管理水平，保证施工项目质量。由于认证是第三方权威性的公正机构对质量管理体系的评审，企业达不到认证的基本条件不可能通过认证，这就可以避免形式主义地去“贯标”，或用其他不正当手段获取认证的可能性。

② 提高企业的信誉和竞争能力。企业通过质量管理体系认证机构的认证，就能获得权威性机构的认可，证明其具有保证工程实体质量的能力。因此，获得认证的企业信誉度提高，大大地增强了市场竞争能力。

③ 加快双方的经济技术合作。在工程招投标中，不同业主对同一个承包单位的质量管理体系的评审中，80%以上的评审内容和质量管理体系要素是重复的。若投标单位的质量管理体系通过了认证，对其评定的工作量就大大减小，省时、省钱，避免了不同业主对同承包单位进行重复的评定，加快了合作的进展，有利于选择合格的承包方。

④ 有利于保护业主和承包单位双方的利益。企业通过认证，证明了它具有保证工程实体质量的能力，保护了业主的利益。同时，一旦发生了质量争议，承包单位就会具有自我保护的措施。

“产品质量认证”与“质量管理体系认证”的对比，如表1-1所示。

表1-1　“产品质量认证”和“质量管理体系认证”的比较

项　　目	产品认证	质量管理体系认证
对象	特定产品	组织的质量管理体系
认证依据	具体的产品质量标准	GB/T 19001（ISO 9001）的标准
证明方式	产品认证证书、产品认证标志	质量管理体系认证证书和认证标志
证书和标志的使用	证书不能用于产品、标志可用于获准认证的产品	证书和标志都不能用在产品上
性质	强制认证、自愿认证两种	组织自愿

学习单元三　建筑工程质量事故分析与处理的相关规定

知识目标

（1）了解建筑工程质量事故的界定及分类，了解建筑工程质量事故的特点；掌握常见质量事故发生的原因。

（2）了解质量事故处理的必要性与特点；了解质量事故处理的原则、要求和依据；了解质量事故处理的方法、步骤和注意事项。

（3）掌握质量事故处理的一般程序。

技能目标

（1）能正确认识建筑工程质量事故的重要性，以便在今后的建设工程中更加重视工程质量，进而少犯错误。

（2）具备分析和处理质量工程事故的能力。

基础知识

一、建筑工程质量事故的分类、特点及原因

（一）建筑结构的功能要求及建筑工程事故的分类

1. 建筑结构的功能要求

按照《建筑结构可靠度设计统一标准》（GB 50068—2001）的规定，建筑结构必须满足的功能要求有：

（1）能承受正常施工和正常使用时可能出现的各种作业。

（2）在正常使用时具有良好的工作性能。

（3）在正常维护下具有足够的耐久性。

（4）在偶然作用（如地震、火灾、爆炸、风灾）发生时或发生后，结构仍能保持必要的整体稳定性。

2. 建筑工程质量事故的分类

建筑工程质量事故可按事故发生的阶段分，也可按事故发生的部位分，还可以按结构类型、事故的严重程度、事故的性质等来分，如表1-2所示。

表1-2　建筑工程质量事故的分类

划分类别	主要内容
按事故发生的阶段划分	按事故发生的阶段划分，可分为勘探设计阶段发生的事故、施工过程中发生的事故、使用过程中发生的事故。从国内外大量的统计资料分析，绝大多数事故都发生在施工阶段到交工验收前这段时间内
按事故发生的部位划分	（1）地基基础事故 （2）主体结构事故 （3）装修工程事故

续表

划分类别	主要内容
按结构类型划分	（1）砌体结构事故 （2）混凝土结构事故 （3）钢结构事故 （4）组合结构事故
按事故的严重程度划分	（1）一般质量问题。由于施工质量较差，工程质量达不到验收要求，必须进行返修、加固或报废处理，由此造成直接经济损失在5 000元以下的为一般质量问题 （2）一般质量事故。凡具备下列条件之一者为一般质量事故 ① 直接经济损失在5 000元（含5 000元）以上，不满5万元的 ② 影响使用功能和工程结构安全，造成永久质量缺陷的 （3）严重质量事故。凡具备下列条件之一者为严重质量事故 ① 直接经济损失在5万元（含5万元）以上，不满10万元的 ② 严重影响使用功能和工程结构安全，存在重大质量隐患的 ③ 事故性质恶劣或造成2人以下重伤的 （4）重大质量事故。凡具备下列条件之一者为工程建设重大质量事故 ① 工程倒塌或报废 ② 由于质量事故，造成人员死亡或重伤3人以上的 ③ 直接经济损失在10万元以上的 工程建设重大质量事故又分为以下四个等级 一级：死亡30人以上，直接经济损失300万元以上 二级：死亡人数10 ~ 29人，直接经济损失100万 ~ 300万元 三级：死亡人数3 ~ 9人，重伤20人以上，直接经济损失30万 ~ 100万元 四级：死亡人数2人以下，重伤3 ~ 19人，直接经济损失10万 ~ 30万元
按事故性质划分	（1）倒塌事故：指建筑物整体或局部倒塌 （2）开裂事故：包括砌体或混凝土结构开裂，以及钢材等建筑材料的裂缝等 （3）错位偏差事故：平面尺寸错位，结构构件尺寸、位置偏差过大，预埋件、预留洞等错位偏差超过规定等 （4）变形事故：建筑物倾斜、扭曲，地基变形太大等 （5）地基工程事故：包括地基失稳或变形、斜坡失稳等 （6）基础工程事故：包括基础错位、变形过大、基础混凝土孔洞、桩基础事故，设备基础使用中振动过大、地脚螺栓错位偏差等事故 （7）结构或构件承载能力不足事故：主要指因承载力不足留下的隐患性事故。如混凝土结构中漏放或少放钢筋，钢结构中杆件连接达不到设计要求等，虽未造成严重开裂或倒塌，但已留下隐患 （8）建筑功能事故：房屋漏雨、渗水、隔热、隔声功能不良，道路不平，路面裂缝等 （9）其他质量事故：土方塌方、滑坡；火灾、台风和地震等造成的建筑物、构筑物损坏事故等

（二）建筑工程质量事故的特点

1. 多发性

建筑工程质量事故多发性有两层意思：一是有些事故像常见病、多发病一样经常发生，可以理解为质量通病。例如，混凝土、砂浆强度不足，预制构件裂缝，现浇板开裂，路面不平、裂缝等；二是有些同类型事故一再重复发生，如悬挑结构断裂，屋面、地下室渗漏等。

2. 可变性

工程中的质量问题多数是随时间、环境、施工情况等的变化而发展变化的。例如，钢筋混凝土裂缝的数量、宽度和长度往往都随着周围环境温度、湿度的变化而变化，或随着荷载大小和荷载持续时间而变化，或随着季节的变化而变化，甚至有的细微裂缝也可能逐步发展成构件的断裂，以致造成工程的倒塌。例如，地基基础或桥墩的超量沉降可能随上部荷载的不断增大而继续发展，混凝土结构出现的裂缝可能随环境温度的变化而变化，或随荷载的变化及持续时间的变化而变化等。因此，对不断变化，可能发展成断裂倒塌性质的事故，要及时采取应急补救措施。对表面的质量问题，要进一步查清内部情况，确定问题性质。对随着时间和温度、湿度条件变化的变形、裂缝，要认真观测记录，寻找事故变化的特征与规律，供分析与处理参考。在分析、处理工程质量事故时，一定要注意质量事故的可变性，及时采取可靠的措施，防止事故进一步恶化，或加强观测与试验，取得可靠数据，避免工程质量事故的发生和发展。

3. 复杂性

工程质量事故的复杂性是指影响因素多，对工程质量事故进行分析、判断、处理等工作比较复杂。即使是同类型的建筑，由于地区不同，施工条件不同，也会形成诸多复杂的技术问题。即使是同一类型的质量事故，原因也可能截然不同。例如，就墙体开裂质量事故而言，其产生的原因可能是设计计算有误，地基不均匀沉降，或温度应力、地震力、冻胀力的作用，也可能是施工质量低劣、偷工减料或材料不良等，这就导致造成质量缺陷事故原因的错综复杂，处理方法的多种多样。另外，建筑物、构筑物在使用中也存在各种问题，所有这些复杂的因素，必然导致工程质量缺陷事故的性质、危害和分析处理都很复杂。

4. 严重性

建设工程项目具有高风险，尤其是质量风险。一旦出现质量事故，轻则影响施工顺利进行，拖延工期，增加工程费用，给工程留下隐患或缩短建筑物、构筑物的使用年限；重则会严重影响安全使用甚至不能使用；更为严重的是使建筑物倒塌，造成人员伤亡和巨大的经济损失。所以对已发现的工程质量问题绝不能掉以轻心，务必及时进行分析，得出正确的结论，提出恰当的处理措施，以确保安全。

（三）常见质量事故的原因

恶性重大事故的发生，往往是多种因素综合在一起而引起的。常见的质量事故原因见表1-3。

表1–3　常见质量事故的原因

序号	事故原因	基本内容
1	管理不善	此类问题包括：无证设计，无证施工，有章不依，违章不纠或纠正不力；长官意志，违反基建程序和规律，盲目赶工，造成隐患；层层承包，层层克扣；监督不力，不认真检查，马马虎虎盖“合格”章；申报建筑规划、设计、施工手续不全，设计、施工人员临时拼凑，借用执照等
2	地质勘察失误	此类问题包括：不认真进行地质勘察，随便估计地基承载力；勘测钻孔间距太大、深度不够；勘察报告不详细、不准确，不能全面、准确地反映地基的实际情况，导致基础设计错误等

续表

序号	事故原因	基本内容
3	设计失误	此类问题包括：结构方案不正确；结构计算简图与实际受力情况不符；少算或漏算荷载；内力计算错误；结构构造不合理等
4	违反基本建设程序	此类问题包括：不做可行性研究即搞项目建设；无证设计或越级设计；无图施工、越级承包工程、盲目蛮干等均会造成事故
5	建筑材料、制品质量低劣	此类问题包括：结构材料力学性能不符合标准，化学成分不合格；水泥强度等级不够，安定性不合格；钢筋强度低、塑性差；混凝土强度达不到要求；防水、保温、隔热、装饰等材料质量不良等
6	施工质量差、不达标	此类问题包括：施工人员以为"安全度高得很"，因而施工马虎，甚至有意偷工减料；技术人员素质差，不熟悉设计意图，为方便施工而擅自修改设计；施工管理不严，不遵守操作规程，达不到质量控制要求；原材料进场控制不严，采用过期水泥及不合格材料；对工程虽有质量要求，但技术措施未跟上；计量仪器未校准，使材料配合比有误；技术工人未经培训，大量采用壮工顶替；各工种不协调，为图方便，乱开洞口；施工中出现了偏差也不予纠正等
7	使用、改建不当	此类问题包括：使用中任意增大荷载，如将阳台当库房，住宅变办公楼，办公室变生产车间，一般民房改为娱乐场所；随意拆除承重隔墙，盲目在承重墙上开洞，任意加层等
8	灾害性事故	此类问题包括：地震、大风、大雪、火灾、爆炸等引起整体失稳、倒塌事故等

二、建筑工程质量事故分析的目的及程序

由于设计、施工、使用、管理和灾害等方面的原因，不符合国家有关法规、技术标准和合同规定的对于建筑工程的适用、安全、经济、美观等各项要求的问题比较常见。发生建筑工程质量事故不仅会造成不应有的经济损失，也会给工程留下新的隐患。通过调查事故情况，分析事故产生的原因，研究恰当的处理方法，探讨预防事故再次发生的措施，有助于在今后的建设工程中少犯错误。因此，正确分析与处理事故，及时解决质量问题是每个建筑工程技术人员必须掌握的一项专门技能，也是确保工程质量的一项重要工作。

（一）质量事故分析的目的

建筑工程质量事故分析的目的：

（1）及早采取适当的补救措施，防止事故恶化。

（2）正确分析和妥善处理所发生的质量事故，保证正常的施工和使用条件。

（3）保证建筑物的安全使用，减少事故的损失。

（4）总结经验教训，预防类似工程事故发生。

（5）为确定工程事故处理方案提供依据。

（二）质量事故分析的一般程序

建筑工程质量事故分析的一般程序为初步调查→详细调查→事故原因分析→确定处理方案。

1. 初步调查

质量事故初步调查的内容包括设计资料、工程情况、事故情况、其他资料的调查等。

（1）设计资料。包括设计图纸（建筑、结构、水电、设备）和说明书，工程地质和水文地质勘测报告等。

（2）工程情况。包括建筑物所在场地的特征，如邻近建筑物情况、有无腐蚀性环境条件等，建筑结构的主要特征，事故发生时工程的现场情况或工程使用情况等。

（3）事故情况。包括发现事故的时间和经过，事故现状和实测数据，从发现到调查时的事故发展变化情况，人员伤亡和经济损失，事故的严重性（是否危及结构安全）和迫切性（不及时处理是否会出现严重后果），以及是否对事故进行过处理等。

（4）其他资料。包括建筑材料及成品等的合格证和检验报告，施工原始记录，已交工的工程应调查其用途、使用荷载等有关情况。

2. 详细调查

质量事故详细调查的内容包括设计情况、地基基础情况、结构实际情况、荷载情况、施工情况、建筑物变形观测、裂缝观测等。

（1）设计情况。包括设计单位资质情况，设计图纸是否齐全，设计构造是否合理，结构计算简图和计算方法以及结果是否正确等。

（2）地基基础情况。包括地基实际状况、基础构造尺寸和勘察报告、设计要求是否一致，必要时应开挖检查。

（3）结构实际情况。包括结构布置、结构构造、连接方式方法、构件状况和支撑系统等。

（4）荷载情况。主要指结构上的作用及其效应，以及作用效应组合的调查分析，必要时进行实测统计。

（5）施工情况。包括施工方法、施工规范执行情况，施工进度和速度，施工中有无停歇，施工荷载值的统计分析等。

（6）建筑物变形观测。包括沉降观测记录，结构或构件变形观测记录等。

（7）裂缝观测。包括裂缝形状与分布特征，裂缝宽度、长度、深度以及裂缝的发展变化规律等。

3. 事故原因分析

原因分析是事故处理工作程序中的一项关键工作，应当建立在事故调查的基础上，其主要目的是分清事故的性质、类型及其危害程度，同时为事故处理提供必要的依据。

4. 确定处理方案

质量事故处理方案应根据事故调查报告、实地勘察结果和确认的事故性质，以及用户的要求确定。同类型和同性质的事故可选用不同的处理方案。

三、建筑工程质量事故处理的相关规定

（一）质量事故处理的必要性与特点

1. 质量事故处理的必要性

（1）创造正常的施工条件。大量统计资料证明，工程质量事故大多数发生在施工期，而且事故往往影响施工的正常进行，只有及时、正确地处理事故，才能创造正常的施工条件。

（2）确保建筑物的安全。

① 对结构构件中的隐患，如混凝土或砂浆强度不足，构件中漏放钢筋或钢筋严重错位等事故，都要从设计、施工等方面进行周密的分析和必要的计算，并采用适当的处理措施，排除这些隐患，保证建筑物安全使用。

② 对结构裂缝、变形等明显的质量事故，必须做出正确的分析和鉴定，估计可能出现的发展变化及其危害性，并进行适当处理，从而确保结构安全。

（3）满足使用要求。以下这些事故都会影响生产或使用要求，因此，必须对事故进行适当处理。

① 建筑物尺寸、位置、净空、标高等方面的过大误差事故。

② 隔热、保温、隔声、防水、防火等建筑功能事故。

③ 损害建筑物外观的装饰工程事故等。

（4）保证建筑物的使用年限。混凝土构件中受拉区较宽的裂缝，混凝土密实性差，钢构件防锈质量不良等，均可能减少建筑物使用年限，因此应做适当处理。

（5）有利于工程交工验收。由于不少质量事故随时间和外界条件的变化而变化，必须及时采取措施，避免事故不断扩大，从而影响交工验收而造成不应有的损失。

（6）防止事故再发生。为防止同类事故或类似事故的再次发生，要采取必要的纠正措施和预防措施。

小提示

针对实际存在的事故原因而采取相应的技术组织措施，称为纠正措施。利用适当的信息来源，调查分析潜在的事故原因，并采取相应的技术组织措施，称为预防措施。例如，从钢材市场情况获悉，钢筋不合格品比例不小，相应采取加强原材料采购质量控制等措施，防止不合格材料进场，即为预防措施。

2. 质量事故处理的特点

（1）选择性。对于质量事故，一般均应及时进行处理，但也有些事故，匆忙处理不能取得预期的效果，甚至会造成事故重复发生。在处理方案方面，要综合考虑安全性、经济性、可行性、方便程度、可靠性等因素，分析比较后，选定最优方案。因此，即使是同一事故，在处理的方法和时间上也有多种选择。

（2）危险性。除了事故的复杂性给其处理工作带来危险外，还应注意以下两方面的危险因素。

① 有些事故随时可能诱发建（构）筑物的突然倒塌。

② 事故排除过程中，也可能造成事故恶化和人员伤亡。

（3）高度责任性。处理事故必须十分慎重，因为事故处理不仅涉及结构安全和建筑功能等方面的技术问题，还牵涉单位之间的关系和人员处理。

（4）连锁性。建筑物局部出现质量事故，处理时不仅要修复事故部位，还应考虑修复工程对下部结构乃至地基的影响。

（5）复杂性。如果事故发生在使用阶段，会涉及使用方面的问题。同一形态的事故，其产生的原因、性质及危害程度会截然不同。在进行事故处理时，更会由于施工场地狭窄，以及与完好建筑物间的联系等而产生更大的复杂性，诸如车辆、施工机具难以接近施工点，操作不慎会影响相邻建筑物的结构等。以上众多因素都导致质量事故处理的复杂性。

（6）技术难度大。除了正确分析事故原因，并提出有针对性的措施外，还必须严格控制事故处理设计、施工准备和操作、检查验收，以及处理效果检验等工作的质量。因为修复补强工程的技术难度远远大于新建工程的技术难度。

（二）质量事故处理的原则、要求和依据

1. 质量事故处理的原则

（1）安全可靠，不留隐患的原则。在确定处理方案时，应根据工程特点、事故特点、事故原因分析以及事故的现实情况，采取恰当的措施和方法，且必须满足安全、可靠的要求，并有可靠的防范措施。对有可能再次发生的危害加以预防，以免重蹈覆辙。

（2）经济合理的原则。处理一项质量事故，如有多个方案可选，则应通过综合比较，从中优选出最经济合理的方案。在确定各可选方案的过程中，应尽量使用原有可使用部分，力求做到既安全可靠，又经济合理。

（3）满足使用要求的原则。在进行事故的处理过程中，所采取的一切措施和方法，除另有要求或使用方认可可以降低有关功能外，一般必须保证它的使用功能。

（4）利用现有条件及方便施工的原则。在确定处理方案时，除保证按上述各原则实施外，还应考虑施工的可能性和能够尽量使用现有的技术力量、机械设备和材料等。

2. 质量事故处理的要求

（1）满足使用及功能要求。

（2）迅速及时，不影响整体施工。

（3）处理方便，经济合理。

（4）安全可靠，不留隐患。

（5）保证处理后美观大方，不影响观感。

（6）处理用的机具、设备、材料及技术力量能够满足要求。

3. 质量事故处理的依据

（1）有关专家的意见和事故处理设计。

（2）质量事故原因分析。

（3）同类事故处理的经验和做法。

（4）与事故有关的施工图纸。

（5）施工规范和技术标准。

（6）工程施工资料和地质勘察资料。

（7）质量事故原因分析。

（三）质量事故处理的方法、步骤和注意事项

1. 质量事故处理的方法

（1）直接处理法。直接处理事故的方法有以下两种。

① 用同种材料处理。选用的处理材料与要处理的工程部位材料性能相同或相近；砂浆、混凝土等一般要比原结构材料高一个级别；两种材料之间应有可靠的黏结，结构类加固一般要达到整体共同工作的要求。

② 用异种材料处理。例如，用环氧树脂等胶合料对砌体或混凝土结构裂缝注浆，用预应

力提高原钢筋混凝土结构构件的承载力和刚度，用钢板、型钢乃至钢桁架与原钢筋混凝土结构构件形成组合结构共同受力等，但两种材料必须结合牢固，能够共同工作。

（2）间接加固法。间接加固指通过减轻负荷、增加支撑点与连接点、增设支撑构件以及发挥构件潜力、减小破坏概率等措施，达到治理结构缺陷，提高原结构或构件的承载力的目的。

2. 质量事故处理的步骤

（1）在调查研究、原因分析基础上，通过比较，确定较优事故处理方案。

（2）根据事故处理方案，由设计单位进行施工图设计。

（3）承担事故处理的施工单位按图施工，相关单位监督检查。

（4）施工完成后，组织事故处理结果验收。

（5）写出事故处理报告，对事故处理结果给出结论。

3. 质量事故处理的注意事项

（1）注意消除事故的根源。例如，超载引起的事故，应严格控制施工或使用荷载；地基浸水引起地基下沉，应消除浸水原因等。

（2）注意事故处理期的安全。事故处理期的安全应注意以下几点。

① 对需要拆除的结构部分，应在制定安全措施后，方可开始拆除工作。

② 重视处理中所产生的附加内力，以及由此引起的不安全因素。

③ 一般情况下，发生严重事故后，建（构）筑物随时可能发生倒塌，只有在采取可靠的支护措施后，方准许进行事故处理，以免发生人员伤亡。

④ 凡涉及结构安全的，都应对处理阶段的结构强度和稳定性进行验算，提出可靠的安全措施，并在处理过程中严密监视结构的稳定性。

⑤ 在不卸荷条件下进行结构加固时，要注意加固方法对结构承载力的影响。

（3）注意综合处理。注意处理方法的综合应用，以取得最佳效果。如构件承载能力不足，不仅可选择补强加固，还应考虑结构卸荷、增设支撑、改变结构方案等多种方案的综合应用，此外，还要防止原有事故引发新的事故。

（4）加强事故处理的检查验收工作。为确保事故处理的工程质量，必须从准备阶段开始，进行严格的质量检查验收。

（四）质量事故处理的一般程序

工程事故处理的一般程序为基本情况调查→结构及材料检测→复核分析→专家会商→调查报告。

1. 基本情况调查

基本情况调查包括对建筑的勘察、设计和施工以及有关资料的收集，向施工现场的管理人员、质检人员、设计代表、工人等进行咨询和访问。一般包括：

（1）工程概况。包括建筑所在场地特征，如地形、地貌；环境条件，如酸、碱、盐腐蚀性条件等；建筑结构主要特征，如结构类型、层数、基础形式等；事故发生时工程进度情况或使用情况。

（2）事故情况。包括发生事故的时间、经过、见证人及人员伤亡和经济损失情况。可以采用照相、录像等手段获得现场实况资料。

（3）地质水文资料。包括有关勘测报告。重点查看勘察情况与实际情况是否相符，有无异常情况。

（4）设计资料。包括任务委托书、设计单位的资质、主要负责人及设计人员的水平，设计依据的有关规范、规程、设计文件及施工图。重点查看计算简图是否妥当，各种荷载取值及不利组合是否合理，计算是否正确，构造处理是否合理。

（5）施工记录。包括施工单位及其等级水平，具体技术负责人水平及资历；施工时间、气温、风雨、日照等记录，施工方法，施工质检记录，施工日记（如打桩记录、地基处理记录、混凝土施工记录、预应力张拉记录、设计变更洽商记录、特殊处理记录等），施工进度，技术措施，质量保证体系。

（6）使用情况。包括房屋用途，使用荷载，使用变更、维修记录，腐蚀性条件，有无发生过灾害等。

调查时，要根据事故情况和工程特点确定重点调查项目。如对砌体结构，应重点查看砌筑质量；对混凝土结构，则应重点检查混凝土的质量、钢筋配置的数量及位置；对钢结构，应侧重检查连接处，如焊接质量、螺栓质量及杆件加工的平直度等。有时，调查可分两步进行，在初步调查以后，先做分析判断，确定事故最可能发生的一种或几种原因。然后，有针对性地做进一步深入细致的调查和检测。

2. 结构及材料检测

在初步调查研究的基础上，往往需要进一步做必要的检验和测试工作，甚至做模拟实验。一般包括：

（1）对没有直接钻孔的地层剖面而又有怀疑的地基应进行补充勘测。基础如果用了桩基，则要进行测试，检测是否有断桩、孔洞等不良缺陷。

（2）测定建筑物中所用材料的实际性能，对构件所用的原材料（如水泥、钢材、焊条、砌块等）可抽样复查；对无产品合格证明或为假证明的材料，更应从严检测；考虑到施工中采用混凝土强度等级及预留的试块未必能真实反映结构中混凝土的实际强度，可用回弹法、声波法、取芯法等非破损或微破损方法测定构件中混凝土的实际强度。对于钢筋，可从构件中截取少量样品进行必要的化学成分分析和强度试验。对砌体结构，要测定砖或砌块及砂浆的实际强度。

（3）建筑物表面缺陷的观测。对结构表面裂缝，要测量裂缝宽度、长度及深度，并绘制裂缝分布图。

（4）对结构内部缺陷的检查。可用锤击法、超声探伤仪、声发射仪器等检查构件内部的孔洞、裂纹等缺陷。可用钢筋探测仪测定钢筋的位置、直径和数量。对砌体结构，应检查砂浆饱满程度、砌体的搭接错缝情况，遇到砖柱的包心砌法及砌体、混凝土组合构件，尤应重点检查其芯部及混凝土部分的缺陷。

（5）必要时，可做模型试验或现场加载试验，通过试验检查结构或构件的实际承载力。

3. 复核分析

在一般调查及实际测试的基础上，选择有代表性的或初步判断有问题的构件进行复核计算。这时，应注意按工程实际情况选取合理的计算简图，按构件材料的实际强度等级、断面的实际尺寸和结构实际所受荷载或外加变形作用，按有关规范、规程进行复核计算。这是评判事故的重要根据。

4. 专家会商

在调查、测试和分析的基础上，为避免偏差，可召开专家会议，对事故发生原因进行认真分析、讨论，然后给出结论。会商过程中，专家应听取与事故有关单位人员的申诉与答辩，综合各方面意见后下最后结论。

5. 调查报告

事故的调查必须真实地反映事故的全部情况，要以事实为根据，以规范、规程为准绳，以科学分析为基础，以实事求是和公正公平的态度写好调查报告。报告一定要准确可靠，重点突出，真正反映实际情况，让各方面专家信服。调查报告的内容一般应包括：

（1）工程概况。重点介绍与事故有关的工程情况。

（2）事故情况。事故发生的时间、地点、事故现场情况及所采取的应急措施；与事故有关单位、人员情况等。

（3）事故调查记录。

（4）现场检测报告（若有模拟实验，还应有实验报告）。

（5）复核分析，事故原因推断，明确事故责任。

（6）对工程事故的处理建议。

（7）必要的附录（如事故现场照片、录像、实测记录，专家会商的记录，复核计算书，测试记录等）。

知识拓展

施工项目质量控制要求

（1）按照企业质量体系的要求，贯彻企业的质量方针和目标，坚持“质量第一、预防为主”。

（2）坚持“计划、执行、检查、处理”循环的工作方法，不断改进过程控制。

（3）满足工程施工及验收规范、工程质量检验评定标准和顾客的要求。

（4）项目质量控制必须包括对人、材料、机械、方法、环境五个因素的控制。

（5）项目经理部建立项目质量责任制和考核评价体系，项目经理对项目质量控制负责。过程质量控制由每一道工序和岗位的责任人负责。

（6）承包人应就项目质量和质量保修工作对发包人负责。分包工程质量由分包人向承包人负责。承包人对分包人的工程质量问题承担连带责任。

（7）所有的施工过程都应按规定进行自检、互检、交接检。隐蔽工程、指定部位和分项工程未经检验或已经检验评为不合格的，严禁转入下一道工序。

学习情境小结

本学习情境主要介绍了工程质量管理的有关概念、质量管理体系的认证与实施、建筑工程质量事故的分析与处理等内容。

1. 通过建筑工程质量管理的基本概念的学习应充分地认识建筑工程质量管理的重要性，树立“工程质量第一”的思想意识。

2. 通过对质量管理体系的认证与实施的学习，应具备建立或评审一个质量管理体系的实际操作能力。

3. 通过对建筑工程质量事故分析与处理内容的学习，可以基本了解建筑工程事故分析和处理的一般知识，为以后的学习打下基础。

学习检测

1. 填空题

（1）建立________和________为组织提供了关注的焦点。两者确定了预期的结果，并帮助组织利用其资源达到这些结果。

（2）组织的________是一种参照质量管理体系或优秀模式对组织的活动和结果所进行的全面和系统的评审。

（3）________________的目的在于增加顾客和其他相关方满意的机会。

（4）________是第三方依据程序对产品、过程或服务符合规定的要求给予书面保证（合格证书）。

（5）工程项目________是项目建设的核心，是决定工程建设成败的关键。

（6）________是指工程在规定的时间和规定的条件下完成规定功能的能力。

（7）________是指在质量方面指挥和控制组织协调的活动。

（8）通过____确保质量方针、目标的实施和实现。

（9）民用建筑主体结构耐用年限分为________。

（10）工程经济性具体表现为________、________、________三者之和。

（11）________的目的是为了使产品、体系或过程的固有特性达到规定的要求，即满足顾客、法律、法规等方面所提出的质量要求。

（12）________是指在工程的全生命周期内，对工程质量进行的监督和管理。

2. 简答题

（1）什么是ISO标准？

（2）质量管理体系的基础有哪些？

（3）八项质量管理原则有哪些？

（4）质量管理体系文件一般由哪些内容构成？

（5）各企业程序文件的内容一般有哪几个方面的程序为通用性管理程序？

（6）企业质量体系认证的意义有哪些？

（7）简述工程质量管理的重要性。

（8）建筑工程质量的特性主要表现在哪几个方面？

（9）建筑工程事故按事故的严重程度划分为哪几类？

（10）简述建筑工程质量事故的特点。

（11）常见的质量事故原因有哪些？

（12）建筑工程事故分析的目的是什么？

（13）简述建筑工程质量事故处理的一般程序。

学习情境二

建筑物的可靠性检测

情境导入

某大桥中段50 m长的桥体像刀切一样地坠入江中。当时正值交通繁忙时间，多辆车掉进河里，其中包括一辆满载乘客的巴士，造成多人死亡。该桥桥长大于1 000 m，宽19.9 m。

事故原因调查团经过五个多月的各种试验和研究，于次年提交了事故报告。

用相同材料进行疲劳试验及可靠性鉴定检测后表明，该桥支撑材料的疲劳寿命仅为12年，即在12年后就会因疲劳而断裂。大型汽车在类似桥上反复行驶的试验结果也表明，这些支撑材料约在8.5年后开始损坏。而用这些材料制成的大桥，加上施工缺陷的影响，在建成后6～9年就有坍塌的可能。

实际上，该大桥的坍塌发生在建成后15年，而不是以上所说的12年或8.5年。这是由于一方面桥墩上的覆盖物起着抗疲劳的作用，另一方面桥墩里的六个支撑架并没有全部断裂，因此大桥的坍塌时间才得以推迟。

案例导航

根据分析结果，事故原因有以下两个方面。

（1）事故单位没有按图纸施工，在施工中偷工减料，采用疲劳性能很差的劣质钢材。这是事故的直接原因。

（2）该桥设计负载限量为32 t，建成后随着交通流量的逐年增加，经常超负荷运行，坍塌时负载为43.2 t，这也是导致大桥坍塌的重要原因。

如何达到胜任施工员、质检员、监理员等职业岗位的技能要求？如何编制结构可靠性鉴定方案？需要掌握的相关知识有：

1. 砌体结构的检测；
2. 钢筋混凝土结构构件的检测；
3. 钢结构构件的检测；
4. 建筑物的变形观测；
5. 建筑结构的可靠性鉴定和安全性评价。

学习单元一　砌体结构的可靠性检测

知识目标

（1）了解砌块裂缝的检测与处理的程序。

（2）掌握裂缝检测的一般规定。

（3）掌握砌块强度的检测方法。

（4）掌握砂浆强度的检测方法。

（5）掌握砌体强度的检测方法。

技能目标

（1）通过对砌块裂缝的检测与处理程序的学习，能够掌握裂缝检测的一般规定与要求。

（2）能够掌握砌体中砌块与灰缝砂浆强度的检测技术与要求。

（3）能够掌握砌体强度的检测技术与要求。

基础知识

砌体结构是指用砖砌体、石砌体或砌块砌体建造的结构，又称砖石结构。由于砌体的抗压强度较高而抗拉强度很低，因此，砌体结构构件主要承受轴心或小偏心压力，而很少受拉或受弯，一般民用和工业建筑的墙、柱和基础都可采用砌体结构。在采用钢筋混凝土框架和其他结构的建筑中，常用砖墙做围护结构，如框架结构的填充墙。

一、裂缝检测

砌体中的裂缝是常见的质量问题，裂缝的形态、数量及发展程度对承载力、使用性能及耐久性有很大的影响。砌体裂缝检测的内容应包括裂缝的长度、宽度、裂缝走向及其数量、形态等。

检测裂缝的长度用钢尺或一般的米尺进行测量。宽度可用塞尺、卡尺或专用裂缝宽度测量仪进行测量。裂缝的走向、数量以及形态应详细地标在墙体的立面图或砖柱展开图上，进而分析产生裂缝的原因并评价其对强度的影响程度。

（一）裂缝的检测与处理的程序

房屋裂缝的检测与处理，应按图2-1所示规定的程序进行。

（二）裂缝检测一般规定

（1）应在对结构构件裂缝宏观观测的基础上，绘制典型的和主要的裂缝分布图，并应结合设计文件、建造记录和维修记录等综合分析裂缝产生的原因，以及对结构安全性、适用性、耐久性的影响，初步确定裂缝的严重程度。

（2）对于结构构件上已经稳定的裂缝，可做一次性检测；对于结构构件上不稳定的裂缝，除按一次性观测做好记录统计外，还需进行持续性观测，每次观测应在裂缝末端标出观察日期和相应的最大裂缝宽度值，如果有新增裂缝，应标出发现新增裂缝的日期。

（3）裂缝观测的数量应根据需要而定，并宜选择宽度大或变化大的裂缝进行观测。

（4）需要观测的裂缝应进行统一编号，每条裂缝宜布设两组观测标志，其中一组应在裂缝的最宽处，另一组可在裂缝的末端。

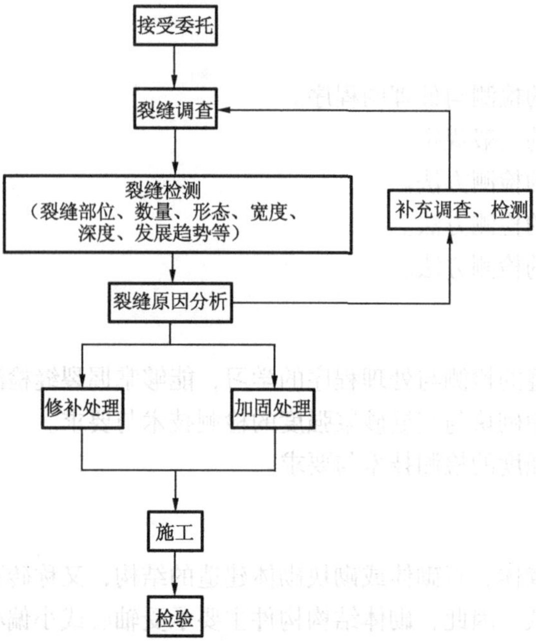

图2-1　裂缝检测与处理程序

（5）裂缝观测的周期应视裂缝变化速度而定，且最长不应超过1个月。

（6）对裂缝的观测，每次都应绘出裂缝的位置、形态和尺寸，注明日期，并附上必要的照片资料。

二、砌体中砌块与灰缝砂浆强度的检测

砌体是由砌块和砂浆组成的复合体，有了砂浆及砌块的强度，就可按有关规范推断出砌体的强度，所以对砌块及砂浆强度的检测是十分关键的。

（一）砌块强度的检测

对于砌块，通常可从砌体上取样，清理干净后，按常规方法进行试验。

取5块砖做抗压强度试验。将砖样锯成两个半砖（每个半砖长度不小于100 mm），放入室温净水中浸10 ~ 30 min，取出以断口方向相反叠放，中间用净水泥砂浆粘牢，上下面用水泥砂浆抹平，养护3天后进行压力试验。加荷前测量试件两半砖叠合部分的面积为A（mm^2），加荷至破坏，若破坏荷载为P（N），则抗压强度为

$$f_c=P/A \tag{2-1}$$

另取5块做抗折试验，可在抗折活动架上进行。滚轴支座置于条砖长边向内20 mm，加荷压滚轴应平行于支座，且位于支座之中间$L/2$处，加载前测得砖宽b、厚h、支承距离L。加荷破坏荷载为P，则抗折强度为

$$f_r=\frac{3PL}{2bh^2} \tag{2-2}$$

根据试验结果，可按表2-1所示确定砖的强度等级。

表2-1 烧结普通砖的强度等级

砖的等级	抗压强度/MPa		抗折强度/MPa	
	平均值不小于	最小值不小于	平均值不小于	最小值不小于
MU20	20	14	4.0	2.6
MU15	15	10	3.1	2.0
MU10	10	6.0	2.3	1.3
MU7.5	7.5	4.5	1.8	1.1
MU5	5.0	3.5	1.6	0.8

小提示

在寻找事故原因的复核验算中，可将实测值作为计算指标进行复核计算，不一定去套等级号。例如，若测得强度指标达MU12，则可按此强度验算，不一定降到MU10。但对于设计，则必须按有关规定执行。

（二）砂浆强度的检测

砌体中的砂浆，已不可能做成标准的立方体（70.7 mm×70.7 mm×70.7 mm）的试件，无法按常规试验方法测得其强度。目前，常采用推出法、点荷法与回弹法等来检测砌体中砂浆的强度。现将这些方法做简单介绍。

1. 推出法

如图2-2所示，推出法适用于推定240 mm厚烧结普通砖、烧结多孔砖、蒸压灰砂砖或蒸压粉煤灰砖墙体中的砌筑砂浆强度，所测砂浆的强度宜为1 ~ 15 MPa。检测时，应将推出仪安放在墙体的孔洞内。推出仪应由钢制部件、传感器、推出力峰值测定仪等组成。

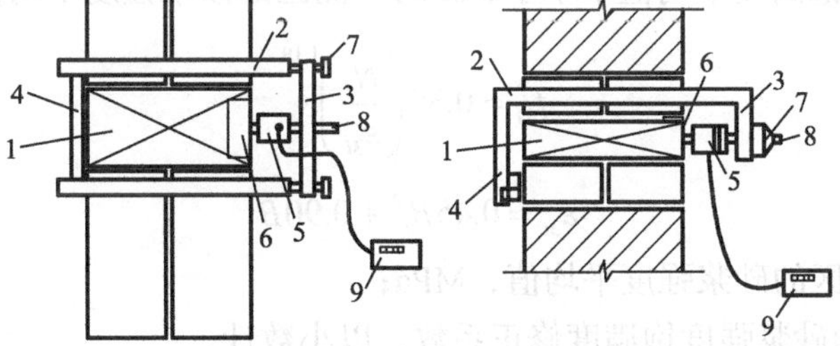

（a）平剖面　（b）纵剖面

图2-2 推出仪及测试安装示意

1—被推丁砖；2—支架；3—前梁；4—后梁；5—传感器；6—垫片；7—调平螺钉；8—加荷螺杆；9—推出力峰值测定仪

（1）测试步骤。

① 取出被推丁砖上部的两块顺砖，如图2-3所示，测试时应符合下列要求。

（a）应使用冲击钻在图2-3所示点A打出直径约40 mm的孔洞。

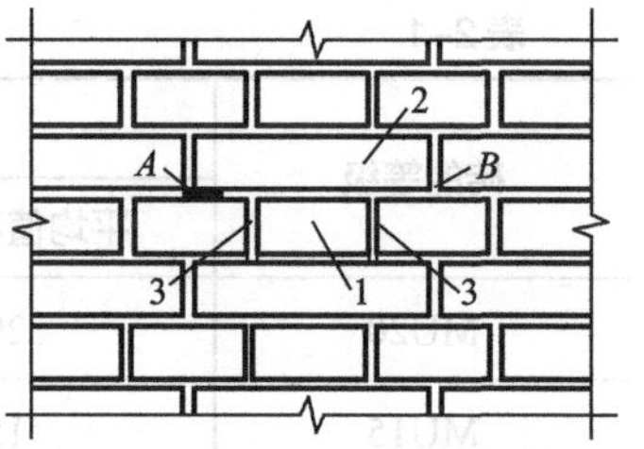

图2-3　试件加工步骤示意

1—被推丁砖；2—被取出的两块顺砖；3—掏空的竖缝

（b）应使用锯条自点A至点B锯开灰缝。

（c）应将扁铲打入上一层灰缝，并应取出两块顺砖。

（d）应使用锯条锯切被推丁砖两侧的竖向灰缝，并应直至下皮砖顶面。

（e）开洞及清缝时，不得打扰被推丁砖。

② 安装推出仪，应使用钢尺测量前梁两端与墙面距离，误差应小于3 mm。传感器的作用点，在水平方向应位于被推丁砖中间；铅垂方向距被推丁砖下表面之上的距离，普通砖应为15 mm，对孔砖应为40 mm。

③ 旋转加荷螺杆对试件施加荷载时，加荷速度宜控制在5 kN/min。当被推丁砖和砌体之间发生相对位移时，应认定试件达到破坏状态，并应记录推出力N_{ij}。

④ 取下被推丁砖时，应使用百格网测试砂浆饱满度B_{ij}。

（2）数据整理及计算。

① 单个误区的推出力平均值，应按下式计算。

$$N_i = \varepsilon_{2i} \frac{1}{n_j} \sum_{j=1}^{n_j} N_{ij} \tag{2-3}$$

式中，N_i——第i个测区的推出力平均值，kN，精确至0.01 kN；

N_{ij}——第i个测区第j块测试砖的推出力峰值，kN；

ε_{2i}——砖品种的修正系数，对烧结普通砖和烧结多孔砖，取1.00，对蒸压灰砖或蒸压粉煤灰砖，取1.14。

② 测区的砂浆饱满度平均值，应按下式计算。

$$B_i = \frac{1}{n_j} \sum_{j=1}^{n_j} B_{ij} \tag{2-4}$$

式中，B_i——第i个测区的砂浆饱满度平均值，以小数计；

B_{ij}——第i个测区第j块测试砖下的砂浆饱满度实测值，以小数计。

③ 当测区的砂浆饱满度平均值不小于0.65时，测区的砂浆强度平均值，应按下式计算。

$$f_{2i} = 0.30 \left(\frac{N_i}{\varepsilon_{3i}} \right)^{1.19} \tag{2-5}$$

$$\varepsilon_{3i} = 0.45 B_i^2 + 0.90 B \tag{2-6}$$

式中，f_{2i}——第i个测区的砂浆强度平均值，MPa；

ε_{3i}——推出法的砂浆强度饱满度修正系数，以小数计。

④ 当测区的砂浆饱满度平均值小于0.65时，宜选用其他法推定砂浆强度。

2. *点荷法*

点荷法是通过对砂浆层施加集中“点荷”，测定试件所能承受的“点荷值”，并结合试件的尺寸等因素，推算出砂浆的抗压强度。这种试验类似于混凝土的劈裂试验，所以该法本质上是利用了砂浆的劈拉强度与抗压强度的关系。

（1）测试步骤。

① 制备试件，应符合下列要求。

（a）从每个测点处剥离出砂浆大片。

小提示

点荷法适用于推定烧结普通砖或烧结多孔砖砌体中的砌筑砂浆强度。检测时，应从砖墙中抽取砂浆片试样，然后换算为砂浆强度。

（b）加工或选取的砂浆试件应符合下列要求：厚度为5 ~ 12 mm；预载作用半径为15 ~ 25 mm；大面应平整，但其边缘可不要求非常规则。

（c）在砂浆试件上应画出作用点，并应量测其厚度，且精确至0.1 mm。

② 在小吨位压力试验机上，下压板上应分别安装上、下加荷头，两个加荷头应对准。

③ 将砂浆试件水平放置在下加荷头上时，上、下加荷头应对准预先画好的作用点，应使上加荷头轻轻压紧试件。然后应缓慢匀速施加荷载至试件破坏，加荷速度宜控制试件在1 min左右破坏，应记录荷载值，并应精确至0.1 kN。

④ 应将破坏后的试件拼接成原样，测量荷载实际作用点中心到试件破坏线边缘的最短距离，即荷载作用半径，应精确至0.1 mm。

（2）数据整理及计算。

① 砂浆试件的抗压强度换算值，应按下式计算。

$$f_{2ij}=\left(33.30\varepsilon_{4ij}\varepsilon_{5ij}N_{ij}-1.10\right)^{1.09} \quad (2\text{-}7)$$

$$\varepsilon_{4ij}=\frac{1}{0.05r_{ij}+1} \quad (2\text{-}8)$$

$$\varepsilon_{5ij}=\frac{1}{0.03t_{ij}\left(0.10t_{ij}+1\right)+0.40} \quad (2\text{-}9)$$

式中，N_{ij}——点荷载值，kN；

ε_{4ij}——荷载作用半径修正系数；

ε_{5ij}——试件厚度修正系数；

r_{ij}——荷载作用半径，mm；

t_{ij}——试件厚度，mm。

② 测区的砂浆抗压强度平均值，应按下式计算。

$$f_{2i}=\frac{1}{n_1}\sum_{j=1}^{n_1}f_{2ij} \quad (2\text{-}10)$$

3. 回弹法

（1）测试步骤。

① 测位处应按下列要求进行处理。

（a）粉刷层、勾缝砂浆、污垢等应清除干净。

（b）弹击点处的砂浆表面，应仔细打磨平整，并应除去浮灰。

（c）磨掉表面砂浆的深度应为5 ~ 10 mm，且不应小于5 mm。

小提示

砂浆回弹法适用于推定烧结普通砖或烧结多孔砖砌体中砌筑砂浆的强度，不适用于推定高温、长期浸水、遭受火灾、环境侵蚀等砌筑砂浆的强度。检测时，应用回弹仪测试砂浆表面硬度，并应用质量分数为1%～2%的酚酞酒精溶液测试砂浆碳化深度，应将回弹值和碳化深度两项指标换算为砂浆强度。

② 每个测位内应均匀布置12个弹击点。选定弹击点应避开砖的边缘、灰缝中的气孔或松动的砂浆。相邻两弹击点的间距不应小于20 mm。

③ 在每个弹击点上，应使用回弹仪连续弹击3次，第1次、第2次不应读数，应仅记读第3次回弹值，回弹值读数应估读至1。测试过程中，回弹仪应始终处于水平状态，其轴线应垂直于砂浆表面，且不得移位。

④ 在每一测位内，应选择3处灰缝，并应采用工具在测区表面打凿出直径约10 mm的孔洞。孔洞深度应大于砌筑砂浆的碳化深度，同时应清除孔漏中的粉末和碎屑，且不得用水擦洗，然后将质量分数为1%～2%的酚酞酒精溶液滴在孔洞内壁边缘处，当已碳化与未碳化界限清晰时，应采用碳化深度测定仪或游标卡尺测量已碳化与未碳化砂浆交界面到灰缝表面的垂直距离。

（2）数据整理及计算。

① 从每个测位的12个回弹值中，分别剔除最大值、最小值，计算余下的10个回弹值的算术平均值，应以R表示，并应精确至0.1 mm。

② 每个测位的平均碳化深度，应取该测位各次测量值的算术平均值，应以d表示，并应精确至0.5 mm。

③ 第i个测区第j个测位的砂浆强度换算值，应根据该测位的平均回弹值和平均碳化深度值，分别按下列各式计算。

$d \leqslant 1.0$ mm时，

$$f_{2ij} = 13.97 \times 10^{-5} R^{3.57} \tag{2-11}$$

1.0 mm $< d <$ 3.0 mm时，

$$f_{2ij} = 4.87 \times 10^{-4} R^{3.04} \tag{2-12}$$

$d \geqslant 3.0$ mm时，

$$f_{2ij} = 6.34 \times 10^{-5} R^{3.60} \tag{2-13}$$

式中，f_{2ij}——第i个测区第j个侧位的砂浆强度值，MPa；

d——第i个测区第j个侧位的平均碳化深度，mm；

R——第i个测区第j个侧位的平均回弹值。

④ 测区的砂浆抗压强度平均值，应按式（2-10）计算。

三、砌体强度的检测

有了砌块及砂浆的强度，即可按《砌体结构设计规范》（GB 50003—2011）求得砌体强度，这是一种间接测定砌体强度的方法。有时希望直接测定砌体的强度，下面介绍几种直接测定法。

（一）实物取样试验法

在墙体适当部位选取试件，一般截面尺寸为240 mm × 370 mm、370 mm × 490 mm，高度为较小边长的2.5 ~ 3倍，将试件外围四周的砂浆剔去，注意在墙长方向，即试件长边方向，可按原竖缝自然分离，不要敲断条砖，留有马牙槎，只要核心部分长370 mm或490 mm即可。四周暂时用角钢包住，小心取下，注意不要让试件松动。然后，在加压面用1 ∶ 3砂浆坐浆抹平，养护7天后加压。加压前要先估计其破坏荷载。加压时的第一级荷载为预估破坏荷载的20%，以后每级加破坏荷载的10%，直至破坏。设破坏荷载为N，试件面积为A，即可由下式算得砌体的实际抗压强度。

$$f_{\mathrm{m}} = \frac{N}{A} \tag{2-14}$$

（二）原位轴压法

1. 检测原理

原位轴压法是用一种特制的扁式千斤顶在墙体上直接测量砌体抗压强度的方法。测试时，先沿砌体测试部位垂直方向在试样高度上下两端各开凿一个水平槽孔，在槽内各嵌入一扁式千斤顶，并用自平衡拉杆固定。通过加载系统对试样分级加载，直到试件受压开裂破坏，求得砌体的极限抗压强度，如图2-4所示。原位轴压法适用于推定240 mm厚普通砖砌体或多孔砖砌体的抗压强度。

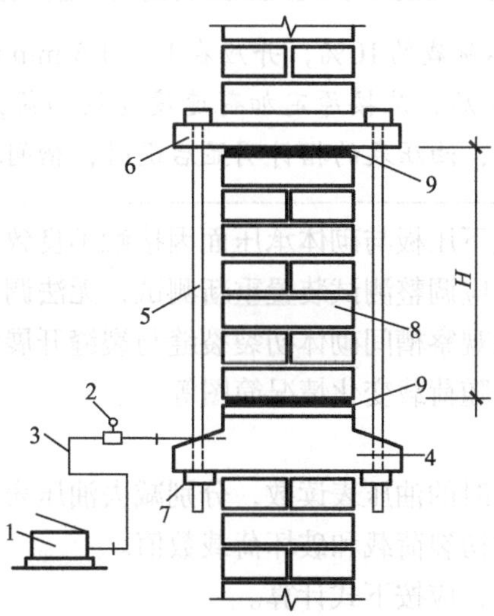

图2-4　原位轴压法测试装置

1—手动油泵；2—压力表；3—高压油管；4—扁式千斤顶；5—钢拉杆（共4根）

6—反力板；7—螺母；8—槽间砌体；9—砂垫层；H—槽间砌体高度

2. 检测步骤

（1）在测点上开凿水平槽孔时，应符合下列要求。

① 上、下水平槽的尺寸符合表2-2所示的要求。

表2-2　水平槽尺寸

名　　称	长度/mm	厚度/mm	高度/mm
上水平槽	250	240	70
下水平槽	250	240	≥110

② 上下水平槽孔应对齐。普通砖砌体，槽间砌体高度应为7皮砖；多孔砖砌体，槽间砌体高度应为5皮砖。

③ 开槽时，应避免扰动四周的砌体；槽间砌体的承压面应修平整。

（2）在槽孔安放原位压力机时，应符合下列要求。

① 在上槽内的下表面和扁式千斤顶的顶面，应分别均匀铺设湿细砂或石膏等材料的垫层，垫层厚度可取10 mm。

② 将反力板置于上槽孔，扁式千斤顶置于下槽孔，安放四根钢拉杆，使两个承压板上下对齐后，应沿对角两两均匀拧紧螺母并调整其平行度；四根钢拉杆的上下螺母间的净距误差不应大于2 mm。

③ 正式测试前，应进行试加荷载测试，试加荷载值可取预估破坏荷载的10%。应检查测试系统的灵活性和可靠性，以及上下压板和砌体受压面接触是否均匀、密实。经试加荷载，测试系统正常后应卸荷，并应开始正式测试。

（3）正式测试时，应分级加荷。

小提示

每级荷载可取预估破坏荷载的10%，并应在1 ~ 1.5 min均匀加完，然后恒载2 min。加荷至预估破坏荷载的80%后，应按原定加荷速度连续加荷，直至槽间砌体破坏。当槽间砌体裂缝急剧扩展和增多，油压表的指针明显后退时，槽间砌体达到极限状态。

（4）测试过程中，发现上下压板与砌体承压面因接触不良致使槽间砌体呈局部受压或偏心受压状态时，应停止测试，并应调整测试装置重新测试，无法调整时应更换测点。

（5）测试过程中，应仔细观察槽间砌体初裂裂缝与裂缝开展情况，并应记录逐级荷载下的油压表读数、测点位置、裂缝随荷载变化情况简图等。

3. 数据整理及计算

根据槽间砌体初裂和破坏时的油压表读数，分别减去油压表的初始读数，并按原位压力机的校验结果，计算槽间砌体的初裂荷载和破坏荷载数值。

（1）槽间砌体的抗压强度，应按下式计算。

$$f_{uij}=\frac{N_{uij}}{A_{ij}} \tag{2-15}$$

式中，f_{uij}——第i个测区第j个测点槽间砌体的抗压强度，MPa；

N_{uij}——第i个测区第j个测点槽间砌体的受压破坏荷载值，N；

A_{ij}——第i个测区第j个测点槽间砌体的受压面积，mm^2。

（2）槽间砌体抗压强度换算为标准砌体的抗压强度，应按下式计算。

$$f_{mij}=\frac{f_{uij}}{\varepsilon_{1ij}} \tag{2-16}$$

$$\varepsilon_{1ij}=1.25+0.60\sigma_{0ij} \tag{2-17}$$

式中，f_{mij}——第i个测区第j个测点的标准砌体抗压强度换算值，MPa；

ε_{1ij}——原位轴压法的强度换算系数（量纲为1）；

σ_{0ij}——该测点上部墙体的压应力，MPa。其值可按墙体实际所承受的荷载标准值计算。

（3）测区的砌体抗压强度平均值，应按下式计算。

$$f_{mi}=\frac{1}{n_i}\sum_{j=1}^{n_i}f_{mij} \tag{2-18}$$

式中，f_{mi}——第i个测区的砌体抗压强度平均值，MPa；

n_i——第i个测区的测点数。

（三）扁顶法

如图2-5所示，扁顶法适用于推定普通砖砌体或多孔砖砌体的受压弹性模量、抗压强度或墙体的受压工作应力。

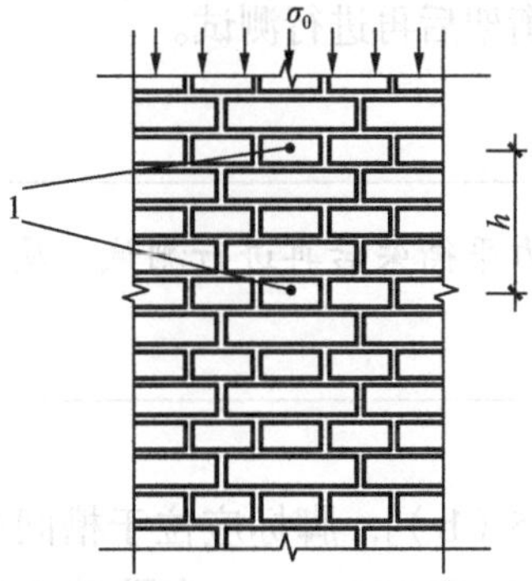

（a）测试受压工作应力

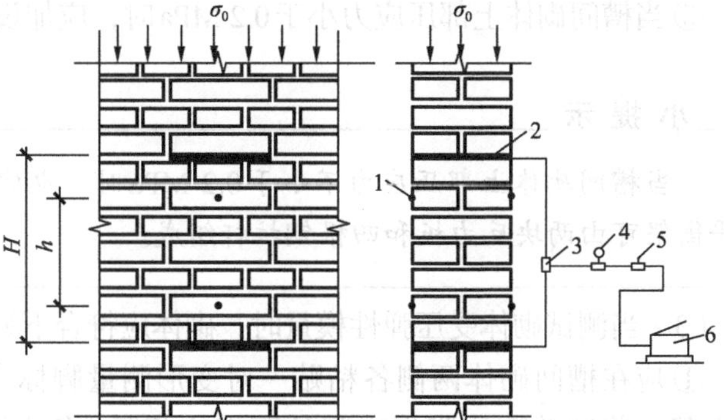

（b）测试受压弹性模量、抗压强度

图2-5 测试受压弹性模量、抗压强度

1—变形测量脚标（两对）；2—扁式液压千斤顶；3—三通接头；4—压力表；5—溢流阀；6—手动油泵；H—槽间砌体高度；h—脚标之间的距离

1. 测试步骤

（1）测试墙体的受压工作应力时，墙体应符合下列要求。

① 在选定的墙体上，应标出水平槽的位置，并应牢固粘贴两对变形测量脚标［见图2-5（a）］。脚标应位于水平槽正中并跨越该槽。普通砖砌体脚标之间的距离应相隔4条水平灰缝，宜取250 mm；多孔砖砌体脚标之间的距离应相隔3条水平灰缝，宜取270 ~ 300 mm。

② 使用手持式应变仪或千分表在脚标上测量砌体变形的初读数时，应测量3次，并取其平均值。

③ 在标出水平槽位置处，应剔除水平灰缝内的砂浆。水平槽的尺寸应略大于扁顶尺寸。开凿时，不应损伤测点部位的墙体及变形测量脚标。槽的四周应清理平整，并应除去灰渣。

④ 使用手持式应变仪或千分表在脚标上测量开槽后的砌体变形值时，应待读数稳定后再进行下一步测试工作。

⑤ 在槽内安装扁顶，扁顶上下两面宜垫尺寸相同的钢垫板，并应连接测试设备的油路（见图2-5）。

⑥ 正式测试时，应分级加荷。每级荷载应为预估破坏荷载值的5%，并应在1.5 ~ 2 min均匀加完，恒载2 min后应测读变形值。当变形值接近开槽前的读数时，应适当减小加荷级差，并应直至实测变形值达到开槽前的读数，然后卸荷。

（2）实测墙体的砌体抗压强度或受压弹性模量时，应符合下列要求。

① 在完成墙体的受压工作应力测试后，应开凿第二条水平槽。上下槽应互相平行、对齐。当选用250 mm×250 mm扁顶时，普通砖砌体两槽之间的距离应相隔7皮砖，多孔砖砌体两槽之间的距离应相隔5皮砖；当选用250 mm×380 mm扁顶时，普通砖砌体两槽之间的距离应相隔8皮砖，多孔砖砌体两槽之间的距离应相隔6皮砖。遇有灰缝不规则或砂浆强度较高而难以凿槽时，可在槽孔处取出1皮砖，安装扁顶时，应采用钢制楔形垫块调整其间间隙。

② 应按“扁顶法测试步骤（1）”中⑤的规定在上下槽内安装扁顶。

③ 试加荷载，应符合“原位轴压法检测步骤（2）”中③的规定。

④ 正式测试时，加荷方法应符合“原位轴压法检测步骤（3）”的规定。

⑤ 当槽间砌体上部压应力小于0.2 MPa时，应加设反力平衡架后再进行测试。

小提示

当槽间砌体上部压应力不小于0.2 MPa时，也宜加设反力平衡架后再进行测试。反力平衡架可由两块反力板和四根钢拉杆组成。

（3）当测试砌体受压弹性模量时，砌体应符合下列要求。

① 应在槽间砌体两侧各粘贴一对变形测量脚标［见图2-5（b）］，脚标应位于槽间砌体的中部。普通砖砌体脚标之间的距离应相隔4条水平灰缝，宜取250 mm；多孔砖砌体脚标之间的距离应相隔3条水平灰缝，宜取270 ~ 300 mm。测试前应记录标距值，并应精确至0.1 mm。

② 正式测试前，应反复施加10%的预估破坏荷载，其次数不宜少于3次。

③ 累计加荷的应力上限不宜大于槽间砌体极限抗压强度的50%。

④ 测试记录内容应包括描绘测点布置图、墙体砌筑方式、扁顶位置、脚标位置、轴向变形值、逐级荷载下的油压表读数、裂缝随荷载变化情况简图等。

2. 数据整理及计算

（1）数据分析时，应根据扁顶力值的校验结果，将油压表读数换算为测试荷载值。

（2）槽间砌体的抗压强度，应按式（2-15）计算。

（3）槽间砌体的抗压强度换算为标准砌体的抗压强度，应按式（2-16）和式（2-17）计算。

（4）测区的砌体抗压强度平均值，应按式（2-18）计算。

学习单元二　钢筋混凝土结构构件的可靠性检测

知识目标

（1）掌握钢筋混凝土结构构件外观与位移的检测方法。

（2）掌握钢筋混凝土中钢筋质量的检测方法。

（3）掌握钢筋混凝土结构中混凝土质量的检测方法。

技能目标

（1）根据所学知识，能够分析钢筋混凝土结构中各种不同的质量问题。

（2）通过各种检测手段，能够对钢筋混凝土结构进行检测。

基础知识

钢筋混凝土结构具有承载力大、整体性能好等优点，是工程上广泛应用的结构类型。由于设计、施工和使用中的种种原因，会存在各种不同的质量问题；房屋功能的改变，厂房生产工艺的变化，均会增加建筑结构的荷载；突然出现的灾害，如火灾、地震等，更易使结构受到损坏。因此，对钢筋混凝土结构进行检测是非常必要的。

一、构件外观与位移检查

（一）构件的外形尺寸

结构构件的尺寸直接关系到构件的刚度和承载力。准确地度量构件尺寸，可以为结构验算提供可靠的资料。

用钢尺测量构件长度，并分别测量构件两端和中部的截面尺寸，从而确定构件的高度和宽度。构件尺寸的允许偏差应符合《混凝土结构工程施工质量验收规范（2010版）》（GB 50204—2002）的规定。

（二）构件的表面蜂窝面积

蜂窝是指混凝土表面无水泥砂浆，露出石子深度大于5 mm但小于保护层厚度的缺陷，是由混凝土配比中砂浆少石子多、砂浆与石子分离、混凝土搅拌不匀、振捣不实及模板露浆等多种原因造成的。蜂窝的面积可用钢尺或百格网量取。

（三）构件表面的孔洞缺陷

孔洞是指深度超过保护层厚度，但不超过截面尺寸1/3的缺陷，是由混凝土浇筑时漏振或模板严重漏浆所致。

检查方法为凿去孔洞周围松动石子，用钢尺量取孔洞的面积及深度。梁、柱上的孔洞面积任何一处不大于40 cm^2，累计不大于80 cm^2为合格；基础、墙、板上的孔洞面积任何一处不大于100 cm^2，累计不大于200 cm^2为合格。

（四）构件表面的露筋缺陷

露筋是指钢筋没有被混凝土包裹而外露的缺陷，是由钢筋骨架放偏、混凝土漏振或模板严重漏浆所致。旧建筑物的露筋还可能是由于混凝土表层碳化、钢筋锈蚀膨胀致使混凝土保护层剥落形成。

小提示

外露的钢筋用钢尺量取。梁、柱上每个检查件（处）任何一根主筋露筋长度不大于10 cm，累计不大于20 cm为合格，但梁端主筋锚固区内不允许有露筋。基础、墙、板上每个检查件（处）任何一根主筋露筋长度不大于20 cm，累计不大于40 cm为合格。

二、钢筋混凝土中钢筋质量检测

（一）钢筋材质检验

钢筋材质检验，一般只在结构构件上进行抽查验证。具体做法是：凿去构件局部保护层，观察钢筋型号，量取钢筋直径。若从构件中取样试验，除要考虑构件仍有足够的安全度，还应注意样品的代表性。

（二）钢筋配筋数量检测

钢筋一般布置在构件截面四周，可用钢筋位置探测仪测出主筋、箍筋的位置及钢筋的数量。另外，还可以抽样检查，即凿去构件局部保护层，直接检查主筋和箍筋的数量。如果混凝土表层有双排或多排主筋，则只能局部凿除混凝土保护层进行检测。

（三）钢筋位置及保护层厚度的检测

凿去混凝土构件局部保护层，直接测量钢筋位置及保护层厚度。这类方法对混凝土构件有局部损伤，一般仅能做少量检测。若要对构件钢筋位置及保护层厚度做全面检测，则需采用仪器测定。

1. 钢筋位置的测定

使用测定仪进行钢筋位置检测的方法：接通电池电源，使钢筋位置测定仪的探头长边与钢筋长度方向平行，调整零点，测距挡拨至最大。将探头横向（垂直于钢筋方向）平移，仪器指针摆动最大时，探头下即为钢筋位置。

同理，将探头沿箍筋排列方向移动，可检查箍筋的数量及间距。

2. 钢筋保护层厚度的测定

当钢筋位置确定后，应按下列方法进行混凝土保护层厚度的检测。

（1）首先设定钢筋探测仪量程范围及钢筋公称直径，沿被测钢筋轴线选择相邻钢筋影响较小的位置，并避开钢筋接头盒绑丝，读取第1次的混凝土保护层厚度检测值。在被测钢筋的同一位置重复检测1次，读取第2次检测的混凝土保护层厚度检测值。

（2）当同一位置读取的2个混凝土保护层厚度检测值相差大于1 mm时，该组检测数据应视为无效，并查明原因，在该处重新进行检测。仍不满足要求时，更换钢筋探测仪或采用钻孔、剔凿的方法验证。

钢筋混凝土保护层厚度平均检测值按下式计算。

$$c^{t}_{m,i}=\left(c^{t}_{1}+c^{t}_{2}+2c_{C}+2c_{D}\right)/2 \tag{2-19}$$

式中，$c^{t}_{m,i}$——第i测点混凝土保护层厚度平均检测值，精确至1 mm；

c^{t}_{1}、c^{t}_{2}——第1次、第2次检测的混凝土保护厚度检测值，精确至1 mm；

c_C——混凝土保护层厚度修正值，为同一规格钢筋的混凝土保护层厚度实测验证值减去检测值，精确至0.1 mm；

c_D——探头垫块厚度，精确至0.1 mm，不加垫块时，c_D=0。

（四）钢筋锈蚀程度的检测

锈蚀程度的检测方法主要有直接观察法与自然电位法两种。

1. 直接观察法

直接观察法是在构件表面凿去局部保护层，将钢筋暴露出来，直接观察、测量钢筋的锈蚀程度，主要是测量锈层厚度和剩余钢筋面积。这种方法直观、可靠，但会破坏构件表面，一般不宜做得太多。

2. 自然电位法

所谓自然电位，是指钢筋与其周围介质（在此为混凝土）形成一个电位，锈蚀后钢筋表面钝化膜破坏，引起电位变化。

自然电位法的基本原理是钢筋锈蚀后，其电位会发生变化，可根据测定其电位变化来推断钢筋的锈蚀程度。图2-6所示为自然电位法现场测量示意图，所用伏特计内阻为107 ~ 1014Ω。参比电极可选用硫酸铜电极、甘汞电极或氧化汞电板、氧化钼电极等。局部剥露的钢筋应事先打磨光，保证接触良好。

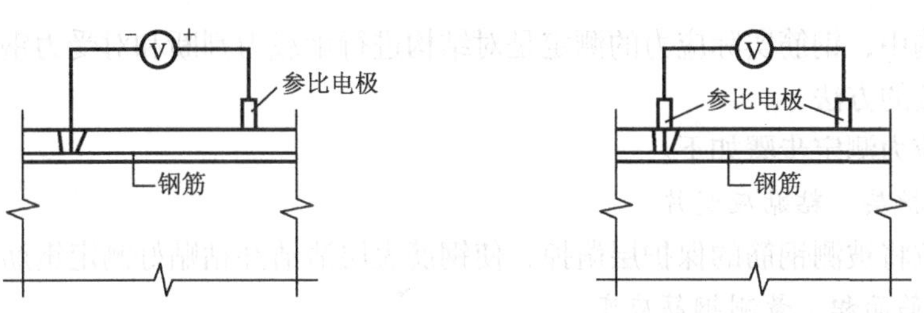

（a）钢筋自然电位测量　　（b）电位梯度测量

图2-6　自然电位法现场测量示意图

在钢筋处于钝化状态时，自然电位一般处于-200 ~ -100 mV（对比硫酸铜电极）。若钢筋腐蚀后，自然电位向低电位变化。

小提示

用自然电位法测钢筋锈蚀情况，方法简便，不用复杂设备即可快速得出结果，而且可在不影响正常生产的情况下进行。但电位易受周围环境因素干扰，且对腐蚀程度的判断比较粗略，故常与其他方法（如直接观察法）结合应用。

（五）钢筋强度的检测

钢筋强度的检测分为屈服强度的测定与抗拉强度的测定。

1. 屈服强度的测定

对于拉伸曲线无明显屈服现象的钢筋，其屈服强度为试样在拉伸试验过程中，标距部分残余伸长达到原标距长度的0.2%时的应力，如图2-7所示。

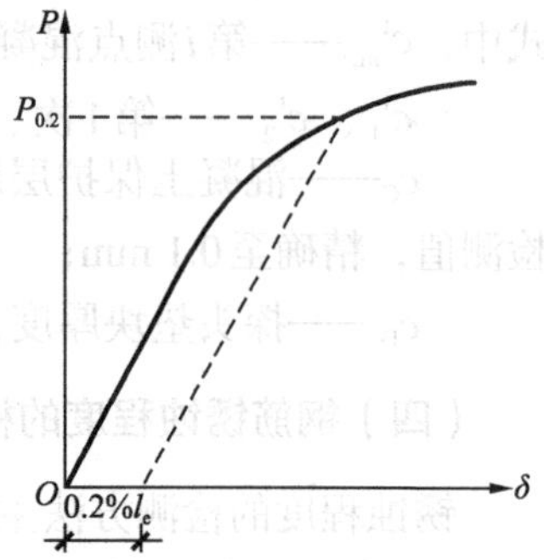

图2-7 荷载—变形曲线

$$\sigma_{0.2}=\frac{P_{0.2}}{F_0} \tag{2-20}$$

式中，$P_{0.2}$——试样在拉伸试验过程中，标距部分残余伸长达到原标距长度的0.2%时的荷载，N；

F_0——试样标距部分原始的最小横截面积，mm^2；

$\sigma_{0.2}$——试样的屈服强度，MPa。

2.抗拉强度的测定

将试样拉断后，从测力度盘或拉伸曲线上可读出最大荷载P_b，则钢筋抗拉强度为

$$\sigma_b=\frac{P_b}{F_0} \tag{2-21}$$

式中，P_b——钢筋试样拉断后最大荷载值，N；

F_0——试件原横截面积，mm^2；

σ_b——钢筋抗拉强度，MPa。

（六）钢筋实际应力的测定

混凝土结构中，钢筋实际应力的测定是对结构进行承载力判断和对受力钢筋进行受力分析的一种较为直接的方法。

钢筋实际应力测定步骤如下。

1. 凿除保护层、粘贴应变片

在所选部位将被测钢筋的保护层凿掉，使钢筋表层清洁并粘贴好测定钢筋应变的应变片。

2. 削磨钢筋面积，量测钢筋应变

在与应变片相对的一侧用削磨的方法使被测钢筋的面积减小，然后用游标卡尺量测其减小量，同时用应变记录仪记录钢筋因面积变小而获得的应变增量ε_s。

3. 钢筋实际应力计算

钢筋实际应力σ_s的计算近似可取：

$$\sigma_s=\frac{\varepsilon_s E_s A_{s1}}{A_{s2}}+E_s\frac{\sum_{i=1}^{n}\varepsilon_{s1}A_{si}}{\sum_{i=1}^{n}A_{si}} \tag{2-22}$$

式中，ε_s——被削磨钢筋的应变增量；

ε_{s1}——构件上被测钢筋邻近处第i根钢筋的应变增量；

E_s——钢筋弹性模量；

A_{s1}——被测钢筋削磨后的截面积；

A_{s2}——被测钢筋削磨掉的截面积；

A_{si}——构件上被测钢筋邻近处第i根钢筋的截面积。

4. 重复测试，得到理想结果

重复上述步骤，当两次削磨后得到的应力值σ_s很接近时，便可停止削磨测试而将此时的σ_s值作为钢筋最终要求的实际应力值。

课堂案例

某单层厂房建筑面积11 000 m^2，屋盖主要承重构件为12 m跨的薄腹梁，梁高1 300 mm，主钢筋5ϕ25，其外形如图2-8所示。第一次脆断的两根钢筋是在运输过程中发生的，钢筋的A段勾在混凝土门桩上而脆断，断点在B处；第二次脆断的5根钢筋是在卸车时发生的，断口也在点B处。当时已制作完成这种钢筋210根，其中两次脆断7根，占已制作钢筋的3.3%。

问题：

1. 本案中质量事故的原因是什么？
2. 对于该案中的事故应采取何种处理措施？

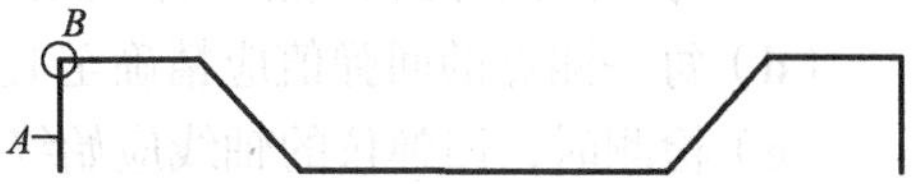

图2-8 钢筋外形示意图

分析：

1.事故原因分析。在钢筋脆断后，对材质进行重新取样检验，钢筋的物理力学性能全部达到和超过了标准的规定。说明钢筋脆断的主要原因不是材质问题，而是撞击、摔打造成的，钢筋弯曲时弯心太小，也带来了不利的影响。

2.事故处理措施。改变目前运输、装卸方法，避免对钢筋造成撞击或冲击。对已制作的钢筋，用5倍放大镜检查弯曲处有无裂纹，如果有裂纹，则暂不使用，另行研究处理。实际检查后，没有发现裂纹。以后加工的钢筋，弯心直径一定要符合规范的规定。

三、钢筋混凝土结构中混凝土质量的检测

（一）混凝土强度的检测

1. 混凝土强度的回弹法检测

（1）检测原理。回弹法是根据混凝土的回弹值、碳化深度与抗压强度之间的相互关系来推定抗压强度的一种非破损检测方法。

（2）回弹仪。

① 构成。回弹仪主要由锤、弹簧、中心导杆、外壳、盖帽和指针视窗等构成。

② 使用方法。使用回弹仪时，先将弹击杆顶住混凝土表面，轻压仪器，将按钮松开，使弹击杆伸出，然后垂直正对混凝土表面缓慢均匀施压。待弹击锤脱钩，冲击弹击杆，弹击杆再冲击混凝土表面，弹击锤即带动指针向后移动，指针视窗的刻度尺上显示某一回弹值。继续顶住混凝土表面或按下按钮，锁住机芯，读出回弹值。

③ 技术要求。

（a）水平弹击时，在弹击锤脱钩瞬间，回弹仪的标称能量应为2.207 J。

（b）在弹击锤与弹击杆碰撞的瞬间，弹击拉簧应处于自由状态，且弹击锤起点应位于刻度尺的“0”处。

（c）在洛氏硬度HRC为60±2的钢砧上，回弹仪的率定值应为80±2。

（d）数字式回弹仪应带有指针直读示意系统；数字显示的回弹值与指针读数值相差不应超过1。

（3）测量准备。

① 试样抽样原则。

（a）当测定单个构件的混凝土强度时，可根据混凝土质量的实际情况决定测试数量。

（b）当用抽样法测定整体结构或成批构件的混凝土强度时，随机抽取的试样数量不少于结构或构件总数的30%。

② 测点布置要求。

（a）测点宜在测区范围内均匀分布，相邻两测点的净距一般不小于20 mm，测点距构件边缘或外露钢筋、预埋件的距离一般不小于30 mm。

（b）测点不应在气孔或外露石子上，同一测点只允许弹击一次。

（c）每一测区弹击16点（当一测区有两个测面时，则每一个测面弹击8点）。

（d）每一测点的回弹值应精确至1。

（e）检测时，回弹仪的轴线应始终垂直于结构或构件的混凝土检测面，缓缓施压，准确读数，快速复位。

③ 测面与测区的布置。测面与测区的布置方法如下。

（a）测区数量。测区数量不少于10个，当测区为某一方向尺寸小于4.5 m且另一方向的尺寸小于0.3 m的构件时，其测区数量可适当减少，但不应少于5个。

（b）测区间距。相邻两测区的间距应控制在2 m以内，测区离构件端部或施工缝边缘的距离不宜大于0.5 m，且不小于0.2 m。

（c）测区位置确定。

• 测区应选在使回弹仪处于水平方向检测混凝土侧面，当不满足这一要求时，可使回弹仪处于非水平方向检测混凝土侧面、表面或底面，测区面积不宜大于400 cm^2。

• 测区宜选在构件的两个对称可测面上，也可选在一个可测面上，且应均匀分布。在构件的重要部位及薄弱部位必须布置测区。

（d）测面表面要求。测面应清洁、平整、干燥，不应有疏松层、浮浆、油垢以及蜂窝、麻面等，必要时可用砂轮清除疏松层和杂物，且不应有残留的粉末或碎屑。

（e）其他要求。对弹击时产生颤动的薄壁、小型构件应进行固定。

（4）数据整理及计算。

① 从某测区的16个回弹值中剔除3个最大值和3个最小值，然后将余下的10个回弹值按下式计算测区平均回弹值。

$$R_m=\frac{\sum_{i=1}^{10}R_i}{10} \tag{2-23}$$

式中，R_m——测区平均回弹值，精确至0.1；

R_i——第i个测点的回弹值。

② 非水平方向检测混凝土浇筑侧面时，应按下式修正。

$$R_m=R_{m\alpha}+R_{a\alpha} \tag{2-24}$$

式中，$R_{m\alpha}$——非水平方向检测时测区的平均回弹值，精确至0.1；

$R_{a\alpha}$——非水平方向检测时回弹值的修正值。

③ 水平方向检测混凝土浇筑顶面或底面时，应按下式修正。

$$R_{\mathrm{m}} = R_{\mathrm{m}}^{\mathrm{t}} + R_{\mathrm{a}}^{\mathrm{t}} \quad (2\text{-}25\mathrm{a})$$

$$R_{\mathrm{m}} = R_{\mathrm{m}}^{\mathrm{b}} + R_{\mathrm{a}}^{\mathrm{b}} \quad (2\text{-}25\mathrm{b})$$

式中，$R_{\mathrm{m}}^{\mathrm{t}}$、$R_{\mathrm{m}}^{\mathrm{b}}$——水平方向检测混凝土浇筑表面、底面时，测区的平均回弹值，精确至0.1；

$R_{\mathrm{a}}^{\mathrm{t}}$、$R_{\mathrm{a}}^{\mathrm{b}}$——混凝土浇筑表面、底面回弹值的修正值，其按相应修正值表来确定。

小 提 示

检测时，回弹仪为非水平方向且测试面为非混凝土的浇筑侧面时，先按非水平方向检测时回弹值的修正值$R_{a\alpha}$表对回弹值进行角度修正，再按不同浇筑面回弹值的修正值、表对修正后的值进行浇筑面修正。

④ 回弹值测量完毕后，用凿子在测区内凿出直径约为15 mm、深度约为6 mm的孔洞，吹去孔洞中的粉末和碎屑，将质量分数为1%的酚酞酒精溶液（酚酞：工业用乙醇：蒸馏水＝1 ： 49 ： 50）滴在孔洞内壁的边缘处，然后用游标卡尺加三角板测量自混凝土表面至深部的不变色（未碳化的混凝土呈粉红色）部分的垂直距离，该距离即为混凝土的碳化深度值。通常，每个孔测1 ~ 3次，求出平均碳化深度，测量值精确至0.5 mm。平均碳化深度小于0.5 mm时，取0；平均碳化深度大于6 mm时，取6 mm。

（5）回弹强度的测定。

① 测强基准曲线。回弹法测强基准曲线的分类如表2-3所示。

表2-3 回弹法测强基准曲线的分类

类　别	基 本 内 容
专用测强曲线	由与结构或构件混凝土相同的材料、成型养护工艺配制的混凝土试件，通过试验所建立的曲线。该曲线精度较高。当被测结构或构件混凝土的各种条件与专用测强曲线一致时，应优先使用专用测强曲线评定测区混凝土强度
地区测强曲线	由本地区常用的材料、成型养护工艺配制的混凝土试件，通过试验所建立的曲线。它是针对某一地区的情况而制定的测强基准曲线。处在该地区的结构或构件在没有专用测强曲线的情况下，应采用地区测强曲线（地区测强换算表）来评定混凝土强度值
统一测强曲线	由全国有代表性的材料、成型养护工艺配制的混凝土试件，通过试验所建立的曲线

② 试样混凝土强度评定。结构或构件的测区混凝土强度平均值可根据各测区的混凝土强度换算值计算。

（a）当测区数为10个及10个以上时，应计算强度标准差。平均值及标准差应按下式计算。

$$m_{f_{\mathrm{cu}}^{\mathrm{c}}} = \frac{\sum_{i=1}^{n} f_{\mathrm{cu},i}^{\mathrm{c}}}{n}$$

$$s_{f_{\mathrm{cu}}^{\mathrm{c}}} = \sqrt{\frac{\sum_{i=1}^{n}\left(f_{\mathrm{cu},i}^{\mathrm{c}}\right)^2 - n\left(mf_{\mathrm{cu}}^{\mathrm{c}}\right)^2}{n-1}} \quad (2\text{-}26)$$

式中，$m_{f_{\mathrm{cu}}^{\mathrm{c}}}$——结构或构件测区混凝土强度换算值的平均值，MPa，精确至0.1 MPa；

n——对于单个检测的构件，取一个构件的测区数；对批量检测的构件，取被抽检构件测区数之和；

$s_{f_{cu}^{c}}$——结构或构件测区混凝土强度换算值的标准差，MPa，精确至0.01 MPa。

（b）当该结构或构件测区数少于10个时，应按下式计算。

$$f_{cu,e}=f_{cu,min}^{c} \tag{2-27}$$

式中，$f_{cu,min}^{c}$——构件中最小的测区混凝土强度换算值。

（c）当该结构或构件的测区数不少于10个或按批量检验时，应按下式计算。

$$f_{cu,e}=m_{f_{cu}^{c}}-1.645s_{f_{cu}^{c}} \tag{2-28}$$

2. 混凝土强度的超声波检测法

（1）超声波检测原理。超声仪器产生高压电脉冲，激励发射换能器内的压电晶体获得高频声脉冲；声脉冲传入混凝土介质，由接收换能器接收通过混凝土传来的声信号，测出超声波在混凝土中传播的时间。量取声通路的距离，算出超声波在混凝土中传播的速度。对于配制成分相同的混凝土，强度越高，则声速越大，反之越小。二者的关系如下。

$$f_c=Kv^4 \tag{2-29}$$

式中，f_c——混凝土的抗压强度，MPa；

v——超声脉冲在混凝土中传播的速度，km/s；

K——系数，混凝土的各种参数确定后，K可以认为是个常数。

（2）超声波声速值测定。

① 超声检测的现场准备及测区布置与回弹法的相同，测点应尽量避开缺陷和内部应力较大的部位，还应避开与声路平行的钢筋。在每个测区相对的两测面选择相对的呈梅花状的5个测点。

② 对测时，要求两个换能器的中心同位于一条轴线上，然后逐个对测。为了保证混凝土与换能器之间有可靠的声耦合，应在混凝土测面与换能器之间涂上黄油作为耦合剂。

③ 实测时，将换能器涂以耦合剂后置于测点并压紧，将接收信号的首波幅度调至30 ~ 40 mm后测读各测点的声时值。取各测区5个声时值中的3个中间值的算术平均值作为测区声时值t_m（μs），则测区声速值v（km/s）为

$$v=L/t_m \tag{2-30}$$

式中，L——超声波传播距离，可用钢尺直接在构件上量测，mm。

3. 混凝土强度的拔出法及钻芯法检测

（1）混凝土强度的拔出法检测。拔出法是在混凝土构件中埋一锚杆（可以预置，也可后装），将锚杆拔出时连带拉脱部分混凝土，图2-9所示为拔出法的示意图。试验证明，这种拔出的力与混凝土的抗拉强度有密切关系，而混凝土抗拉力与抗压力是有一定关系的，从而可据此推测出混凝土的抗压强度。

（2）混凝土强度的钻芯法检测。钻芯法是使用专门的钻芯机在混凝土构件上钻取圆柱形芯样，经过适当加工后在压力试验机上直接测定其抗压强度的一种局部破损检测方法。

小 提 示

利用钻芯法计算混凝土强度时，采用直径和高度均为100 mm的芯样，其强度值等同于现行规范规定的150 mm×150 mm×150 mm立方体的标准强度。

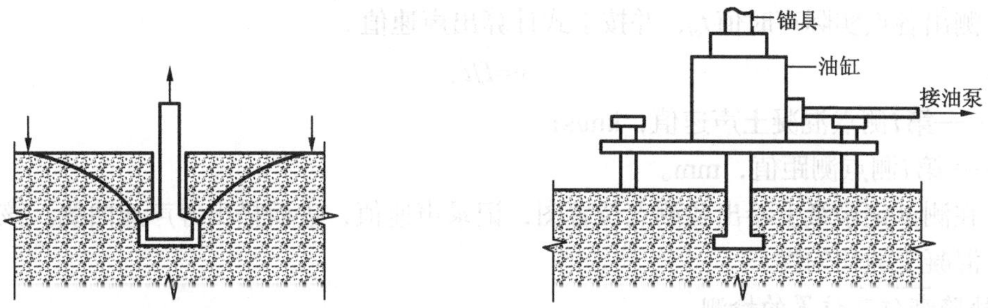

（a）后装锚杆　　（b）预置锚杆

图2-9　拔出法示意图

芯样抗压强度值随其高度的增加而降低，降低值与混凝土强度等级有关。试件抗压强度还随其尺寸的增大而减少。芯样强度应按下式换算成150 mm×150 mm×150 mm立方体的标准强度。

$$f_c=\frac{4P}{\pi D^2 K} \tag{2-31}$$

式中，f_c——150 mm×150 mm×150 mm立方体强度，MPa；

P——芯样破坏时的最大荷载，kN；

D——芯样直径，mm；

K——换算系数。芯样尺寸为150 mm×150 mm时，K=0.95；芯样直径为100 mm时，K值按芯样高度（h）和直径（d）之比及混凝土强度等级（见表2-4）确定。

表2–4　换算系数K

高径比 h/d	混凝土强度等级f_c/MPa		
	$35<f_c\leqslant 45$	$25<f_c\leqslant 35$	$15<f_c\leqslant 25$
1.00	1.00	1.00	1.00
1.25	0.98	0.94	0.90
1.50	0.96	0.91	0.86
1.75	0.94	0.89	0.84
2.00	0.92	0.87	0.82

注：h/d为表中数值之间的值时，可用内插法求得。

小提示

目前钻芯法检测已经得到越来越广泛的应用。由于取芯数量不能很多，因而这种方法也常同时结合非破损方法应用，它可修正非破损方法的精度，而取芯数目可以适当减少。

（二）混凝土结构内部缺陷的检测

1. 混凝土构件内部均匀性检测

混凝土构件内部均匀性检测常采用网格法。

（1）首先对被测构件进行网格划分（200 mm见方，两测试面上同一点要对准）。

（2）测出各点实际声时值t_{ci}，并按下式计算出声速值。

$$v_i=l_i/t_{ci} \tag{2-32}$$

式中，v_i——第i测点混凝土声速值，km/s；

l_i——第i测点测距值，mm。

（3）在测试记录纸上绘出各测点位置图，记录声速值，进而描出等声速曲线。该等声速曲线反映了混凝土的均匀性。

2. 缺陷部位及位置的检测

用超声波法探测混凝土结构内部缺陷时，主要是根据声时、声速、声波衰减量、声频变化等参数的测量结果进行评判的，如图2-10所示。对于内部缺陷部位的判断，由于无外露痕迹，如果全范围搜索，非常费时费力，效率不高。缺陷部位及位置的检测步骤与方法如下。

（1）判断对质量有怀疑的部位。

（2）以较大的间距（如300 mm）画出网格，称为第一级网格，测定网格交叉点处的声时值。

（3）在声速变化较大的区域，以较小的间距（如100 mm）画出第二级网格，再测定网格点处的声速。

（4）将具有数值较大声速的点（或异常点）连接起来，则该区域即可初步定为缺陷区。

（5）根据声速值的变化可以判断缺陷的存在，在其缺陷附近测得声时最长的点，然后用探头在构件两边进行测量，其连线应与构件垂直并通过声时最长点。按下面公式计算缺陷横向尺寸。

$$d=D+L\sqrt{\left(\frac{t_2}{t_1}\right)^2-1} \tag{2-33}$$

式中，d——缺陷横向尺寸；

L——两探头间距离；

t_2——超声脉冲探头在缺陷中心时的声时值；

t_1——按相同方式在无缺陷区测得的声时值；

D——探头直径。

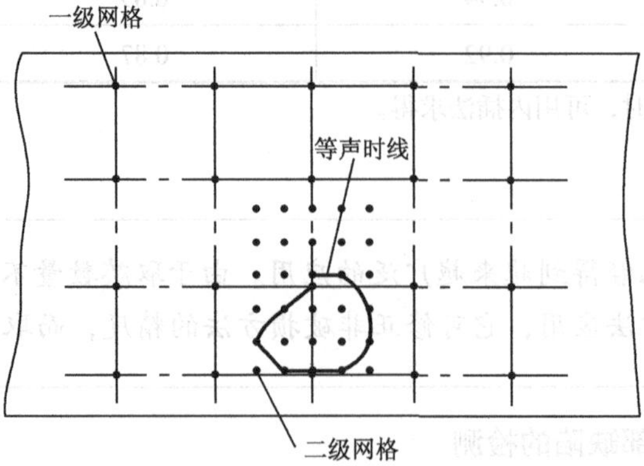

图2-10 用超声波法测内部缺陷时的网格布置

3. 混凝土裂缝深度检测

（1）超声波检测混凝土垂直裂缝深度。混凝土中出现裂缝，裂缝空间充满空气，由于固体与气体界面对声波构成反射面，通过的声能很小，声波绕裂缝顶端通过，依此可测出裂缝深度。采用超声波法检测裂缝深度的具体要求如下。

① 需要检测的裂缝中不得充水和泥浆。

② 当有主筋穿过裂缝且与两换能器的连线大致平行时，探头应避开钢筋，避开的距离应大于估计裂缝深度的1.5倍。

（2）超声波检测混凝土斜裂缝深度。混凝土斜裂缝深度是通过测试与作图相结合的方法确定的。检测时将一只换能器置于裂缝一侧的A处，将另一只换能器置于裂缝另一侧靠近裂缝的B处，测出声波传播时间。然后将B处换能器向远离裂缝方向移动至B'处，若传播时间减少，则裂缝向换能器移动方向倾斜，否则裂缝向换能器移动的反方向倾斜，如图2-11所示。

作图方法：先在坐标纸上按比例标出换能器及混凝土表面的裂缝位置。以第一次测量时两只换能器位置A、B为焦点，以$t_1 \cdot v$为两动径之和作椭圆，再以第二次测量时换能器的位置A、B'为焦点，以$t_2 \cdot v$为两动径之和再作一个椭圆，两椭圆的交点即为裂缝末端顶点O。点O到构件表面的距离OE即为裂缝深度值，如图2-12所示。重复上述过程，可测得n组数据而得到n个裂缝深度值，剔除换能器间距小于裂缝深度值的情况，取余下（不少于两个）的裂缝深度值的平均值作为检测结果。

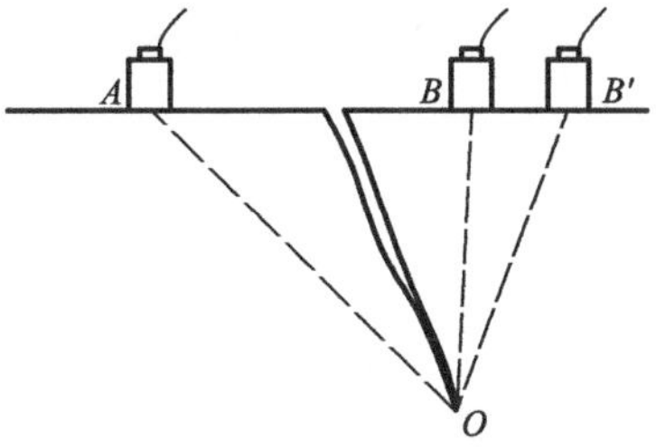

图2-11　检测裂缝倾斜方向

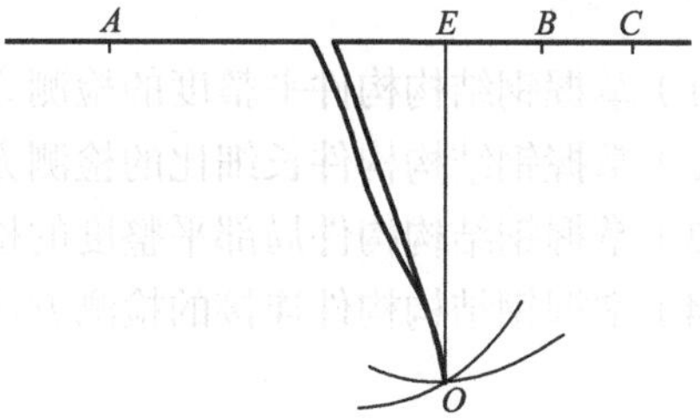

图2-12　确定裂缝顶点

（3）超声波检测混凝土裂缝深度。

① 在大体积混凝土中，当裂缝深度在600 mm以上时，可先钻孔，然后放入径向振动式换能器进行检测。

② 在裂缝两侧对称地钻2个垂直于混凝土表面的孔，孔径大小以能自由放入换能器为宜，孔深至少比裂缝预计深度深70 mm。钻孔冲洗干净后注满清水。

③ 将收、发换能器分别置于2个孔中，以同样高度等间距下落，逐点测读超声波波幅值并记录换能器所处的深度。

④ 当发现换能器达到某一深度，其波幅达到最大值，再向下测量波幅变化不大时，换能器在孔中的深度即为裂缝的深度。

4. 混凝土内部的空洞和不密实区的检测

（1）对混凝土内部的空洞和不密实区进行检测时，先在被测构件上划出网格，用对测法测出每一点的声速值v_i、波幅A_i与接收频率f_i。若某测区中某些测点的波幅A_i和频率f_i明显偏低，可认为这些测点区域的混凝土不密实；若某测区中某些测点的声速v_i和波幅A_i明显偏低，则可认为该区域混凝土内存在空洞，如图2-13所示。

（2）为了判定不密实区或空洞在结构内部的具体位置，可在测区的两个相互平行的测试面上，分别画出交叉测试的两组测点位置进行测试，如图2-14所示。根据波幅、声速的变化即可确定不密实区或空洞的位置。

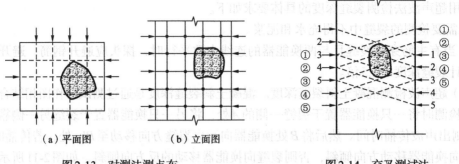

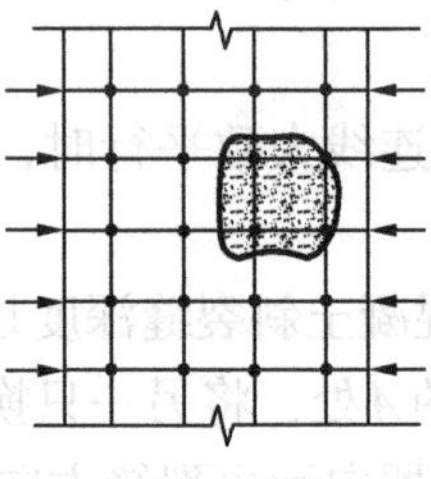

图2-13　对测法测点布

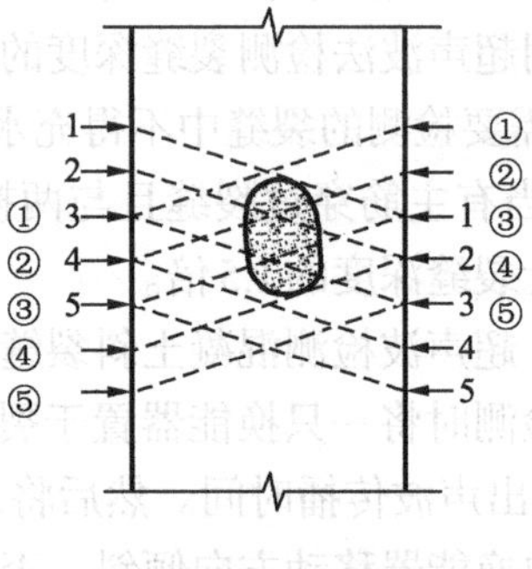

图2-14　交叉测试法

（3）为了确认超声检测的正确性，可在怀疑混凝土内部存在不密实区或空洞的部位，钻孔取芯，直接观察验证。

学习单元三　钢结构构件的可靠性检测

知识目标

（1）掌握钢结构构件平整度的检测方法。

（2）掌握钢结构构件长细比的检测方法。

（3）掌握钢结构构件局部平整度的检测方法。

（4）掌握钢结构构件连接的检测方法。

技能目标

（1）根据所学知识，能够分析钢结构构件中各种不同的质量问题。

（2）通过各种检测手段，能够对钢结构构件进行检测。

基础知识

由于钢材在工程结构中强度最高，制成的构件具有截面小、质量轻、延性好、承载能力大等优点，从而被广泛应用于单层厂房的承重骨架和吊车梁、多层和高层大跨度空间结构和高耸结构中。在使用过程中，有的钢结构要承受重复荷载的作用，有的要承受高温、低温、潮湿、腐蚀性介质的作用。钢结构因其连接构造传递应力大，结构对附加的局部应力、残余应力、几何偏差、裂缝、腐蚀、振动、撞击效应也比较敏感，因此，必须对钢结构的可靠性进行检测，主要检测内容有：

（1）构件平整度的检测。

（2）构件长细比、局部平整度和损伤检测。

（3）连接的检测。

一、构件平整度的检测

梁和桁架构件的整体变形有垂直变形和侧向变形两种，因此要检测两个方向的平直度。柱子的变形主要有柱身倾斜与挠曲两种。

检查时，可先目测，发现有异常情况或疑点时，对梁或桁架，可在构件支点间拉紧一根细铁丝，然后测量各点的垂度与偏度；对柱子的倾斜度，则可用经纬仪检测；对柱子的挠曲度，可用吊锤线法测量。如超出规程允许范围，应加以纠正。

二、构件长细比、局部平整度和损伤检测

构件的长细比，在粗心的设计或施工中，以及构件的型钢代换中常被忽视而不满足要求，应在检查时重点加以复核。

构件的局部平整度可用靠尺或拉线的方法检查。其局部挠曲应控制在允许范围内。

构件的裂缝可用目测法检查，但主要用锤击法检查，即用包有橡皮的木槌轻轻敲击构件各部分，如出现声音不脆、传音不匀或突然中断等异常情况，则必有裂缝。另外，也可用10倍放大镜逐一检查。如疑有裂缝，尚不肯定时，可用滴油的方法检查。无裂缝时，油渍呈圆弧形扩散；有裂缝时，油会渗入裂隙呈直线状伸展。

当然，也可用超声探伤仪检查。原理和方法与检查混凝土时相仿。

三、连接的检测

钢结构事故往往出在连接上，故应将连接作为重点对象进行检查。连接的检查内容包括：

（1）检测连接板尺寸（尤其是厚度）是否符合要求。

（2）用直尺作为靠尺检查其平整度。

（3）检测因螺栓孔等造成的实际尺寸的减少。

（4）检测有无裂缝、局部缺陷等损伤。

小 提 示

焊接连接目前应用最广，出现事故也较多，应检查其缺陷。检查焊接缺陷时，首先进行外观检查，借助于10倍放大镜观察，并可用小锤轻轻敲击，细听异常声响。必要时可用超声探伤仪或射线探测仪检查。

学习单元四　建筑物的变形观测

知识目标

（1）掌握建筑物的沉降观测方法。

（2）掌握建筑物的倾斜观测方法。

技能目标

（1）根据所学知识，能够分析建筑物的变形问题。

（2）通过各种观测手段，能够对建筑物进行变形观测。

基础知识

一、建筑物的沉降观测

建筑物的沉降观测包括沉降的长期观测和不均匀沉降观测两部分。

（一）建筑物沉降的长期观测

为掌握重要建筑物或软土地基上建筑物在施工过程中，以及使用的最初阶段的沉降情况，及时发现建筑物不正常的下沉现象，以便采取措施保证工程质量和建筑物安全，在一定的时期内，需对建筑物进行连续的沉降观测。用于建筑物与构筑物的沉降观测的主要仪器是精密水准仪，有条件的也可以用全站仪。

1. 观测点的布置

建筑物的沉降用水准仪观测。观测点的数量和位置能全面反映建筑物的沉降情况。一般是沿建筑物四周每隔15 ~ 30 m布置1个，数量不少于6个。在基础形式和地质条件改变处或荷载较大的地方，也要布置观测点。观测点一般设置在墙上，用角钢制成，如图2-15所示。

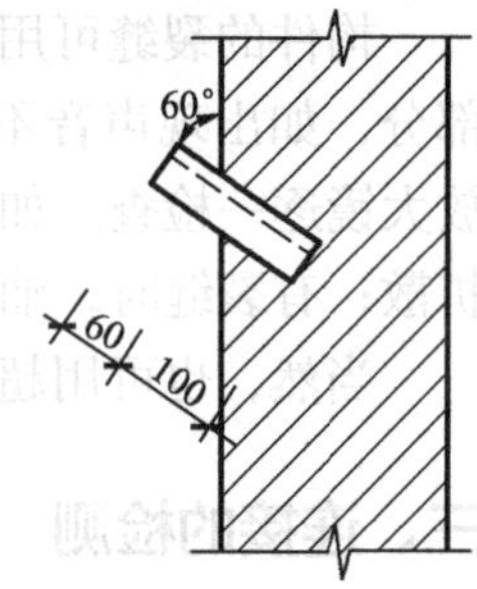

图2-15 沉降观测点

2. 观测方法与要求

（1）建筑物沉降观测的方法。沉降观测采用几何水准测量方法。

小提示

采用建筑物与构筑物变形测量的二级精度要求，沉降观测的观测点与测站高差的误差不大于0.5 mm。观测过程中，要做到固定测量工具，固定人员。

（2）建筑物沉降观测的要求。

① 观测条件。应在标尺分划线成像清晰和稳定的条件下进行观测，不得在日出后或日落前约半小时、太阳中天前后、风力大于四级、气温突变时及标尺分划线的成像跳动而难以照准时进行观测。

② 对仪器的检查。当发现观测结果出现异常情况，并认为与仪器有关时，应及时对仪器进行检验与校正。

③ 观测次数与时间。一般情况下，新建建筑物与构筑物中，民用建筑每施工完一层（包括地下部分）应观测一次。工业建筑按不同荷载阶段分次观测，但施工期间的观测次数不应少于4次。

小提示

已使用的建筑物与构筑物，则根据每次沉降量大小确定观测次数，一般是以沉降量在5 ~ 10 mm为限度。当沉降发展较快时，应增加观测的次数，随着沉降量的减少而逐渐延长沉降观测的时间间隔，直至沉降稳定为止。

④ 观测注意事项。在同一测站上观测时，不得两次调焦，转动微鼓时，其最后旋转方向应为旋进。

⑤ 数据的测读。水准尺离水准仪的距离为20 ~ 30 m。水准仪离前、后视水准尺的距离要相等。观测应在成像清晰、稳定时进行，读完各观测点后，要回测后视点，两次同一后视点的读数要求小于 ±1 mm。将观测结果记入观测记录表，并在表上计算出各观测点的沉降量和累计沉降量，同时绘制时间-荷载-沉降曲线。

（二）建筑物的不均匀沉降观测

在实际检测工程事故时，如建筑物的不均匀沉降已经形成，则需检测建筑物当前的不均匀沉降情况。进行检测时，其观测点应布置在建筑物的阳角和沉降最大处，挖开覆土露出建筑物基础的顶面。使用水准仪及水准尺观测时，将水准仪布置在与两观测点等距离的地方，将水准尺置于观测点（基础顶面）。从水准仪上读出同一水平上的读数，从而可算出两观测点的沉降差。同理，可测出所有观测点中两观测点的沉降差，汇总整理，即可得出建筑物的当前不均匀沉降的情况。

二、建筑物的倾斜观测

建筑物产生倾斜的原因主要是地基承载力的不均匀、建筑物体型复杂形成不同荷载及受外力风荷、地震等影响引起地基的不均匀沉降。

测定建筑物倾斜度随时间而变化的工作叫倾斜观测。

建筑物倾斜观测是利用水准仪、经纬仪、垂球或其他专用仪器来测量的。

（一）水准仪观测

建筑物的倾斜观测可采用精密水准测量的方法，如图2-16所示，定期测出基础两端点的不均匀沉降量 Δh，再根据两点间的距离 L，即可算出基础的倾斜度 α：

$$\alpha = \frac{h}{L} \tag{2-34}$$

如果知道建筑物的高度 H，则可推算出建筑物顶部的倾斜位移值 δ：

$$\delta = \alpha H = \frac{h}{L} H \tag{2-35}$$

（二）经纬仪观测

利用经纬仪测量出建筑物顶部的倾斜位移值 δ，再根据式（2-36）可计算出建筑物的倾斜度 α。

$$\alpha = \frac{\delta}{H} \tag{2-36}$$

1. 一般建筑物的倾斜观测

对建筑物的倾斜观测应取互相垂直的两个墙面，同时观测其倾斜度。如图2-17所示，首先在建筑物的顶部墙上设置观测标志点 M，将经纬仪安置在离建筑物的距离大于其高度1.5倍处的固定测站上，瞄准上部观测点 M，用盘左、盘右分中法向下投点得点 N。用同样方法，在与原观测方向垂直的另一方向设置上下两个观测点 P、Q。相隔一定时间再观测，分别瞄准上部观测点 M

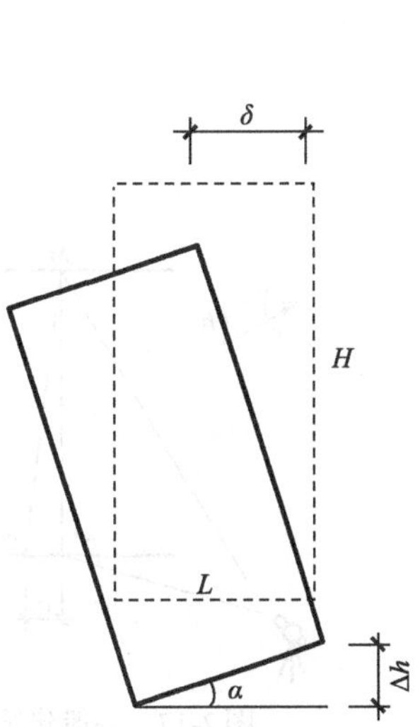

图2-16　基础倾斜观测

与P，向下投点得N' 与Q'，如N' 与N、Q' 与Q不重合，说明建筑物产生倾斜。用尺量得$NN'=a$、$QQ'=b$。

建筑物的总倾斜值为

$$c=\sqrt{a^2+b^2} \tag{2-37}$$

建筑物的总倾斜度为

$$i=\frac{c}{H} \tag{2-38}$$

建筑物的倾斜方向为

$$\theta=\arctan\frac{b}{a} \tag{2-39}$$

2. 圆形建筑物的倾斜观测

对圆形建筑物和构筑物（如电视塔、烟囱、水塔等）的倾斜观测，是在相互垂直的两个方向上测定其顶部中心对底部中心的偏心距。

如图2-18所示，在与烟囱底部所选定的方向轴线垂直处，平稳地安置一根大木枋，距烟囱底部大于烟囱高度1.5倍处安置经纬仪，用望远镜分别将烟囱顶部边缘两点A、A' 及底部边缘点B、B' 投影到木枋上，定出点a、a' 及点b、b'，可求得aa' 的中点a'' 及bb' 的中点b''，则横向倾斜值为$\delta_x=a''b''$，同法可测得纵向倾斜值为δ_y。

烟囱的总倾斜值为

$$\delta=\sqrt{\delta_x^2+\delta_y^2} \tag{2-40}$$

烟囱的总倾斜度为

$$i=\frac{\delta}{H} \tag{2-41}$$

烟囱的倾斜方向为

$$\alpha=\arctan\frac{\delta_y}{\delta_x} \tag{2-42}$$

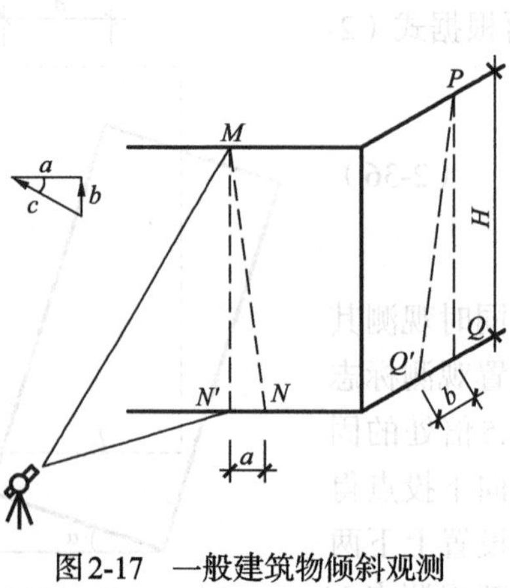

图2-17　一般建筑物倾斜观测

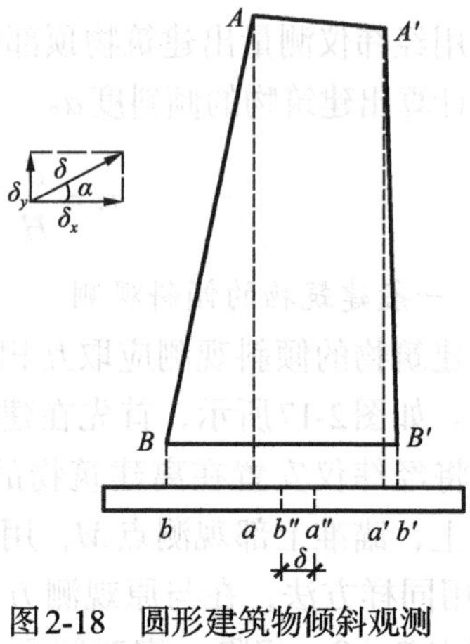

图2-18　圆形建筑物倾斜观测

（三）悬挂垂球法

悬挂垂球法是测量建筑物上部倾斜的最简单方法，适合于内部有垂直通道的建筑物。从上部挂下垂球，根据上下应在同一位置上的原理，直接测定倾斜位置值δ。再根据式（2-36）计算倾斜度α。

学习单元五　建筑结构的可靠性鉴定和安全性评价

知识目标

（1）了解结构可靠性鉴定的概念、方法与程序。
（2）掌握建筑结构安全性评级标准。

技能目标

（1）根据所学知识，能够对建筑结构的可靠性做出分析与评价。
（2）通过对结构可靠性鉴定方法的了解，能够掌握建筑结构安全性评级标准。

基础知识

一、建筑结构可靠性鉴定的概念

（一）建筑结构可靠性

建筑结构可靠性是指在规定的时间和条件下，结构完成预定功能的能力。结构的预定功能主要包括结构的安全性、适用性和耐久性。

（二）建筑结构可靠性鉴定

建筑结构可靠性鉴定就是通过调查、检测、分析和判断等手段，对实际结构的安全性、适用性和耐久性进行评定及取得结论的全过程。

二、建筑结构可靠性鉴定的方法

目前，对于建筑结构可靠性的鉴定，多采用传统经验法、实用鉴定法和概率法。

（一）传统经验法

传统经验法是在原设计规程校核的基础上，根据现行规范规定凭经验判定。它具有鉴定程序少，方法简便，快速、直观及经济等特点，主要用于较易分析的一般性建筑物的鉴定。该方法要求鉴定人员的水平要高，即使这样，鉴定结论也可能因人而异。

（二）实用鉴定法

实用鉴定法是在传统经验法的基础上发展起来的。它运用数理统计理论，采用现代化的检测技术和计算手段对建筑物进行多次调查、分析、逐项评价和综合评价。

（三）概率法

概率法是运用概率和数理统计原理，采用非定值统计规律对结构的可靠性进行鉴定的一种方法，又称为可靠性鉴定法。其基本概念是把结构抗力R、作用力S作为随机变量分析，它们之间的关系表示为：当$R>S$时，表示可靠；当$R=S$时，表示合格，达到极限状态；当$R<S$时，表示失效。

小提示

失效的可能性用概率表示，称为失效概率。只要计算出失效概率，即可得到建筑物的可靠性。但是，失效概率的计算是建立在大量可信的结构损耗情况的原始数据的基础上的，而收集大量的数据是很困难的。

三、建筑结构可靠性鉴定的程序

建筑结构可靠性鉴定的程序如图2-19所示。

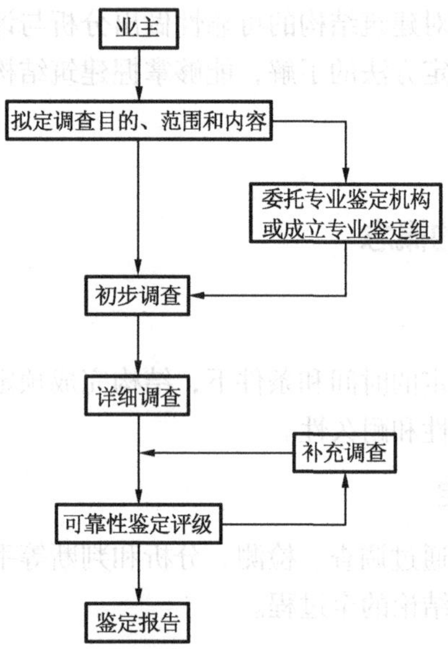

图2-19　建筑结构可靠性鉴定工作程序

四、建筑结构评级标准

（一）建筑结构安全性评级标准

民用建筑安全性鉴定评级的各层次分级标准，应按表2-5所示的规定采用。

表2-5　建筑结构安全性评级标准

层次	鉴定对象	等级	分级标准	处理要求
一	单个构件或其检查项目	a_u	安全性符合本标准对a_u级的要求，具有足够的承载能力	不必采取措施
		b_u	安全性略低于本标准对a_u级的要求，尚不显著影响承载能力	可不采取措施

续表

层次	鉴定对象	等级	分级标准	处理要求
一	单个构件或其检查项目	c_u	安全性不符合本标准对a_u级的要求，显著影响承载能力	应采取措施
		d_u	安全性极不符合本标准对a_u级的要求，已严重影响承载能力	必须及时或立即采取措施
二	子单元的检查项目	A_u	安全性符合本标准对A_u级的要求，具有足够的承载能力	不必采取措施
		B_u	安全性略低于本标准对A_u级的要求，尚不显著影响承载能力	可不采取措施
		C_u	安全性不符合本标准对A_u级的要求，显著影响承载能力	应采取措施
		D_u	安全性极不符合本标准对A_u级的要求，已严重影响承载能力	必须及时或立即采取措施
	子单元中的每种构件	A_u	安全性符合本标准对A_u级的要求，不影响整体承载	可不采取措施
		B_u	安全性略低于本标准对A_u级的要求，尚不显著影响整体承载	可能有极个别构件应采取措施
		C_u	安全性不符合本标准对A_u级的要求，显著影响整体承载	应采取措施，且可能有个别构件必须立即采取措施
		D_u	安全性极不符合本标准对A_u级的要求，已严重影响整体承载	必须立即采取措施
	子单元	A_u	安全性符合本标准对A_u级的要求，不影响整体承载	可能有个别一般构件应采取措施
		B_u	安全性略低于本标准对A_u级的要求，尚不显著影响整体承载	可能有极少数构件应采取措施
		C_u	安全性不符合本标准对A_u级的要求，显著影响整体承载	应采取措施，且可能有极少数构件必须立即采取措施
		D_u	安全性极不符合本标准对A_u级的要求，严重影响整体承载	必须立即采取措施
三	鉴定单元	A_{su}	安全性符合本标准对A_{su}级的要求，不影响整体承载	可能有极少数一般构件应采取措施
		B_{su}	安全性略低于本标准对A_{su}级的要求，尚不显著影响整体承载	可能有极少数构件应采取措施
		C_{su}	安全性不符合本标准对A_{su}级的要求，显著影响整体承载	应采取措施，且可能有少数构件必须立即采取措施
		D_{su}	安全性严重不符合本标准对A_{su}级的要求，严重影响整体承载	必须立即采取措施

注：1.表中关于“不必采取措施”和“可不采取措施”的规定，仅对安全性鉴定而言，不包括正常使用性鉴定所要求采取的措施。

2.表中“本标准”指《民用建筑可靠性鉴定标准》(GB 50292—1999)。

表中的安全性鉴定，每一个层次均划分为四个等级。鉴定从第一层次（构件）开始，根据检查项目评定结果，构件的四个安全性等级用a_u、b_u、c_u、d_u表示，子单元的四个安全等级用A_u、B_u、C_u、D_u表示，鉴定单元的四个安全等级用A_{su}、B_{su}、C_{su}、D_{su}表示。

所有建筑结构均以承载力作为第一个项目评定，等级评定标准如表2-6所示。

表2-6　结构构件承载能力等级的评定

构件类别	结构构件安全性等级			
	a_u级	b_u级	c_u级	d_u级
主要构件	≥1.0	≥0.95 且<1	≥0.90 且<0.95	<0.90
一般构件	≥1.0	≥0.90 且<1	≥0.85 且<0.90	<0.85
说　明	符合现行设计规范对目标可靠指标的要求，构件完好，其验算表征为$R/S≥1$；安全性符合a_u级标准时，不必采取措施	略低于现行设计规范对目标可靠性指标的要求，但尚可达到或超过相当于工程质量下限的可靠度水平，仍可继续使用，一般可不采取措施	不符合现行设计规范对目标可靠性指标的要求，其可靠指标下降已超过工程质量下限，但未达到随时有破坏可能的程度。此时，构件的安全性等级比现行规范要求下降了一个档次，显然，对承载能力有不容忽视的影响，应采取措施	严重不符合现行设计规范对目标可靠性指标的要求，其可靠指标下降较大，失效概率大幅度提高，已处于危险状态，必须立即采取措施，才能防止事故发生

（二）砌体结构构件安全性评定

砌体结构构件的安全性鉴定，应按承载能力、构造以及不适于继续承载的位移和裂缝四个检查项目，分别评定每一受检构件等级，取其中最低一个等级作为该构件的安全性等级。

1. 承载能力评定

如所用砌块及砂浆不满足规范要求的最低承载力等级，最高只可为c_u级。

2. 构造评定

砌体结构的构造包括墙、柱高厚比和一般构造要求两个方面。墙、柱高厚比是保证砌体结构刚度和稳定的重要措施，规范对砌体墙、柱的允许高厚比做出了具体规定。一般构造要求包括墙、柱最小尺寸限制，梁的支承长度，砌体搭接与拉结，材料最低强度等。对材料强度的构造规定已在砌体承载能力评定时考虑，构造评定中可不再考虑材料的强度要求。

3. 位移评定

砌体墙、柱水平位移或倾斜的安全性评级原则可参考混凝土结构柱顶水平位移的安全性评级原则。

4. 裂缝评定

砌体结构的裂缝可分为受力裂缝与非受力裂缝。

（1）受力裂缝。

① 受力裂缝通常顺压力方向出现，当单砖的断裂在同一层多次出现时，说明墙体在竖向荷载下已经无安全储备；当竖向裂缝连续长度越过4皮砖时，该部位的砌体已接近破坏。

② 受力裂缝一旦出现，即使很小，也是非常危险的，它是构件达到临界状态的重要特征

之一，应根据其严重程度评定为c_u或d_u级。

（2）非受力裂缝。当墙身裂缝严重且最大裂缝宽度已大于5 mm，或柱已出现宽度大于1.5 mm的裂缝，或有断裂、错位现象，或有其他显著影响结构整体性的非受力裂缝时，也应视为不适于继续承载的裂缝，并根据其实际严重程度评定为c_u或d_u级。

（三）混凝土构件安全性评定

1. *承载力评定*

混凝土构件承载力评定应符合表2-6所示的规定。

2. *构造评定*

混凝土结构构件的安全性按构造评定，应符合表2-7所示的规定，分别评定连接（或节点）构造、受力预埋件两个检查项目的等级，然后取其中的较低等级作为该构件构造的安全等级。

表2-7　　混凝土结构构件构造评级标准

检查项目	a_u或b_u级	c_u或d_u级
连接（或节点）构造	连接方式正确，构造符合国家现行设计规范要求，无缺陷，或仅有局部的表面缺陷，工作无异常	连接方式不当，构造有严重缺陷，已导致焊缝或螺栓等发生明显变形、滑移、局部拉脱、剪坏或裂缝
受力预埋件	构造合理，受力可靠，无变形、滑移、松动或其他损坏	构造有严重缺陷，已导致预埋件发生明显变形、滑移、松动或其他损坏

3. *位移评定*

评定混凝土结构构件的位移，受弯构件评定的是挠度和侧向弯曲，柱子评定的是柱顶水平位移。受弯构件的挠度或施工偏差造成的侧向弯曲，按表2-8所示的规定评级。

表2-8　　混凝土受弯构件不适于继续承载的变形评级标准

检查项目	构件类别		c_u或d_u级/mm
挠　度	主要受弯构件——主筋、托梁等		$>l_0/250$
	一般受弯构件	$l_0\leqslant 9$ m	$>l_0/150$或>45
		$l_0>9$ m	$>l_0/200$
侧向弯曲的矢高	预制屋面梁、桁架或深梁		$>l_0/500$

注：1. 表中l_0为计算跨度。

2. 评定结果限c_u级或d_u级，可根据其实际严重程度确定。

4. *裂缝评定*

混凝土构件的裂缝分为受力裂缝与非受力裂缝。

（1）受力裂缝。

① 受力裂缝由荷载引起，是材料应力达到一定程度的标志，是结构破坏开始的特征或强度不足的征兆。

② 当分析认为属于剪切裂缝时，只要裂缝存在，就应评定为c_u或d_u级；当受压区混凝土有压坏迹象时，不论其裂缝宽度大小，其安全性应直接评定为d_u级。

（2）非受力裂缝。

① 非受力裂缝往往由构件自身应力引起，一般对结构的承载力影响不大，但钢筋锈蚀造成的沿主筋方向的裂缝，意味着钢筋与混凝土之间握裹力降低，直接影响构件的安全性。

② 鉴定标准规定，因钢筋锈蚀产生的沿主筋方向的裂缝，当其裂缝宽度已大于1 mm时，视为不适于继续承载的裂缝，并应根据其实际严重程度评定为c_u或d_u级；当主筋锈蚀导致构件掉角以及混凝土保护层严重脱落时，不论裂缝宽度大小，均应直接评定为d_u级。

③ 对于其他非受力裂缝，如温度裂缝或收缩裂缝等，鉴定标准也规定，当其宽度超过表2-9所示规定的弯曲裂缝宽度值的50%，且分析表明已显著影响结构的受力时，视其为不适于继续承载的裂缝，并根据其实际严重程度评定为c_u或d_u级。

表2-9　混凝土构件不适于继续承载的裂缝宽度评级标准

检查项目	环境	构件类别		c_u或d_u级/mm
受力主筋处的弯曲（含一般弯剪）裂缝和轴拉裂缝宽度	正常温度环境	钢筋混凝土	主要构件	＞0.50
			一般构件	＞0.70
		预应力混凝土	主要构件	＞0.20（0.30）
			一般构件	＞0.30（0.50）
	高湿度环境	钢筋混凝土	任何构件	＞0.40
		预应力混凝土		＞0.10（0.20）
剪切裂缝	任何湿度环境	钢筋混凝土或预应力混凝土		出现裂缝

注：1. 高湿度环境是指露天环境，开敞式房屋易遭飘雨部位，经常受蒸汽或冷凝水作用的场所（如厨房、浴室、寒冷地区不保暖屋盖等）以及与土壤直接接触的部位等。

2. 表中括号内的限值适用于冷拉HPB335、HRB400、RRB400钢筋的预应力混凝土构件。

（四）钢结构构件安全性评定

1. 一般规定

（1）钢结构构件的安全性评定是在其承载能力、构造及变形三个检查项目逐个评定的基础上，取最低一个等级作为该构件的安全性等级。

（2）对于冷弯薄壁型钢结构、轻钢结构和钢桩，以及处于有腐蚀性介质的工业区或高湿、临海地区的钢结构，由于钢材锈蚀发展很快，在很短的时间内便会危及结构构件的承载安全，因此应增加锈蚀检查项目。

2. 钢结构安全性评定

（1）承载力评定。钢结构构件承载力应符合表2-10所示结构构件承载能力等级的评定标准。

（2）构造评定。在钢结构的安全事故中，由于构造连接问题引起的破坏，如失稳、应力集中及次应力所造成的破坏，均占较大的比例。当钢结构构件的安全性按构造评定时，应按表2-10所示的规定评级。

（3）位移评定。钢结构构件的位移或变形评定，对于受弯构件，是指其挠度、侧向弯曲或侧向倾斜等；对于柱子，是指其柱顶水平位移或柱身弯曲。受弯构件除桁架外，其挠度或偏差造成的侧向弯曲，应按表2-11所示的规定进行安全性评定。

表2-10　　钢结构构件安全性评级标准

检　查　项　目	a_u或b_u级	c_u或d_u级
连接构造	连接方式正确，构造符合国家现行设计规范要求，无缺陷，或仅有局部的表面缺陷，工作无异常	连接方式不当，构造有严重缺陷（包括施工遗留缺陷）；构造或连接有裂缝或锐角切口；焊缝、铆钉、螺栓有变形、滑移或其他损坏

注：1.评定结果取a_u或b_u级，可根据其实际完好程度确定；评定取c_u或d_u级，可根据其缺陷严重程度确定。

2.施工遗留的缺陷，对焊缝，是指夹渣、气泡、咬边、烧穿、漏焊、未焊透以及焊脚尺寸不足等；对铆钉或螺栓，是指漏铆、漏栓、错位、错排及掉头等；其他施工遗留的缺陷可根据实际情况确定。

表2-11　　钢结构受弯构件不适于继续承载的变形评级标准

检　查　项　目	构　件　类　别			c_u或d_u级/mm
挠　　度	主要构件	网　　架	屋盖（短向）	$>l_s/200$，且可能发展
			楼盖（短向）	$>l_s/250$，且可能发展
		主梁、托梁		$>l_0/300$
	一般构件	其他梁		$>l_0/180$
		檩条等		$>l_0/120$
侧向弯曲矢高	深梁			$>l_0/660$
	一般实腹梁			$>l_0/500$

注：表中l_0为构件计算跨度；l_s为网架短向计算跨度。

（4）锈蚀评定。当钢结构构件的安全性按不适于继续承载的锈蚀标准评定时，除应按剩余的完好截面验算承载能力外，还应按表2-12所示的规定评级。

表2-12　　钢结构构件不适于继续承载的锈蚀评级标准

等　　级	评　定　标　准
c_u级	在结构的主要受力部位，构件截面平均锈蚀深度Δt大于$0.05t$，但不大于$0.1t$
d_u级	在结构的主要受力部位，构件截面平均锈蚀深度Δt大于$0.1t$

注：表中t为锈蚀部位构件原截面的壁厚或钢板的板厚。

（五）木结构构件安全性评定

木结构构件的安全性评定，应按其承载能力、构造，不适于继续承载的位移、斜纹或斜裂、腐朽及虫蛀等检查项目，分别评定每一受检构件等级，取其中最低一个等级作为该构件的安全性等级。

学习案例

某银行办公楼建成于1979年8月，建筑面积约为1 800 m^2，总高为18 m，其中部五层为钢筋混凝土框架结构，两端四层，为砖混结构，并在四角设有构造柱，基础采用毛石基础并设地基圈梁。1979年年底，使用单位发现底层框架柱与建筑物底层角柱出现纵向裂缝，虽经多次进行粉刷修补，纵向裂缝仍继续发展，1993年年初，由于底层柱子纵向裂缝最大缝隙宽度达20 mm，钢筋锈蚀严重，在这种情况下，使用单位不得不停止使用该办公楼，进行鉴定和加固处理。

想一想

1. 该起事故的原因是什么？
2. 应采取什么措施进行处理该起质量事故？

案例分析

1. 事故原因

检测表明，底层框架柱与建筑物底层角柱均产生纵向裂缝，钢筋锈蚀严重，混凝土开裂，部分剥落。在混凝土保护层已出现开裂或剥落的柱中，纵向受力钢筋因锈蚀而使直径减少2 mm以上，最大者超过4 mm以上，截面损失率达20%以上。

根据混凝土中取样分析结果，混凝土内氯离子含量为混凝土重量的0.294%。但是，混凝土的质量较好，用回弹仪测得底层柱混凝土强度仍达27.2 MPa，超过其设计强度。

现场检测还表明，二层以上框架柱及角柱均完好无损，没有发现任何裂缝，钢筋也未发现锈蚀。而据使用单位介绍，底层柱子施工时正值1978年冬季，掺有氯盐作为早强抗冻剂，而其他柱子于1979年开春以后才继续施工。综合上述情况，可以认为造成底层柱子严重破坏和钢筋锈蚀的原因是混凝土内掺入过量氯盐，导致钢筋锈蚀，柱子出现裂缝。此后由于风雨的侵蚀，裂缝逐渐扩展，保护层大块剥落，钢筋锈蚀日趋严重，最终使该建筑物不得不停止使用。

2. 事故处理措施

（1）柱下基础加固。经核算，柱下基础基本满足要求，但考虑到上部柱子加固的需要，采用整体围套方法对柱下基础进行加固。基础加固时采用普通混凝土，强度等级C25。

（2）柱子加固。柱子的加固采用增大截面法。框架底层柱与建筑物底层角柱钢筋锈蚀原因已经查明，是由于混凝土内含有过多的氯盐。已有资料表明，采用普通混凝土对其进行加固，不能有效地防止氯离子进一步侵蚀，很多实验也证明了这一点。因此，为了保证加固效果，采用中国矿业大学建筑工程学院研制的HPSRM-1型高效能结构补强材料对其进行加固，以有效防止柱内部混凝土中的氯离子的进一步侵蚀。HPSRM-1材料属于聚合物水泥混凝土，其强度高、抗渗透性高、黏结性能高，具有良好的流动性能、良好的抗氯盐渗透能力。

知识拓展

钢筋原材料质量控制

1. 材料质量要求

（1）钢筋混凝土结构所采用的热轧钢筋、热处理钢筋、碳素钢丝、刻痕钢丝和钢绞线的质量，应符合现行国家标准的规定。

（2）钢筋从钢厂发出时，应具有出厂质量证明书或试验报告单，每捆（盘）钢筋均应有标牌。

（3）钢筋进入施工单位的仓库或放置场时，应按炉罐（批）号及直径分批验收。验收内容包括查对标牌，外观检查，之后按有关技术标准的规定抽取试样做机械性能试验，检查合格后方可使用。

（4）钢筋在运输和存储时，必须保留标牌，严格防止混料，并按批分别堆放整齐，无论在检验前或检验后，都要避免锈蚀和污染。

2.施工过程质量控制

（1）仔细查看结构施工图，弄清不同结构件的配筋数量、规格、间距、尺寸等（注意处理好接头位置和接头百分率的问题）。

（2）钢筋加工过程中，检查钢筋冷拉的方法和控制参数。检查钢筋翻样图及配料单中钢筋尺寸、形状应符合设计要求，加工尺寸偏差应符合规定。检查受力钢筋加工时的弯钩和弯折的形状及弯曲半径。检查箍筋末端的弯钩形式。

（3）钢筋加工过程中，若发现钢筋脆断、焊接性能不良或力学性能显著不正常等现象时，应立即停止使用，并对该批钢筋进行化学成分检验或其他专项检验，按其检验结果进行技术处理。如果发现力学性能或化学成分不符合要求时，必须做退货处理。

（4）钢筋加工机械必须经试运转，调试正常后，才能投入使用。

学习情境小结

本学习情境主要介绍了砌体结构、钢筋混凝土结构构件、钢结构构件的检测方法，建筑物的变形观测方法以及建筑结构的可靠性鉴定和安全性评价。通过本学习情境的学习，能对常见的工程事故进行检测和鉴定。

学 习 检 测

1. 填空题

（1）砌体裂缝检测的内容应包括裂缝的________、________、________及其________、________等。

（2）裂缝观测的周期应视裂缝________而定，且最长不应超过________。

（3）对裂缝的观测，每次都应绘出裂缝的________、________和________，注明日期，并附上必要的照片资料。

（4）目前，常采用________、________与________等来检测砌体中砂浆的强度。

（5）________是指混凝土表面无水泥砂浆，露出石子深度大于5 mm，但小于保护层厚度的缺陷。

（6）孔洞是指深度超过保护层厚度，但不超过截面尺寸1/3的缺陷，是由______________或______________所致。

（7）对锈蚀程度的检测方法主要有________与________两种。

（8）建筑物的沉降观测包括沉降的________和________两部分。

2. 简答题

（1）与常规的建筑结构构件的检测工作相比，对发生质量事故的结构进行检测有哪些特点？

（2）砖块强度如何检测？

（3）如何用原位轴压法检测砌体强度？

（4）如何检测钢筋混凝土裂缝？

（5）简述混凝土强度的回弹法检测方法。

（6）结构可靠性的检测方法有哪些？

学习情境三

地基与基础工程质量事故分析与处理

情境导入

朝阳市位于辽宁省西部，属季节性冻土地区。朝阳市地基土层为黏土与粉质黏土，呈可塑状态，厚度为3.0 ~ 5.0 m。第二层为灰色淤泥质粉砂，软弱。地下水位埋藏浅，为0.5 ~ 2.0 m，属强冻胀性土。对该市1979年以前建成的30栋单层砖木混合结构的家属宿舍进行检查发现，有22栋宿舍发生不同程度的冻胀破坏，破坏率达90%，其中40%破坏严重。有的宿舍墙体开裂，裂缝长度超过1.0 m，裂缝宽度超过15 mm。有的宿舍楼因台阶冻胀抬高，以致大门被卡住，无法打开。

案例导航

建筑物冻胀事故处理应以预防为主。一种方法是对建筑物基础埋深进行冻深计算，防止基础因冻胀上拱；另一种方法是在基底铺设一层卵石或碎石垫层，切断毛细管，避免冻胀；此外，针对朝阳市这类地基土表层黏性土较好，但厚度仅3.0 ~ 5.0 m，第二层为淤泥质软弱土的条件，可采用浅埋并设钢筋混凝土封闭地圈梁，加强建筑物整体刚度等技术措施，用建筑物自重来抵御基础底面的冻胀力。

如何分析和处理建筑地基基础质量事故？如何预防地基工程和基础工程质量事故的发生？需要掌握的相关知识有：

1. 地基工程事故原因分析与处理；
2. 基础工程事故原因分析与处理；
3. 建筑地基加固与纠倾技术。

学习单元一 地基与基础工程事故概述

知识目标

（1）了解地基与基础工程的关系及建筑要求。

（2）了解地基与基础工程事故的特点。

技能目标

通过对地基与基础工程的关系及建筑要求的学习，能够对地基与基础工程事故发生的原因、特点与工程质量控制的重要性有一个大致的理解与熟悉。

基础知识

地基与基础工程是建筑工程的根基，其施工质量问题关系到整个工程的质量好坏。随着现代技术的进一步发展，国家建筑施工的质量问题得到了更有效的保障，当前，利用现代高新科技，保障建筑地基与基础施工质量，已经成为了建筑施工企业的重要目标。

一、地基与基础工程的关系及建筑要求

地基和基础是建筑物的重要组成部分，任何建筑都必须有可靠的地基和基础。基础是与地基紧密联系、互相依存的工程结构。基础的设计、施工必须依据地质情况，采用适宜的基础形式、材料、埋深与施工方法，以有效地承受上部结构的荷载。不合理或错误的基础设计与施工质量问题都会导致基础工程质量缺陷与事故。建筑物对地基和基础的要求可概括为以下三个方面：一是可靠的整体稳定性；二是足够的地基承载力；三是在建筑物的荷载作用下，其沉降值、水平位移及不均匀沉降差满足某一定值的要求。

二、地基与基础工程事故的发生

当地基的整体稳定性和承载力不能满足要求时，在荷载作用下，地基将会产生局部或整体剪切破坏。天然地基承载力的高低主要与土的抗剪强度有关，也与基础形式、基础底面积大小和埋深有关。在建筑物荷载（包括静、动荷载的各种组合）的作用下，地基将产生沉降、水平位移以及不均匀沉降，若地基的变形超过允许值，将会影响建筑物、构筑物的安全与正常使用，严重的将造成建筑物破坏甚至倒塌。其中以不均匀沉降超过允许值而造成的工程事故比例最高，尤其是在软黏土深厚的地区。

三、地基与基础工程事故的特点

地基和基础都属地下隐蔽工程，建筑工程竣工后难以检查，使用期间出现缺陷或事故苗头也不易察觉，一旦发生事故，难以补救，甚至造成灾难性的后果。因此，建设工程中的地基基础工程的缺陷和事故，具有普遍性、地方性、隐蔽性和严重性的特点。

四、地基与基础工程质量控制的重要性

地基与基础工程是建筑施工技术复杂、难度很大的分部工程之一。主要包括无支护土方、有支护土方、地基处理、桩基、地下防水等子分部工程。地基与基础施工质量合格与否，直接影响到建筑物的结构安全。随着国家经济的发展和施工技术的进步，单体工程的建筑规模越来越大，综合使用功能越来越多，故地基与基础的施工质量越来越受到人们的关注和重视。

学习单元二　地基工程事故原因

知识目标

（1）掌握地基工程事故产生的原因。

（2）掌握地基工程事故的分类。

（3）地基工程事故的分析方法与要点。

技能目标

（1）通过掌握地基工程事故产生的原因，能够具有预防地基工程质量事故发生的能力。

（2）能够按土力学原理，对常见地基工程事故进行分类。

（3）通过对地基工程事故的分析，能够对事故原因、事故处理措施提出自己的见解。

基础知识

一、地基工程事故概述

建筑工程事故的发生大多与地基问题有关。地基事故发生的主要原因是勘察、设计、施工不当或环境和使用情况发生改变，最终表现为产生过大的变形或不均匀沉降，从而使基础或上部结构出现裂缝或倾斜，削弱和破坏了结构的整体性、耐久性，严重的会导致建筑物倒塌。

小提示

地基事故，按其性质可分为地基强度和地基变形两大类。地基强度问题引起的地基事故主要表现为地基承载力不足或丧失稳定性；地基变形问题引起的事故常发生在软土、湿陷性黄土、膨胀土、季节性冻土等地区。

地基事故发生后，首先应进行认真细致地调查研究，然后根据事故发生的原因和类型，因地制宜地选择合理的基础托换方法进行处理。

二、导致地基工程事故产生的原因

（一）地质勘察问题

地质勘察方面主要存在以下问题。

（1）勘察工作不认真，报告中提供的指标不确切。例如，某办公楼，设计前仅做简易勘测，提供的勘测数据不准确。勘察时钻孔间距太大，不能全面准确地反映实际情况。设计人员按偏高的地基承载力设计，房屋尚未竣工就出现较大的不均匀沉降，倾斜约为40 cm，并引起附近房屋开裂。

（2）地质勘察时，钻孔间距太大，不能全面准确地反映地基的实际情况。在丘陵地区的建筑中，由于这个原因造成的事故实例比平原地区的多。

（3）钻孔深度不够。对较深范围内地基的软弱层、暗浜、墓穴、孔洞等情况没有查清，仅依据地表面或基底以下深度不大范围内的情况提供勘察资料。

（4）勘察报告不详细、不准确引起基础设计方案的错误。如某工程，根据岩石深度在基底5 m以下的资料，采用了5 m长的爆扩桩基础，建成后，中部产生较大的沉降，墙体开裂，经补充勘察，发现中部基岩面深达10 m。

（二）设计方案及计算问题

由于设计方案及计算问题而导致地基工程质量事故的原因有以下几个方面。

1. 设计方案不合理

有些工程的地质条件差，变化复杂，由于基础设计方案选择不合理，不能满足上部结构与荷载的要求，因而引起建筑物开裂或倾斜。例如，某市某8层框架结构楼房，片筏基础，地基软土用砂井处理，建成后，差异沉降达41 cm，导致电梯无法安装。

2. 设计计算错误

有的设计单位资质低，设计人员不具备相应的设计水平，还有的无证设计或根本不懂相关理论，仅凭经验设计，导致设计出错，造成事故。

（三）施工问题

地基基础为隐蔽工程，需保质保量认真施工，否则会给工程建设带来隐患。常见的施工质量方面的问题有：

1. 未按操作规程施工

施工人员在施工过程中未按操作规程施工，甚至偷工减料，造成事故质量事故。

2. 未按施工图施工

基础平面位置、基础尺寸、标高等未按设计要求进行施工。施工所用的材料的规格不符合设计要求等。

（四）环境问题

（1）地下水位变化或污水的侵入对建筑物地基的影响。

（2）建筑物附近地面堆载引起地基附加应力及附加沉降，导致地基不均匀沉降的产生及进一步发展。

（3）建筑物周围地基中施工振动或挤压对建筑物地基的影响。

（4）地下工程或深基坑工程施工对邻近建筑物地基的影响。

三、地基工程事故分类

按土力学原理，常见地基工程事故分类如下。

（一）地基变形造成工程事故

地基在建筑物荷载作用下产生沉降，包括瞬时沉降、固结沉降和蠕变沉降三部分。当总沉降量或不均匀沉降超过建筑物允许沉降值时，影响建筑物正常使用造成工程事故。特别是不均匀沉降，将导致建筑物上部结构产生裂缝，整体倾斜，严重的造成结构破坏。建筑物倾斜导致荷载偏心将改变荷载分布，严重的可导致地基失稳破坏。湿陷性黄土遇水湿陷、膨胀土的雨水膨胀和失水收缩就属于这个问题。

（二）地基失稳造成工程事故

在荷载作用下，地基土中产生了剪应力，当局部范围内的剪应力超过土的抗剪强度时，将发生一部分土体滑动而造成剪切破坏，这种现象即为地基丧失了稳定，即失稳。

（三）土坡滑动造成工程事故

建在土坡顶、土坡上和土坡坡趾附近的建筑物会因土坡滑动产生破坏。造成土坡滑动的原因很多，除坡上加载、坡脚取土等人为因素外，还有土中渗流等自然因素。土中渗流会改变土的性质，特别是会降低土层界面强度。

（四）地基渗流造成工程事故

土是有连续孔隙的介质，当在水位差作用下，地下水在土体中渗透流动的现象称为渗流。渗流不仅对土体有压力或浮力作用，当它在土体孔隙中流动时，还对土颗粒产生渗透力，由于渗透力的作用，渗透水流可能将土体中的细颗粒冲走或使颗粒同时浮起而流失，导致渗透变形。渗透变形开始时都是局部的，若不及时加以防治，将会引起工程事故。

（五）特殊土地基工程事故

特殊土地基主要是指湿陷性黄土（大孔土）地基、膨胀土地基、冻土地基及软土地基等。特殊土的工程性质与一般土的不同，其地基工程事故也有其特殊性。

湿陷性黄土在天然状态下具有较高强度和较低的压缩性，但受水浸湿后，结构迅速破坏，强度降低，产生显著附加下沉。在湿陷性黄土地基上建造建筑物前，如果没有采取措施消除地基的湿陷性，则地基受水浸湿后往往发生事故，影响建筑物正常使用和安全，严重的甚至破坏倒塌。

膨胀土是吸水后膨胀、失水后收缩的高塑性黏土，膨胀收缩特性可逆，性质极不稳定。膨胀土的危害较大，能引起建筑物的内墙、外墙、地面开裂，建筑物产生不均匀沉降，使建筑物产生较大的竖向裂缝，有时裂缝甚至呈交叉形。建造在膨胀土地基上的建筑物，随季节气候变化会反复不断地产生不均匀的抬升和下沉，建筑物的开裂破坏具有地区性成群出现的特点，建筑物的裂缝随气候变化不停地张开或闭合，而且对低层轻型房屋和构筑物的危害尤其严重，且不易修复，膨胀土上建筑物层数或建筑物荷载越小，破坏越严重。

冻土地基，土中水冻结时，其体积增大。土体在冻结时，产生冻胀，在融化时，产生收缩。土体冻结后，抗压强度提高，压缩性显著减小，土体导热系数增大，并具有较好的截水性能。土体融化时，具有较大的流变性。冻土地基因环境条件改变，地基土体产生冻胀和融化，地基土体的冻胀和融化导致建筑物开裂，甚至破坏。

软土指在静水或缓慢流水环境中沉积的、天然含水量大、压缩性高、承载力低的一种软塑到流塑状态的饱和黏土。若处理不当，会引起上部建筑物产生过大的沉降或倾斜，甚至造成地基失稳破坏。如基底软土层均匀性差，而上部荷载分布不均匀时，极易引起建筑物产生不均匀沉降，从而引起墙体开裂。

（六）地震造成工程事故

地震对建筑物的影响不仅与地震烈度有关，还与建筑场地效应、地基土动力特性有关。

小提示

对同一类土，因地形不同，可以出现不同的场地效应，房屋的震害因而不同。在同样的场地条件下，黏土地基和砂土地基、饱和土和非饱和土地基上房屋的震害差别也很大。地震对建筑物的破坏还与基础形式、上部结构、体型、结构形式及刚度有关。

（七）其他地基工程事故

除了上述情形外，诸如地下铁道、地下商场、地下车库和人防工程等地下工程的兴建，地下采矿造成的采空区，以及地下水位的变化，均可能导致影响范围内地面下沉，从而造成地基工程事故。

四、地基工程事故分析

（一）地基变形造成工程事故

1. 事故现象

（1）建筑物产生倾斜。长高比较小的建筑物，特别是高耸构筑物，不均匀沉降将引起建（构）筑物倾斜。若倾斜较大，则影响正常使用。若倾斜不断发展，重心不断偏移，严重的将引起建（构）筑物倒塌破坏。

（2）墙体产生裂缝。不均匀沉降使砖砌体承受弯曲而导致砌体因受拉应力过大而产生裂缝。长高比较大的砖混结构，若中部沉降比两端沉降得大，可能产生八字裂缝，如图3-1所示；若两端沉降比中部沉降大，则可能产生倒八字裂缝，如图3-2所示。

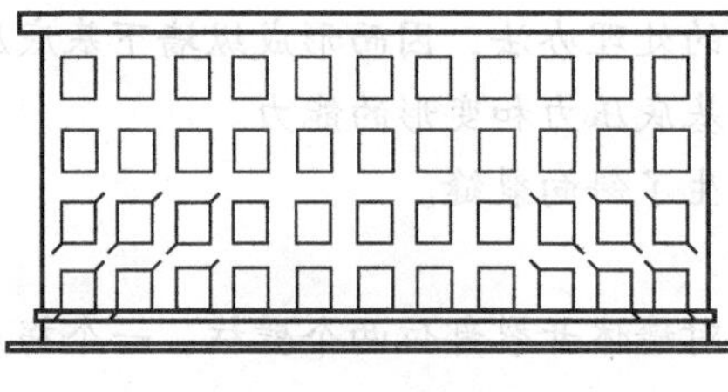

图3-1　不均匀沉降引起八字裂缝

（中部沉降比两端沉降大）

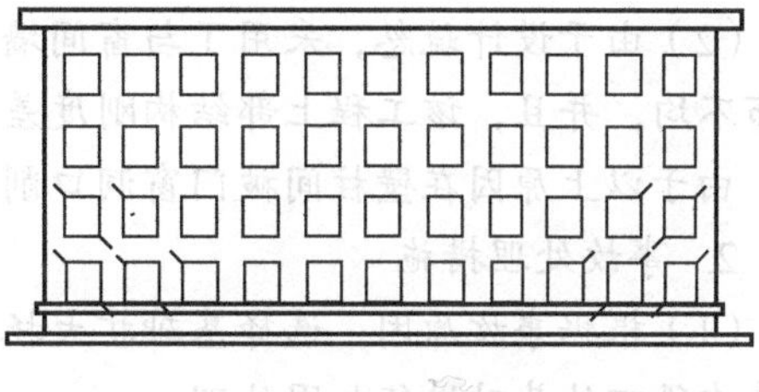

图3-2　不均匀沉降引起倒八字裂缝

（两端沉降比中部沉降大）

（3）柱体断裂或压碎。不均匀沉降将使中心受压柱体产生纵向弯曲而导致拉裂，严重的可造成压碎失稳。

2. 事故原因分析

地基变形沉降大是地基工程中较常见的质量问题，其原因包括以下几方面。

（1）未搞清地基中的软弱土层、暗沟、暗塘和古墓等。

（2）地基软弱，设计未进行沉降验算或未采取适宜设计方案预防沉降。

（3）上部结构荷载密度过大、基础偏小或荷载增大（如房屋加层），使地基超负荷而加大变形。

（4）地基浸水湿陷，地下水位变化等，使地基承载力下降，变形增大。

（5）邻近基坑开挖，但原基础未采取相应的稳定加固措施，或新建建筑沉降影响原建筑地基沉降。

3. 事故处理措施

当发现建筑物产生不均匀沉降导致建筑物倾斜或产生裂缝时，首先要搞清不均匀沉降发展的情况，然后再决定是否需要采取加固措施。若必须采取加固措施，则要确定其处理方法。

如果不均匀沉降会继续发展，首先要通过加固地基基础遏制沉降继续发展，如采用锚杆静压桩托换，或其他桩式托换，或采用地基加固方法。沉降基本稳定后，再根据倾斜情况决定是否需要纠倾，未影响安全使用的可不进行纠倾，对需要纠倾的建筑物，视具体情况可采用迫降纠倾法、顶升纠倾法或综合纠倾法。

课堂案例

某工厂水电车间为空旷砖混结构，钢筋混凝土屋面梁、板，毛石基础，其顶部设钢筋混凝土圈梁，地处水塘边，1980年建造。完工后不久，由于基础不均匀沉降，在靠近水塘一角的山墙、拐角及纵墙一段的墙体，开裂严重，且在继续发展。经开挖坑槽检查，墙体开裂部位下的钢筋混凝土圈梁及毛石基础也有明显裂缝。

问题：

1. 此事故中为什么会有明显裂缝现象？

2. 应该采取何种措施处理该事故？

分析：

1. 事故原因分析

（1）由于屋面梁传给壁柱的是集中荷载，故对于软弱地段，应将壁柱下基础宽度加大。

（2）由于设计疏忽，采用了与窗间墙下的基础同宽的处理办法，因而形成纵墙下基底压力分布不均，并且，该工程上部结构刚度差，不具备调整基底压力和变形的能力。

由于以上原因在壁柱间被门窗洞口削弱的墙体上发生了斜向裂缝。

2. 事故处理措施

（1）根据事故原因，选择基础扩大托换方案。分别对墙体开裂部位两个壁柱、一个拐角及山墙中段四处基础进行加固处理。

（2）施工时先在屋面梁底加设临时支撑，卸除加固部位基础上的部分荷载。然后从基础两侧开挖坑槽，并将扩大加固部位基底下的基土掏出，按设计长、宽、厚度浇捣混凝土。

（3）在其底部布置直径12 mm、间距140 mm双向受力钢筋。浇筑的混凝土高出毛石基础底面。原基础要凿毛，以保证新旧基础连接牢固。

（4）待加固部分的混凝土达到规定强度后，对旧基础及上部墙体的裂缝用水泥砂浆嵌补，个别开裂严重的墙体做局部拆砌，最后拆除临时支撑。

托换处理后，经数年观测，没有发现问题，效果较好。本事故处理如图3-3所示。

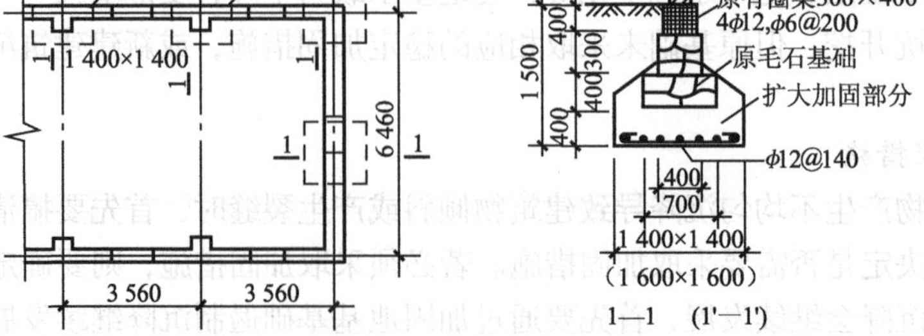

图3-3 基础扩大托换实例图

（二）地基失稳造成工程事故

1. 事故破坏形式

地基承载力是基础设计中一个重要的指标，在荷载作用下，当地基承载力不能满足要求时，地基可能产生冲切剪切破坏、整体剪切破坏、局部剪切破坏等破坏形式。

（1）冲切剪切破坏。压缩性较大的软黏土和松砂，由于弱土层的变形使基础连续下沉，产生过大的沉降，基础就像切入土中一样，故称为冲切剪切破坏。

（2）整体剪切破坏。当荷载大于某数值时，基础急剧下沉。同时，基础周围的地面有明显的隆起现象，继而基础倾斜，甚至倒塌，地基发生整体剪切破坏。

（3）局部剪切破坏。与整体剪切破坏类似，滑动面从基础的一边开始，终止于地基中的某点。只有当基础发生相当大的竖向位移时，滑动面才发展到地面。破坏时，基础周围的地面也有隆起现象，但基础无明显的倾斜或倒塌。

2. 事故预防与处理

地基失稳破坏往往是灾难性的，地基失稳造成的工程事故补救比较困难，建筑物地基失稳破坏将导致建筑物倒塌，造成人员伤亡，对周围环境产生不良影响。因此，地基失稳造成的工程事故重在预防。除在工程勘察、设计、施工、监理各方面做好工作外，进行必要的监测也是重要的，对地基失稳预兆（如沉降速率过大）应高度重视。若发现沉降速率或不均匀沉降速率较大，应及时采取措施，进行地基基础加固或卸载，以确保安全。在进行地基基础加固时，应注意某些加固施工过程中可能产生附加沉降的不良影响。

课堂案例

某水泥筒仓地基土层如图3-4所示，共分4层：地表第1层为黄色黏土，厚5.49 m左右；第2层为层状青色黏土，标准贯入试验击数$N=8$，厚17.07 m左右；第3层为棕色碎石黏土，厚度较小，仅厚1.83 m左右；第4层为岩石。水泥筒仓上部结构为圆筒形结构，直径13.0 m，基础为整板基础，基础埋深2.8 m，位于第1层黄色黏土层中部。

1994年，该水泥筒仓因严重超载，引起地基整体剪切破坏。地基失稳破坏示意图如图3-4所示。地基失稳破坏使一侧地基土体隆起高达5.1 m，并使净距23 m以外的办公楼受地基土体剪切滑动影响而产生倾斜。地基失稳破坏引起水泥筒仓倾斜成45°左右。

问题：

为什么会出现筒仓倒塌破坏事故？

分析：

当这座水泥筒仓发生地基失稳破坏预兆时，即发生较大沉降速率时，未及时采取任何措施，结果造成地基整体剪切滑动，筒仓倒塌破坏。

实际上，地基失稳造成工程事故在工业与民用建筑工程中较为少见，在交通水利工程中的道路和堤坝工程中较多，这与设计中安全度的控制有关。在工业与民用建筑工程中，对地基变形控制较严，地基稳定安全储备较大，故地基失稳事故较少；在路堤工程中，对地基变形要求较低，相对工业与民用建筑工程，其地基稳定安全储备较少，地基失稳事故也就相对较多。

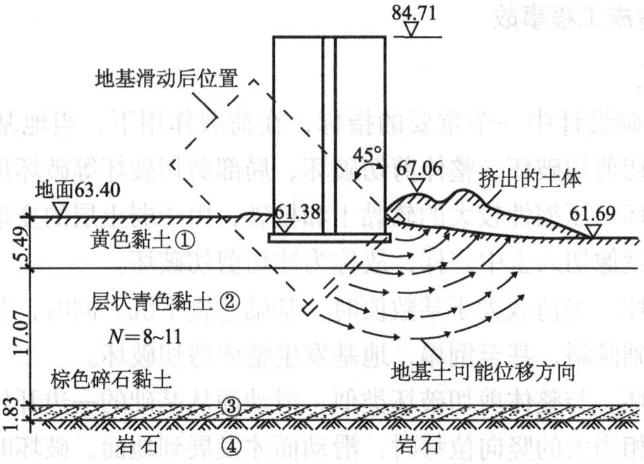

图3-4　某水泥筒仓地基失稳破坏示意图

（三）土坡滑动造成工程事故

1. 事故原因

（1）在边坡上或土坡上方建造建筑物或堆放重物，增加坡上作用荷载。

（2）土坡排水不畅或久雨导致地下水位上升，往往会减小土体抗剪强度，并增加渗流力作用。

（3）疏浚河道，在坡脚挖土等，减少土坡稳定性以及土体蠕变造成土体强度降低。

2. 事故特征

（1）斜坡失稳常以滑坡形式出现，滑坡规模差异很大，滑坡体积从数百立方米到数百万立方米，对工程危害极大。

（2）滑坡可以是缓慢的、长期的，也可能突然发生，以每秒几米甚至几十米的速度下滑。旧滑坡可以因外界条件变化而激发新滑坡。

3. 事故破坏类型

由于房屋位于斜坡上的位置不同，因此斜坡出现滑动，对房屋产生的危害也不同，其产生的危害大致可分为以下三类。

（1）房屋位于斜坡顶部时，顶部形成滑坡，土从房屋下挤出，地基土移动（见图3-5），地基出现不均匀沉降，房屋将出现开裂损坏或倾斜。

（2）房屋位于斜坡上，在滑坡情况下，房屋下的土发生移动，部分土绕过房屋基础移动（见图3-6）。在这种情况下，无论是作用在基础上的土压力，还是基础在平面上的不同位移，都可能引起房屋产生不允许的变形，导致房屋破坏。

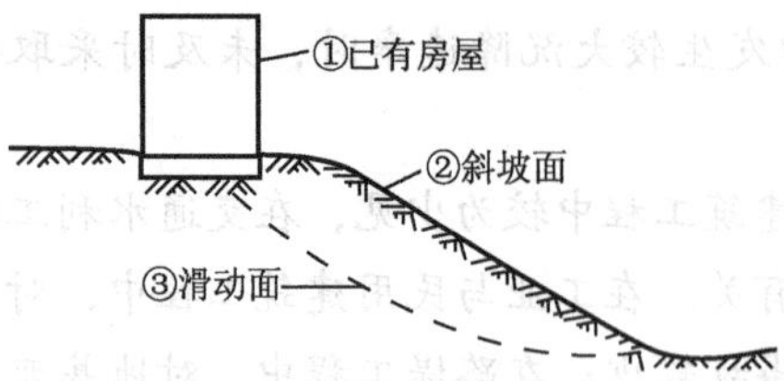

图3-5　房屋下地基土松动

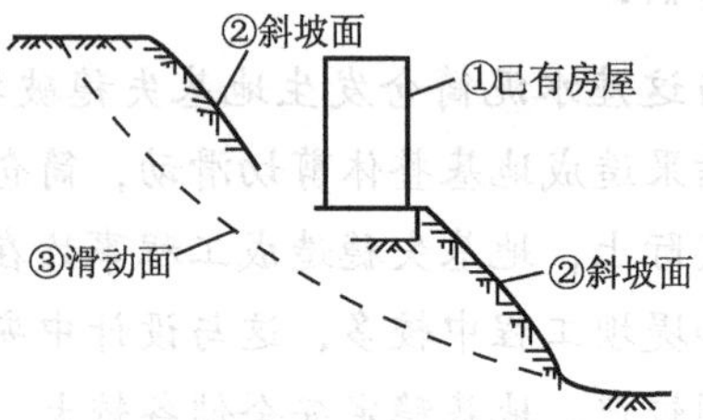

图3-6　房屋下土移动

（3）房屋位于斜坡下部时，房屋要经受滑动土体的压力。其对房屋所造成的危害程度与滑坡规模、体积有关，常常是灾难性的。

4. 事故处理措施

土坡治理可采用减小荷载、放缓坡度、支挡、护坡、排水、土质改良、加固等措施综合治理。

课堂案例

某客运站大楼坐落在软土地基上，采用天然地基，建成后半年内未产生不均匀沉降。建码头疏浚河道后，发现客运站大楼产生不均匀沉降，靠近河边一侧沉降大，另一侧沉降小，不均匀沉降使墙体产生裂缝，如图3-7所示。

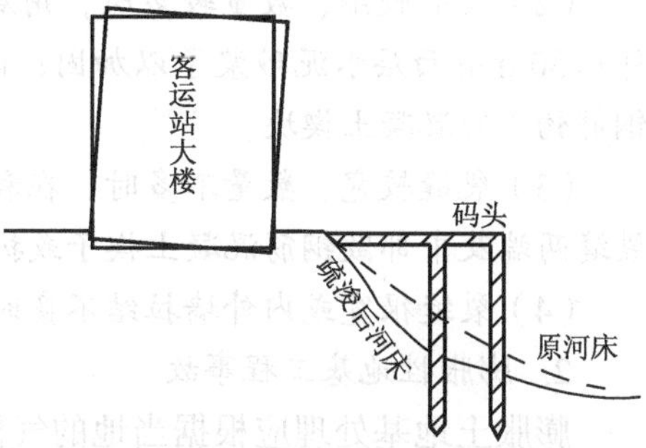

图3-7　河道疏浚引起岸坡滑动示意图

问题：

1. 本案例中，为什么会出现不均匀沉降现象？
2. 应采取什么样的措施进行处理？

分析：

1. 事故原因分析。岸坡产生微小滑动可能是客运站大楼不均匀沉降的原因，可能与疏浚河道时在坡脚取土有关。

2. 事故处理措施。消除岸坡上不必要的堆积物；在岸坡上打设抗滑桩；设立观测点，监测岸坡滑动趋势。

（四）特殊土地基工程事故

1. 湿陷性黄土地基事故

要防止因黄土湿陷产生工程事故，就要弄清黄土湿陷的特点，采取合理有效的措施。有效措施主要包括：通过地基处理消除建筑物地基的全部湿陷量和部分湿陷量；防止水浸入地基，避免地基土体发生湿陷；加强上部结构刚度，采用合理体型，使建筑物对地基湿陷变形有较大的适应性。

课堂案例

陕西渭南市某5层家属住宅楼，东西向长72 m，南北向宽12.5 m，高15 m，采用砖混结构条形基础，房屋中部设沉降缝。该楼于1988年7月竣工，8月居民迁入使用。1992年发现沉降缝扩大，北墙发现裂缝，并不断加剧。1993年3月，实测该楼中部沉降缝宽度扩大约20 mm；全楼西半部向南倾斜，顶部错位约50 mm；沉降缝西侧北墙出现斜向裂缝，长度约2 m，宽度为1.5 ~ 2 mm，室内外贯穿。

由于渭南市属关中湿陷性黄土地区。在该住宅楼西半部南侧有一条东西向的自来水管破裂，自来水源源不断地浸入湿陷性黄土地基，引起地基不均匀湿陷，房屋不均匀沉降，导致了上述墙体开裂、楼房倾斜和沉降缝扩大的事故。

问题：

出现墙体开裂、楼房倾斜和沉降缝扩大的事故应该如何处理？

分析：

将破裂的自来水管拆除，清除水管漏水造成的湿陷的呈流塑状态的黄土，换填三合土压实，安装新水管，采取措施防止新水管再度漏水。经处理后，待上述墙体开裂情况趋向稳定后，对沉降缝西侧北墙进行补强，具体的做法如下：

（1）裂缝较细、数量较少时，用纯水泥浆（灰水比3 ∶ 7或1 ∶ 4）或水玻璃砂浆、环氧砂浆灌缝补强；对水平长裂缝，可沿裂缝钻孔，做成销键，加强裂缝上下两测砌体共同作用。

（2）裂缝较细、数量较多时，用局部双面钢筋网（直径4 ~ 6mm，间距100 ~ 200 mm）、外抹30 mm面层水泥砂浆予以加固；两面层间打间距500 mm左右、呈梅花形布置的含有S形钢筋钩子的混凝土楔块。

（3）裂缝较宽、数量不多时，在和裂缝相交的灰缝中用高标号砂浆和细钢筋填缝，也可在裂缝两端及中部做钢筋混凝土楔子或扒锯、扮梁。

（4）裂缝很宽或内外墙拉结不良时，用钢筋拉杆或型钢予以加固。

2. 膨胀性地基工程事故

膨胀土地基处理应根据当地的气候条件、建筑物结构类型、地基工程地质和水文地质条件等情况因地制宜采取治理措施。主要措施为排水或保湿、换土、加深基础埋深、采用桩基础等。

预防和治理膨胀土地基吸水膨胀、失水收缩造成的地基工程事故，要根据膨胀土的特点，采取合理、有效的措施。

3. 冻土地基工程事故

防治建筑物冻害的方法有多种，可分为两类：一类是通过地基处理消除或减小冻胀和融沉的影响；另一类是增强结构对地基冻胀和融沉的适应能力。第一类起主导作用，第二类起辅助作用。

冻土地基处理的主要方法如下：

（1）换土法。通过用粗砂、砾石等非（弱）冻胀性材料置换天然地基的冻胀性土，以削弱或基本消除地基土的冻胀。

（2）排水隔水法。采取措施降低地下水位，隔断外水补给来源并排除地表水，防止地基土致湿，减小冻胀程度。

（3）保温法。在建筑物基础底部或四周设置隔热层，增大热阻，以推迟地基土冻结，提高土中温度，减小冻结深度。

（4）采用物理、化学方法改良土质。如向土体内加入一定量的可溶性无机盐类，如$NaCl$、$CaCl_2$、KCl等，使之形成人工盐渍土，或向土中掺入石油产品或副产品及其他化学表面活性剂，形成憎水土等。

课堂案例

某建筑物采用筏形基础，板厚0.8 m，埋深1.2 m，接近当地冻深。竣工使用后，在地基冻胀力作用下筏形基础未产生强度破坏，但不均匀沉降使上部结构产生裂缝。

问题：

出现不均匀沉降使上部结构产生裂缝的情况应如何处理？

分析：

（1）在基础四周挖除原冻胀土，换填砂砾石，换填宽度为4.0 m，深度为1.5 m。

（2）在建筑物四周砂砾石层中设置直径为200 mm的无砂混凝土排水暗管，使地基下水位降低1.2 ~ 1.3 m。

（3）采取综合措施处理，冻害得到根治。

（五）基坑支护事故

随着高层建筑的发展，施工中大开挖深基槽、基坑的做法越来越多，确保深基坑施工的可靠和稳定成为高层建筑施工的关键问题之一。

小提示

基坑有两类：一类是放坡基坑，当基坑较深时，边坡的宽度较宽，占用大量场地；另一类是不放坡基坑，采用支护结构，在高层建筑施工，特别是在场地受到限制的情况下经常被采用。

基坑支护事故的类型及原因主要有以下几条。

1. 结构构件失效

结构构件失效的形式及原因如下。

（1）内撑压屈或锚拉杆断裂。锚拉杆断裂或内撑压屈如图3-8（a）所示。主要原因是地面荷载增大或土压力计算偏小、内部支撑断面过小导致受压失稳，或者锚拉杆断面不足、长度不够以及锚固部分失效，为此，要正确设计内撑和锚拉杆，留有足够的安全储备。

（2）支护墙平面变形过大或弯曲破坏。支护墙平面变形过大或弯曲破坏如图3-8（b）所示。支护墙过薄、土压力计算不准、地面增加堆载或基坑挖土超深等原因都可能产生这种现象，因此，要正确地设计墙体，严格控制挖土深度。

2. 土体失效

土体失效的形式及原因如下。

（1）支护墙底部走动，如图3-8（c）所示。主要原因是基坑底部土质太差，能承受的被动土压力很小，或支护墙埋深过浅使墙底部被动土压力不足，它们都可能使墙脚处的土体失稳破坏。

（2）基坑外侧土体失稳，滑动面在支护墙下通过，如图3-8（d）所示。主要原因是支护墙体底部入土深度不足或撑锚系统失效、地面荷载过大，造成基坑边坡整体滑动破坏，又称为整体失稳破坏。

（3）基坑底部土体隆起，如图3-8（e）所示。在软土地基中，当基坑内土体不断被挖去，坑内外土体高差使支护墙外侧土体向坑内方向挤压，就会造成基坑内土体隆起。基坑外地面下陷，坑内侧被动土压力减小，甚至可使支护墙失稳破坏。

（4）基坑内管涌，如图3-8（f）所示。当基坑外侧地下水位过高，基底土质较差时，可能发生管涌现象，使被动土压力减少或丧失，造成支护体系失效。

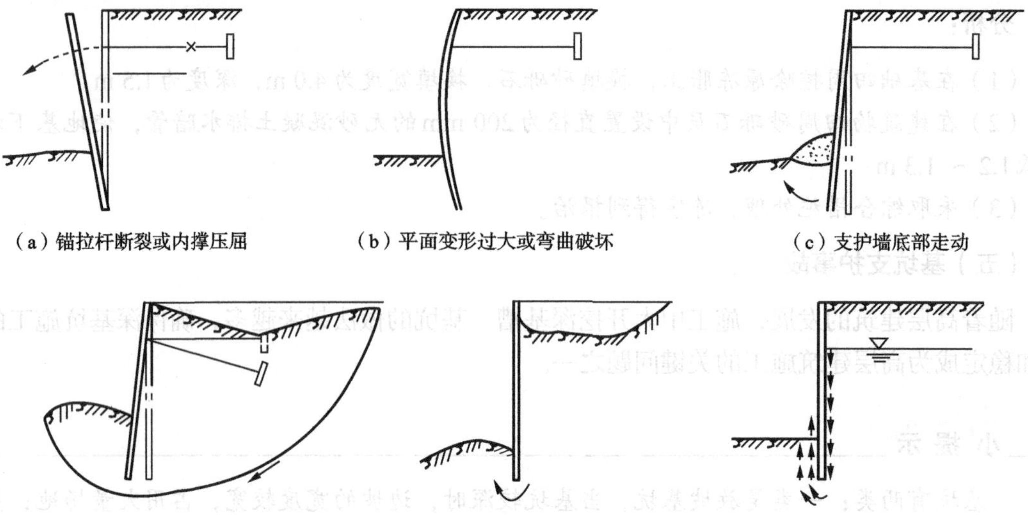

（a）锚拉杆断裂或内撑压屈　（b）平面变形过大或弯曲破坏　（c）支护墙底部走动

（d）基坑外侧土体失稳　（e）基坑底部土体隆起　（f）基坑内管涌

图3-8　锚桩式支护结构的破坏形式

课堂案例

某城市一大厦坐落在软黏土地基上，土层描述如下：第1层为杂填土，厚1.0 m左右；第2层为粉质黏土，C_{cu} = 12 kPa，内摩擦角φ_{cu} = 12°，厚2.2 m左右；第3层为淤泥质粉质黏土，C_{cu} = 9 kPa，内摩擦角φ_{cu} = 15°；第4层为淤泥质黏土，C_{cu} = 10 kPa，内摩擦角φ_{cu} = 7°，厚10.0 m左右；第5层为粉质黏土，C_{cu} = 9 kPa，内摩擦角φ_{cu} = 16°，厚6.2 m左右；第6层为粉质黏土，C_{cu} = 36 kPa，内摩擦角φ_{cu} = 13°，厚8.0 m左右。主楼部分2层地下室，裙房部分1层地下室，平面位置如图3-9所示。主楼部分基坑深10 m，裙房部分基坑深5 m。设计采用水泥土重力式挡土结构作为基坑围护体系，并分别对裙房基坑（计算开挖深度取5m）和主楼基坑（计算开挖深度取5m）进行设计。水泥土重力式挡墙围护体系剖面示意图如图3-10所示。

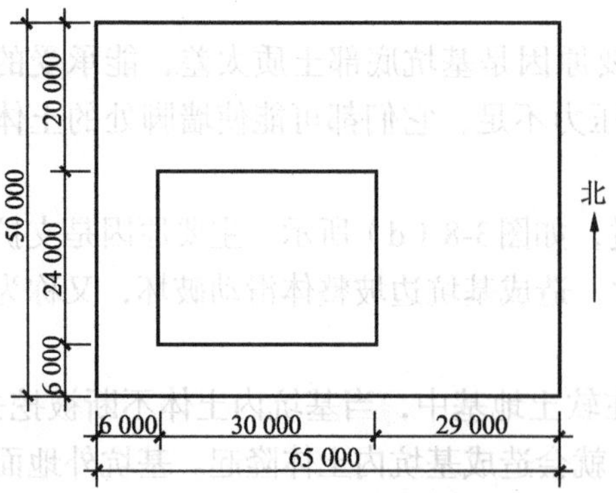

图3-9　某大厦主楼和裙房平面位置示意图

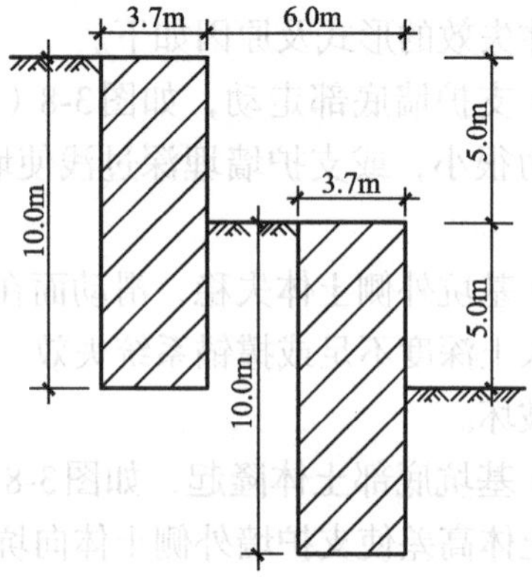

图3-10　围护体系剖面示意图（主楼西侧和南侧）

当裙房部分和主楼部分基坑挖至地面以下5.0 m深时，外围水泥土挡墙变形很小，基坑开挖顺利。当主楼部分基坑继续开挖，挖至地面以下8.0 m左右时，主楼基坑西侧和南侧的围护体系，包括该区裙房基坑围护墙，均产生整体失稳破坏。主楼基坑东侧和北侧围护体系完好，变形很小。围护体系整体失稳破坏造成主楼工程桩严重移位。

问题：

1. 本案例发生事故的原因是什么？
2. 应该采用何种措施进行处理？

分析：

1. 事故原因分析。该工程事故发生的原因是围护挡土结构计算简图错误。对主楼西侧和南侧围护体系，裙房基坑围护结构和主楼基坑围护结构分别按开挖深度5.0 m计算是错误的。当总挖深超过5.0 m后，作用在主楼基坑围护结构上的主动土压力值远大于设计主动土压力值，提供给裙房基坑围护结构上的被动土压力值远小于设计被动土压力值。当开挖深度接近8.0 m时，势必产生整体失稳破坏。另两侧未产生破坏，说明该水泥土围护结构足以承担开挖深度5.0 m时的土压力。

2. 事故处理措施。该实例较典型，但类似错误并不少见。在围护体系设计中，为了降低主动土压力，也为了减少围护墙的工程量，往往挖去墙后部分土，进行卸载，如图3-11所示。

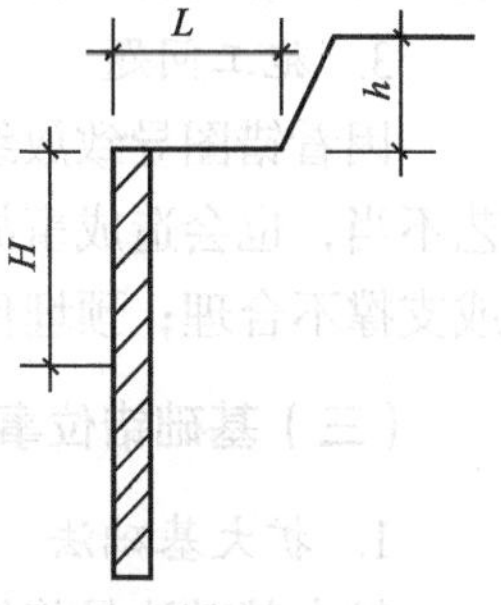

图3-11 墙后卸载示意图

学习单元三 基础工程事故原因

知识目标

（1）掌握基础工程事故产生的原因。
（2）掌握基础工程事故的分类。
（3）地基基础事故的分析方法与要点。

技能目标

（1）通过掌握基础工程事故产生的原因，能够具有预防基础工程质量事故发生的能力。
（2）通过对基础工程事故的分析，能够对事故原因、事故处理措施提出自己的见解。

基础知识

基础事故除有一般的错位、变形、裂缝和混凝土孔洞外，还有断桩、桩深不足等桩基事故，基础晃动过大和地脚螺栓错误等设备事故等。

一、基础错位事故

（一）基础错位事故主要类别

（1）建筑物方向错误。这类事故是指建筑物位置符合总图要求，但是朝向错误，常见的是南北向颠倒。

（2）基础平面错位。基础平面错位包括单向错位和双向错位两种。

（3）基础标高错误。基础标高错误包括基底标高、基础各台阶标高以及基础顶面标高错误。

（4）预留洞和预留件的标高、位置错误。

（5）基础插筋数量、方位错误。

（二）基础错位事故产生的原因

1. 勘测失误

常见的勘测失误有滑坡造成基础错位，地基及下卧勘探不清所造成的过量下沉或变形等。

2. 设计错误

常见的设计错误主要有制图或描图错误，审图未发现、纠正；设计方案不合理，如弱土地基、软硬不均地基未做适当处理，或采用不合理的结构方案；土建、水电或设备施工图不一致，各工种配合不良。

3. 施工问题

因看错图导致放线错误，如把中心线看成轴线；读数错误；测量标志发生位移等。施工工艺不当，也会造成事故，如场地填土夯实不足；单侧回填造成基础移位、倾斜；模板刚度不足或支撑不合理；预埋件固定不牢等。

（三）基础错位事故处理措施

1. 扩大基础法

扩大基础法是将错位基础局部拆除后，按正确的位置扩大基础。

2. 吊移法

吊移法是将错位基础与地基分离后，用起重设备将基础吊离原位，然后按正确的基础位置处理地基，加做垫层，清理基础底面后，将基础吊放到正确位置上。

3. 顶推法

顶推法按基础的正确位置扩大基槽，用千斤顶将错位基础推移到正确位置，然后在基底处做水泥压力灌浆，以保证基础与地基之间接触紧密。这种方法使用于上部结构尚未施工，有所需的顶推设备的情况。

4. 其他方法

（1）事故严重的可拆除重做。

（2）偏差过大但不影响结构安全和使用要求的，经建设单位和设计单位同意后，可不进行处理。

（3）通过修改上部结构的设计，能确保结构安全和使用要求的，可对上部结构修改设计，而不再做处理。

课堂案例

某站为独立柱基，钢筋混凝土框架，在浇完两个基础混凝土后，发现基础在两个方向都发生了较大的偏差。

问题：

该事故应该采取何种措施进行处理？

分析：

首先，按不纠偏考虑，对原设计进行验算。经验算，由偏差所引起的附加荷载，使地面承载力和基础的构造均达不到设计规范的要求，因此该事故必须处理。其次是考虑复位纠偏和拆除重做，但不经济。再次，考虑在错位基础上修改上部结构，经分析研究，这种做法不仅修改工作量大，涉及面宽，而且还影响生产工艺。最终采用的方案是保留错位的基础（不影响其他地下建筑物的条件下)，按原设计位置和要求，扩大错位基础。新旧基础之间用钢筋加强，混凝土表面凿毛，用C30混凝土浇筑，使两者结合成整体，其做法如图3-12所示。

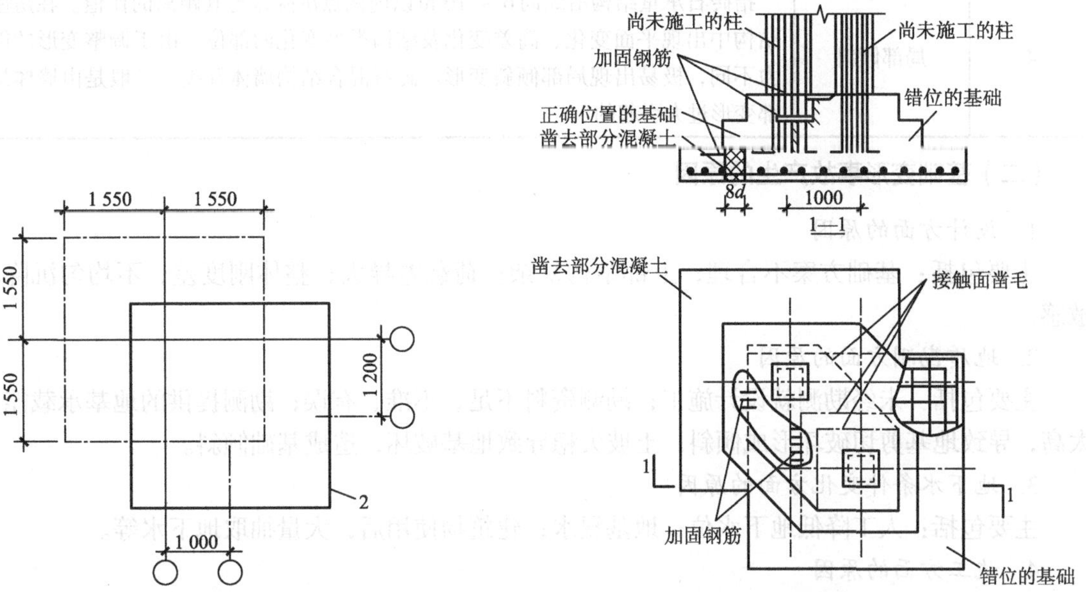

(a) 基础错位示意图　　(b) 处理示意图

图3-12　基础错位事故处理示意图

为了保证新旧基础底部钢筋的可靠联系，应将旧基础底部凿出深约100 mm的槽，露出旧基础的钢筋，并按施工规范的要求，将新基础的钢筋与其焊接。为了加强旧基础接触面的联结，在每个台阶面上设φ8@150的加固钢筋。同时，将下面两个阶梯各提高一个阶高，使基础有足够大的断面来承受上部结构传下来的荷载。

二、基础变形事故处理

基础变形事故多数与地基因素有关，由于变形也是基础事故的常见类别之一，同时又因造成这类事故的原因不局限于地基事故，因此对这类事故的处理加以介绍。

(一) 基础变形事故特征

基础变形事故的特征如表3-1所示。

表3-1　　基础变形事故的特征

序　号	类　别	基 本 特 征
1	沉降量	指单独基础的中心沉降
2	沉降差	指两相邻单独基础的沉降量之差。对于建筑物地基不均匀、相邻柱与荷载差异较大等情况，有可能会出现基础不均匀下沉，导致吊车滑轨、围护砖墙开裂、梁柱开裂等现象的发生
3	倾斜	指单独基础在倾斜方向上两端点的沉降差与其距离之比。越高的建筑物，对基础的倾斜要求也越高

续表

序　号	类　别	基　本　特　征
4	局部倾斜	指砖石承重结构沿纵向6 ~ 10 m以内两点沉降差与其距离的比值。在房屋结构中出现平面变化、高差变化及结构类型变化的部位，由于调整变形的能力不同，极易出现局部倾斜变形。砖石混合结构墙体开裂，一般是由墙体局部变形过大引起的

（二）基础变形事故产生的原因

1. 设计方面的原因

主要包括：基础方案不合理；上部结构复杂；荷载差异大；整体刚度差；不均匀沉降较敏感。

2. 地质勘测方面的原因

主要包括：未经勘测就设计施工；勘测资料不足、不准、有误；勘测提供的地基承载能力太高，导致地基剪切破坏形成倾斜；土坡失稳导致地基破坏，造成基础倾斜。

3. 地下水条件变化方面的原因

主要包括：人工降低地下水位；地基浸水；建筑物使用后，大量抽取地下水等。

4. 施工方面的原因

主要包括：施工顺序及方法不当；大量的不均匀堆载；人为降低地下水位；施工时扰动和破坏了地基持力层的土壤结构，使其抗剪强度降低；打桩顺序错误，相邻桩施工间歇时间过短，打桩质量控制不严等原因，造成桩基础倾斜或产生过大沉降；施工中各种外力，尤其是水平力的作用，导致基础倾斜。

（三）基础变形事故的处理措施

1. 矫正基础变形

通过地基处理，矫正基础变形，如通过浸水、掏土、降水处理方法使变形得到矫正。

2. 顶升纠偏法

基础下面用千斤顶顶升纠偏；地面上采用切断墙、柱进行顶升纠偏等。

3. 顶推或吊移法

利用千斤顶及其他设备将变形基础推移至正确位置，或用吊装设备将错位基础吊移并纠正变形。

4. 卸载和反压法

通过局部卸载或加载调整不均匀下沉，以实现纠偏的目的。

课堂案例

某钢厂的钢锭库为露天栈桥，跨度25.5 m，柱距9 m，吊车为10 t桥式吊车，建于湿陷性黄土地基。栈桥局部场地遭大水浸泡后，发现有一根柱向外倾斜，吊车轨顶中心线偏离95 mm以上，吊车随时可能掉轨坠落，已不能正常使用。

该工程地质情况是：土质为Ⅰ级非自重湿陷性黄土，地基承载力为200 kPa，地面标高下8 m深处为非湿陷性土。经测定，基底标高（地面下4 m）处土的含水率，东侧为27%，西侧为16%，造成黄土地基湿陷量不同，基础产生不均匀沉降而使柱子向外倾斜。柱子的另一个方向（南、北向），无明显变形。

问题：

对于出现本案例中的事故，应该如何处理？

分析：

（1）加固地基。因地基土含水量较高，压缩模量和地基承载力降低，如果不先加固地基，纠偏后基础势必还会发生不均匀下沉。

（2）顶推纠正倾斜柱。选用2台200 t丝杆千斤顶（若用油压千斤顶，因卧倒使用将降低顶推力，故必须选大吨位），装置应使其合力与栈桥柱行线重合（或平行）；用道木交错排铺在千斤顶后背，土耐压强度为200 kPa，后背面积约2 m^2；在该列柱吊车梁上架设经纬仪观测，在地面用线锤吊测，控制顶推过程；操作千斤顶，将柱子逐渐纠正到垂直位置，随即在基础底下安放钢楔（用角钢对扣焊制）垫块，在3.5 m边长内均匀放4处，用大锤打紧。放松千斤顶时，柱回弹5 mm。再次顶进并“过正”15 mm，再打紧钢楔，放松千斤顶，未见回弹（在另一侧也适当放两组钢楔）；在基础东、西两侧脱空处浇灌混凝土。第一次振捣后，隔一段时间，再振捣一次并补充混凝土，使空隙完全充满。

在复查吊车梁搁置标高时，发现低了100 mm，即用50 mm厚钢板垫足。

（3）做好场地排水措施，防止再次浸水。特别是在湿陷性黄土地区，这项措施必须谨慎做好。本工程在纠正倾斜后对整个栈桥场地修建了排水措施，至今不曾再度出现浸泡地基的事故。

三、桩基础工程事故

桩基工程的施工是一项技术性十分强的施工技术，又属于隐蔽工程，在施工过程中，如处理不当，就会发生工程质量事故。目前尚无可靠快速的检测方法使施工者及时掌握并了解成桩过程中的质量问题，而且桩基础施工发生的质量问题，往往是多方面原因造成的。

桩基础工程通常应用于建筑、交通、道路、桥梁等工程中。近几年来，我国桩工机械与工法有了很大的发展，设计理论也有了很大的进步。桩基础具有承载力高、稳定性好、变形量小、沉降收敛快等特性。近年来，随着建筑施工技术水平的提高，对桩的承载力、地基变形、桩基施工质量也提出了更高的要求。

（一）钢筋混凝土预制桩工程事故

1. 桩身断裂

（1）桩身断裂的主要原因。桩身断裂是桩在沉入过程中，桩身突然倾斜错位（见图3-13）。表现为当桩尖处土质条件没有特殊变化，而贯入度逐渐增加或突然增大，同时，当桩锤跳起后，桩身随之出现回弹现象。产生桩身断裂的主要原因有：

① 桩堆放、起吊、运输的支点、吊点不当，或制作质量差。

② 沉桩过程中，桩身弯曲过大而断裂。如桩身制作质量差造成的弯曲，或桩身细长又遇到较硬的土层时，锤击产生过大的弯曲，当桩身不能承受抗弯强度时，即产生断裂。

③ 桩身倾斜过大。在锤击荷载作用下，桩身反复受到拉压应力，当抗拉应力超过混凝土的抗拉强度时，桩身某处即产生横向裂

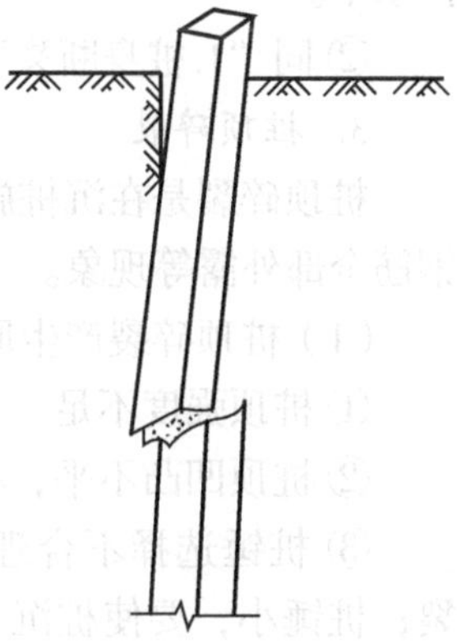

图3-13　桩倾斜错位

缝，表面混凝土剥落。例如，抗拉应力过大，钢筋超过极限，桩即断裂。

（2）预防措施。

① 施工前，应将地下障碍物，如旧墙基、条石、大块混凝土等清理干净，尤其是桩位下的障碍物，必要时可对每个桩位用钎探探测。对桩身质量要进行检查，发现桩身弯曲超过规定，或桩尖不在桩纵轴线上时，不宜使用。一节桩的细长比不宜过大，一般不超过30。

② 在初沉桩过程中，如果发现桩不垂直，应及时纠正，如果有可能，还应把桩拔出，清理完障碍物并回填素土后重新沉桩。桩打入一定深度发生严重倾斜时，不宜采用移动桩架来校正。接桩时，要保证上下两节桩在同一轴线上，接头处必须严格按照设计及操作要求执行。

③ 采用“植桩法”施工时，钻孔的垂直偏差要严格控制在1%以内。植桩时，桩应顺孔植入，出现偏斜也不宜用移动桩架来校正，以免造成桩身弯曲。

④ 桩在堆放、起吊、运输过程中，应严格按照有关规定或操作规程执行，发现桩开裂超过有关规定时，不得使用。

小提示

普通预制桩经蒸压达到要求强度后，宜在自然条件下再养护一个半月，以提高桩的后期强度。施打前，桩的强度必须达到设计强度的100%；而对纯摩擦桩，强度达到70%便可施打。

⑤ 遇有地质比较复杂的工程（如有老的洞穴、古河道等），应适当加密地质探孔，详细描述，以便采取相应措施。

2. 桩身垂直偏差过大

（1）桩身垂直偏差过大的主要原因：

① 预制桩质量差，其中桩顶面倾斜和桩尖位置不正或变形，最易造成桩倾斜。

② 桩锤、桩帽、桩身的中心线不重合，产生锤击偏心。

③ 桩端遇孤石或坚硬障碍物。

④ 桩机倾斜。

⑤ 桩过密，打桩顺序不当产生较强烈的挤压效应。

（2）预防措施。

① 场地要平整。如场地不平，施工时，应在打桩机行走轮下加垫板等物，使打桩基底保持水平。

② 同“1.桩身断裂”的预防措施①～③。

3. 桩顶碎裂

桩顶碎裂是在沉桩施工中，在锤击作用下，桩顶出现混凝土掉角、碎裂、坍塌，甚至桩顶钢筋全部外露等现象。

（1）桩顶碎裂产生原因。

① 桩顶强度不足。

② 桩顶凹凸不平，桩顶平面与桩轴线不垂直，桩顶保护层厚。

③ 桩锤选择不合理。桩锤过大，冲击能量大，桩顶混凝土承受不了过大的冲击力而碎裂；桩锤小，要使桩沉入到设计标高，桩顶受打击次数过多，桩顶混凝土同样会因疲劳破坏被打碎。

④ 桩顶与桩帽接触面不平，桩沉入土中不垂直使桩顶面倾斜，造成桩顶局部受集中力作用而破碎。

（2）治理方法。发现桩顶有打碎现象，应及时停止沉桩，更换并加厚桩垫。如有较严重的桩顶破裂现象，可把桩顶踢平补强，再更新沉桩。

如果因桩顶强度不够或桩锤选择不当，应换用养护时间较长的“老桩”或更换合适的桩锤。

4. 桩顶位移偏差

（1）桩身产生水平位移的主要原因。

① 测量放线误差。

② 桩位放得不准，偏差过大；施工中定桩标志丢失或挤压偏高，造成错位。

③ 桩数过多，桩间距过小，在沉桩时，土被挤到极限密实度而隆起，相邻桩一起被挤起。

④ 软土地基中较密的群桩，由于沉桩引起的空隙压力把相邻的桩推向一侧或挤起。

（2）预防措施。

① 同“1.桩身断裂”的预防措施。

② 沉桩期间不得同时开挖基坑，需待沉桩完毕后相隔适当时间方可开挖。相隔时间应视具体地质条件，基坑开挖深度、面积，桩的密集程度及孔隙压力消散情况来确定，一般宜两周左右。

③ 采用“植桩法”可减少土的挤密及孔隙水压力的上升。

④ 认真按设计图纸放好桩位，做好明显标志，并做好复查工作。施工时要按图核对桩位，发现丢失桩位或桩位标志，以及轴线桩标志不清时，应由有关人员查清补上。轴线桩标志应按规范要求设置。

课堂案例

某企业锅炉房沉渣工程，18 m跨的龙门起重机基础下采用单排钢筋混凝土预制桩，桩长18 m，截面为450 mm×450 mm，桩距6 m，条形承台宽800 mm。桩基工程完工后，在开挖深6 m的沉渣池基坑时发生塌方，使靠近池壁一侧的5根桩朝池壁方向倾斜，其中有3根桩顶部偏离到承台之外，已不能使用。桩的平面布置如图3-14所示，偏斜值如表3-2所示。

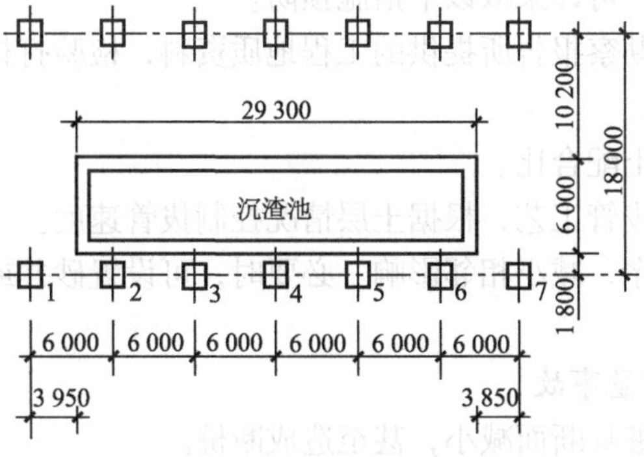

图3-14　桩的平面布置图

问题：

造成该起事故的原因是什么？

分析：

根据地质资料：第一层为杂填土，湿润松散，厚约5 m。桩的偏斜主要由该层土塌方引起。第二层为淤泥质黏土，稍密、流塑状态、高压缩性，厚4 ~ 6 m。由于桩上部一侧塌方而另一侧受推力后，极易发生缓慢的压缩变形，埋入该土层中的桩身必然会随之倾斜。第三层为黏土，中密、湿润、可塑状态，厚0.5 ~ 2.0 m。第四层为砂岩风化残积层，紧密、稍湿，该层为桩尖的持力层。

表3–2 偏斜值

桩号	桩顶偏斜值/mm
2	250
3	250
4	400
5	1750
6	600

另外，由于施工不当，在沉渣池6 m深基坑开挖之前没有采取支护措施，且第一层土为松散的杂填土，沉渣池距桩中心线只有1.8 m，而基坑边坡又过陡，造成塌方，致使桩发生偏斜。

（二）灌注桩工程事故

1. 沉管灌注桩常见质量事故

（1）桩身缩颈、夹泥。主要原因是提管速度过快、混凝土配合比不良，和易性、流动性差。混凝土浇筑时间过快也会造成桩身缩颈或夹泥。

（2）桩身蜂窝、空洞。主要原因是混凝土级配不良，粗集料粒径过大，和易性差，以及黏土层中夹砂层影响等。

（3）桩身裂缝或断桩。沉管灌注桩是挤土桩。施工过程中挤土使地基中产生超静孔隙水压力。桩间距过小，地基土中过高的超静孔隙水压力，以及邻近桩沉管挤压等原因可能使桩身产生裂缝甚至断桩。

针对产生事故的原因，可以采取以下措施预防。

（1）通过试桩，核对勘察报告所提供的工程地质资料，检验打桩设备、成桩工艺以及保证质量的技术措施是否合适。

（2）选用合理的混凝土配合比。

（3）采用合适的沉、拔管工艺，根据土层情况控制拔管速度。

（4）确定合理打桩程序，减小相邻影响。必要时，可设置砂井或塑性排水带加速地基中超静孔隙水压力的消散。

2. 钻孔灌注桩常见质量事故

（1）塌孔或缩孔造成桩身断面减小，甚至造成断桩。

（2）钻孔灌注桩沉渣过厚。清孔不彻底，下钢筋笼和导管碰撞孔壁等原因引起坍孔等，造成桩底沉渣过厚，影响桩的承载力。

（3）桩身混凝土质量差，出现蜂窝、孔洞。由混凝土配合比不良，流动性差，在运输过程中混凝土严重离析等原因造成。

小提示

预防措施主要有根据土质条件采用合理的施工工艺和优质的护壁泥浆，采用合适的混凝土配合比。若发现桩身质量欠佳和沉渣过厚，可采用在桩身混凝土中钻孔、压力灌浆加固，严重时可采用补桩处理。

课堂案例

湖南省某中学教学楼为3层砖混结构，条形基础，位于膨胀土地区，由于地面排水沟渗漏，渗入地下浸泡地基，使东端山墙严重开裂，底层裂缝宽度达10 mm以上，因圈梁设计牢固，裂缝向上延伸减弱。

问题：

1. 为什么会出现本案述的质量事故？
2. 出现该质量事故应该如何处理？

分析：

1. 事故原因分析。本教学楼东端土质松软，其下为膨胀土，基础设计时无防水措施，排水沟渗漏，造成地基胀缩不均，致使墙体开裂。

2. 事故处理措施。为了确保教学楼安全使用，决定用挖孔桩托换方案。在开裂墙基内、外，采用人工挖孔桩托换基础，在墙开裂严重部位加设钢筋混凝土壁柱，并与二楼圈梁用锚固筋相连，如图3-15所示。开裂墙体，用环氧砂浆填塞，其自重由抬梁传给灌注桩。桩径1 m，桩孔内壁用120 mm砖墙砌，桩底局部扩大，桩深6 m，用C15混凝土浇筑。托换处理后恢复正常使用。

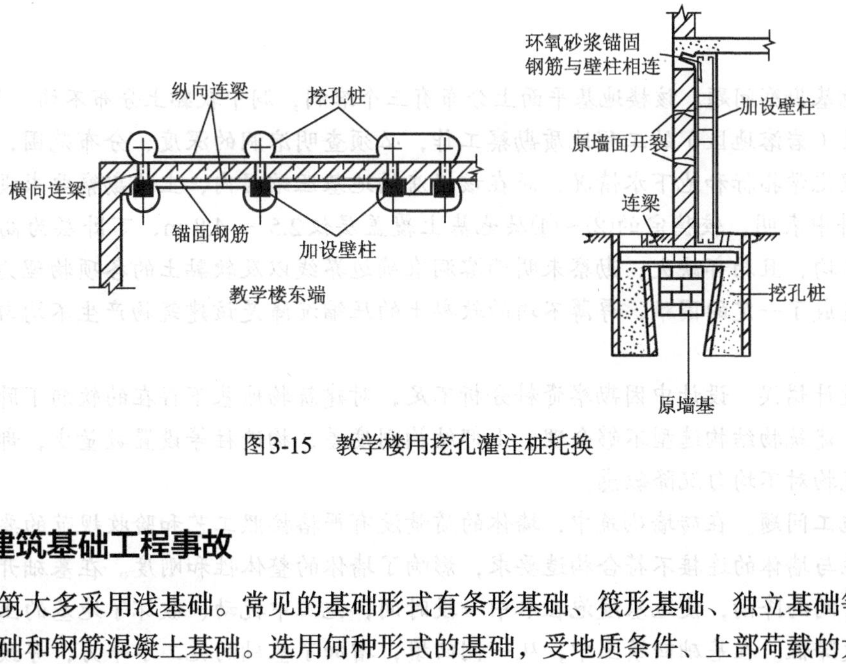

图3-15　教学楼用挖孔灌注桩托换

四、多层建筑基础工程事故

多层建筑大多采用浅基础。常见的基础形式有条形基础、筏形基础、独立基础等。按材料分为砖砌基础和钢筋混凝土基础。选用何种形式的基础，受地质条件、上部荷载的大小、主体结构形式等因素的影响。

多层建筑基础工程发生质量事故，有可能对建筑物的结构安全等造成极大的影响。多层建筑基础工程常见的质量事故有基础轴线偏差、基础标高错误、预埋洞和预埋件的标高和位置错误等，还包括基础变形、沉降等。

课堂案例

某市某商住楼位于市区解放南路，建筑物长64.24 m，宽11.94 m，层数为六层（局部七层）。房屋总高度22 m，底层为商店，二层以上为住宅，共四个单元，总建筑面积4 395 m^2。主体为砖混结构，底层局部为框架结构。基础形式根据荷载不同，分为钢筋混凝土独立基础和刚性条形基础，刚性条形基础处设地圈梁。基础埋深3.8 m。

工程验收时，发现第三单元楼梯外墙有一条垂直的细小裂缝，有关部门要求对该裂缝加强观察。半年中裂缝未出现明显的扩展，但一段时间以后裂缝相继扩展到地圈梁、墙体、楼面、屋顶、女儿墙等多个部位。经察看现场，进行技术鉴定，该楼的裂缝和沉降为：

（1）地圈梁和底层连系梁多处裂缝，裂缝形式以垂直为主，部分区段有斜裂缝。地圈梁裂缝宽度在0.5 ~ 10 mm。大部分贯穿地圈梁截面。连系梁裂缝宽在0.15 ~ 10 mm，多数已伸到梁高的2/3以上。

（2）内外墙裂缝较为普遍，呈倒“八”字形，垂直、斜向裂缝均有，宽度为0.5 ~ 10 mm。楼面面层起壳、楼板缝间开裂现象普遍。

（3）因该楼室外回填土厚达3 m多，同时楼房竣工后解放南路改造，沉降观察点多次重新设置，观测数据为阶段性的非系统数据，监测数据仅供参考。对不同阶段的监测数据进行汇总分析，房屋两边的沉降量较大，最大沉降量为24 mm，中间沉降量小，南端沉降量较大点与中间沉降量较小点之间沉降量差值达200 mm左右。

问题：

本案例中的事故是如何发生的？

分析：

（1）地基勘察问题。该楼地基平面上分布有三个溶洞，洞中软黏土分布不均，最厚达20 m。在灰岩地区（岩溶地区）的工程地质勘察工作，必须查明溶洞的深度、分布范围，并查清洞内土质的物理化学指标和地下水情况，而在该楼房的地基压缩层内，上述勘察要求没有达到。在已有的资料中表明，较稳定的②～④层地基上覆盖层仅2.5 ~ 4.8 m，下卧层为高压缩性软黏土，厚度不均，且局部缺失，勘察未明确溶洞准确边界线以及软黏土的各项物理力学指标，给设计取值造成了一定的困难，厚薄不均的软黏土的压缩沉降是该建筑物产生不均匀沉降的主要原因。

（2）设计错误。设计中因勘察资料分析不足，对建筑物地基下存在的软弱下卧层变形验算不够精确。建筑物结构选型不够合理。上部结构刚度差，构造柱等设置数量少，部分位置不合理，使建筑物对不均匀沉降敏感。

（3）施工问题。在砖墙砌筑中，墙体的质量没有严格按照工艺和验收规范的要求施工，特别是构造柱与墙体的连接不符合构造要求，影响了墙体的整体性和刚度。在基础开挖中，由于遇到较长时间的降雨，使地基浸泡在水中一段时间，施工中扰动、破坏了地基的土壤结构，使其抗剪强度降低。在基础回填土中，从一侧回填，增加了基础的施工水平力，导致基础倾斜和变形。

（4）环境问题。在该工程竣工半年后，在其南侧改造开挖了一条截面为5.5 m×7 m的小河，该河床底标高低于基础底标高1.5 m左右，河水位低于基础地下水位。平时有浑水从小河的砌石护坡上的排水管中流出，出现地基中细小颗粒被水带走的现象，加速了地基的变形，致使该楼在河道改建后，不均匀沉降现象迅速加剧。另外，在半年后修路过程中，在房屋四周回填了约3 m高的回填土，增加了基础的附加应力，也加剧了地基的变形。

五、高层建筑基础工程事故

近年来，我国的高层建筑施工技术得到了快速的发展。在基础工程方面，高层建筑多采用桩基础、筏形基础、箱形基础或桩基与箱形基础的复合基础，涉及深基坑支护、桩基施工、大体积混凝土浇筑、深层降水等施工技术。

课堂案例

某商贸大楼位于繁华的商业街的中心位置。该工程为地下2层、地上26层的高层建筑，其中，地下室建筑面积8 800m^2，长112 m，宽72 m，混凝土墙、梁、板设计强度等级为C35，柱C40，底板厚150 cm，顶板厚30 cm或80 cm。因该建筑工程超长超宽，故地下室底板设置了三条膨胀带以克服混凝土的温差应力和收缩变形，地下室顶板（±0.00层）采用超长大钢筋混凝土（RC）无缝结构设计方案，在混凝土内掺入0.7%的HEA高效复合剂。混凝土由该市建工集团混凝土搅拌公司提供，HEA计量由厂家到混凝土搅拌站进行人工计量。

在完成±0.00层施工后，该层板、梁及地下室竖壁陆续出现大量裂缝，裂缝宽度均超过允许值。经停工检查，发现混凝土中出现的裂缝分布规律主要是：

（1）裂缝均较长，大部分与板钢筋呈45°。

（2）在已拆模及未拆模处均发现上述裂缝。

（3）经观察裂缝宽度随温度变化而变化，上午气温低时，缝变宽，中午气温高时，缝变窄。

（4）梁板裂缝形状为上宽下窄，且板中大部分为贯穿裂缝。

（5）随混凝土龄期增长，裂缝数量还在增加。

问题：

导致该起质量事故的原因是什么？

分析：

（1）设计单位对本工程±0.00层超长大结构采用无缝设计新技术，但设计文件中没有标明详细的设计内容和要求。

（2）对±0.00层板中HEA的用量，业主擅自做主，将其用量定为0.7%，又不要求设置膨胀加强带。

（3）施工单位没有认识到大体积混凝土施工的特殊性，对该工程仍采用常规混凝土施工的方法，这是混凝土开裂的一个重要原因。

（4）本工程±0.00层混凝土在未上荷载的情况下，即产生裂缝，明显是由混凝土的温度和收缩变形引起的。

（5）HEA用量明显偏低，起不到补偿收缩的作用。

学习单元四 建筑地基的加固与纠倾

知识目标

（1）掌握地基及基础加固的技术。

（2）掌握建筑的纠倾技术。

技能目标

（1）通过本单元的学习，能够掌握各种地基基础的加固方法与要求。

（2）建筑物出现倾斜现象，能够根据技术要求选择纠倾方法。

基础知识

一、地基与基础加固技术

对已有地基基础加固的方法有基础补强注浆加固法、加大基础底面积法、加深基础法、锚杆静压桩法、树根桩法等。

（一）基础补强注浆加固法

基础补强注浆加固法适用于基础因受不均匀沉降、冻胀或其他原因引起的基础裂损时的加固。

注浆施工时，先在原基础裂损处钻孔注浆，管直径可为25 mm，钻孔与水平面的倾角不应小于30°，钻孔孔径应比注浆管的直径大2 ~ 3 mm，孔距可为0.5 ~ 1.0 m。浆液材料可采用水泥浆等，注浆压力可取0.1 ~ 0.3 MPa。如果浆液不下沉，则可逐渐加大压力至浆液在10 ~ 15 min内不再下沉，然后停止注浆。注浆的有效直径为0.6 ~ 1.2 m。对单独基础，每边钻孔不应少于2个；对条形基础，应沿基础纵向分段施工，每段长度可取1.5 ~ 2.0 m。

（二）加大基础底面积法

加大基础底面积法适用于既有建筑的地基承载力或基础底面积尺寸不满足设计要求时的加固。可采用混凝土套或钢筋混凝土套加大基础底面积。加大基础底面积的设计和施工应符合下列规定：

（1）当基础承受偏心受压时，可采用不对称加宽；当承受中心受压时，可采用对称加宽。

（2）在灌注混凝土前，应将原基础凿毛和刷洗干净后，铺一层高强度等级水泥浆或涂混凝土界面剂，以增加新老混凝土基础的黏结力。

（3）对加宽部分，地基上应铺设厚度和材料均与原基础垫层相同的夯实垫层。

（4）当采用混凝土套加固时，基础每边加宽宽度的外形尺寸应符合国家现行标准《建筑地基基础设计规范》（GB 50007—2011）中有关刚性基础台阶宽高比允许值的规定。沿基础高度隔一定距离应设置锚固钢筋。

（5）当采用钢筋混凝土套加固时，加宽部分的主筋应与原基础内主筋相焊接。

（6）对条形基础加宽时，应按长度1.5 ~ 2.0 m划分成单独区段，分批、分段、间隔进行施工。

小提示

当不宜采用混凝土套或钢筋混凝土套加大基础底面积时，可将原独立基础改成条形基础；将原条形基础改成十字交叉条形基础或筏形基础；将原筏形基础改成箱形基础。

（三）加深基础法

加深基础法适用于地基浅层有较好的土层可作为持力层且地下水位较低的情况。可将原基础埋置深度加深，使基础支承在较好的持力层上，以满足设计对地基承载力和变形的要求。当地下水位较高时，应采取相应的降水或排水措施。基础加深的施工应按下列步骤进行：

（1）先在贴近既有建筑基础的一侧分批、分段、间隔开挖长约1.2 m、宽约0.9 m的竖坑，对坑壁不能直立的砂土或软弱地基要进行坑壁支护，竖坑底面可比原基础底面深1.5 m。

（2）在原基础底面下沿横向开挖与基础同宽，深度达到设计持力层的基坑。

（3）基础下的坑体应采用现浇混凝土灌注，并在距原基础底面80 mm处停止灌注，待养护一天后，再用掺入膨胀剂和速凝剂的干稠水泥砂浆填入基底空隙，再用铁锤敲击木条，并挤实所填砂浆。

（四）锚杆静压桩法

锚杆静压桩法适用于淤泥、淤泥质土、粉土和人工填土等地基土。锚杆静压桩施工应符合下列规定。

1. 锚杆静压桩施工前应做好的准备工作

（1）清理压桩孔和锚杆孔施工工作面。

（2）制作锚杆螺栓和桩节。

（3）开凿压桩孔，并应将孔壁凿毛，清理干净压桩孔，将原承台钢筋割断后弯起，待压桩后再焊接。

（4）开凿锚杆孔，应确保锚杆孔内清洁干燥后再埋设锚杆，并以胶粘剂加以封固。

2. 压桩施工应符合的规定

（1）压桩架应保持竖直，锚固螺栓的螺母或锚具应均衡紧固，压桩过程中应随时拧紧松动的螺母。

（2）就位的桩节应保持竖直，使千斤顶、桩节及压桩孔轴线重合，不得偏心加压，压桩时应垫钢板或麻袋，套上钢桩帽后再进行压桩，桩位平面偏差不得超过 ±20 mm，桩节垂直度偏差不得大于1%的桩节长。

（3）整根桩应一次连续压到设计标高，当必须中途停压时，桩端应停留在软弱土层中，且停压的间隔时间不宜超过24 h。

（4）压桩施工应对称进行，不应数台压桩机在一个独立基础上同时加压。

（5）焊接接桩前应对准上、下节桩的垂直轴线，清除焊面铁锈后进行满焊。

（6）采用硫黄胶泥接桩时，其操作施工应按国家现行标准《建筑地基基础工程施工质量验收规范》（GB 50202—2002）的有关规定执行。

（7）桩尖应到达设计持力层深度，且压桩力应达到国家现行标准《建筑地基基础设计规范》（GB 50007—2011）规定的单桩竖向承载力标准值的1.5倍，持续时间不应少于5 min。

（8）封桩前，应凿毛和刷洗干净桩顶侧表面后再涂混凝土界面剂，封桩可分不施加预应力法和预应力法两种方法。

① 当封桩不施加预应力时，在桩端达到设计压桩力和设计深度后，即可使千斤顶卸载，拆除压桩架，焊接锚杆交叉钢筋，清除压桩孔内杂物、积水及浮浆，然后与桩帽梁一起浇筑C30微膨胀早强混凝土。

② 当施加预应力时，应在千斤顶不卸载条件下，采用型钢托换支架，清理干净压桩孔后立即将桩与压桩孔锚固，当封桩混凝土达到设计强度后，方可卸载。

（五）树根桩法

树根桩法适用于淤泥、淤泥质土、黏性土、粉土、砂土、碎石土及人工填土等地基土上既有建筑的修复和增层、古建筑的整修、地下铁道的穿越等加固工程。

树根桩施工应符合下列规定。

（1）桩位平面允许偏差 ±20 mm；直桩垂直度和斜桩倾斜度偏差均应按设计要求不得大于1%。

（2）可采用钻机成孔，穿过原基础混凝土。在土层中钻孔时，宜采用清水或天然泥浆护壁，也可用套管。

（3）钢筋笼宜整根吊放。

小提示

当分节吊放时，节间钢筋搭接焊缝长度双面焊不得小于5倍钢筋直径，单面焊不得小于10倍钢筋直径。注浆管应直插到孔底。需二次注浆的树根桩应插两根注浆管，施工时应缩短吊放和焊接时间。

（4）当采用碎石和细石填料时，填料应经清洗，投入量不应小于计算桩孔体积的90%，填灌时应同时用注浆管注水清孔。

（5）注浆材料可采用水泥浆液、水泥砂浆或细石混凝土，当采用碎石填灌时，注浆应采用水泥浆。

（6）当采用一次注浆时，泵的最大工作压力不应低于1.5 MPa，开始注浆时，需要1 MPa的起始压力，将浆液经注浆管从孔底压出，接着注浆压力宜为0.1 ~ 0.3 MPa，使浆液逐渐上冒，直至浆液泛出孔口停止注浆。

当采用二次注浆时，泵的最大工作压力不应低于4 MPa。待第一次注浆的浆液初凝时方可进行第二次注浆，浆液的初凝时间根据水泥品种和外加剂掺量确定，可控制在45 ~ 60 min。第二次注浆压力宜为2 ~ 4 MPa，二次注浆不宜采用水泥砂浆和细石混凝土。

（7）注浆施工时应采用间隔施工、间歇施工或增加速凝剂掺量等措施，以防出现相邻桩冒浆和串孔现象。树根桩施工不应出现缩颈和塌孔。

（8）拔管后应立即在桩顶填充碎石，并在1 ~ 2 m范围内补充注浆。

二、纠倾技术

（一）顶升纠倾

顶升纠倾是将建筑物基础和上部结构沿某一特定位置进行分离，在分离区设置若干个支承点，通过安装在支承点的顶升设备，使建筑物沿某一直线或点做平面转动，使倾斜建筑物得以纠正。为了保证上部分离体的整体性和刚度，采用钢筋混凝土加固，通过分级托换，形成全封闭的顶升支承梁（柱）体系。

顶升纠倾的施工可按下列步骤进行。

（1）钢筋混凝土顶升梁（柱）的托换施工。

（2）设置千斤顶底座及安放千斤顶。

（3）设置顶升标尺。

（4）顶升梁（柱）及顶升机具的试验检验。

（5）在顶升前一天凿除框架结构柱或砌体结构构造柱的混凝土，顶升时切断钢筋。

（6）统一指挥顶升施工。

（7）当顶升量达到100 ~ 150 mm时，开始千斤顶倒程。

（8）顶升到位后进行结构连接和回填。

（二）迫降纠倾

迫降纠倾，可根据地质条件、工程对象及当地经验，选用堆载纠倾法、基底掏土纠倾法、井式纠倾法、钻孔取土纠倾法、人工降水纠倾法、地基部分加固纠倾法和浸水纠倾法等方法。

1. 堆载纠倾法

堆载纠倾法又称为堆载加压纠倾法，通常在沉降较少的一侧堆放重物，如钢锭、砂石及其他重物，如图3-16所示。

小 提 示

该法较适用于淤泥、淤泥质土和松散填土等软弱地基上体量较小且倾斜不大的浅基建筑物的纠倾。对由于相邻建筑物荷载影响产生不均匀沉降（见图3-17）和由于加载速度偏快，土体侧向位移过大造成沉降偏大的情况具有较好的效果。

堆载加压纠倾过程中应加强监测，严格控制加载速率。

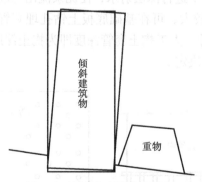

图3-16　堆载加压纠倾示意图

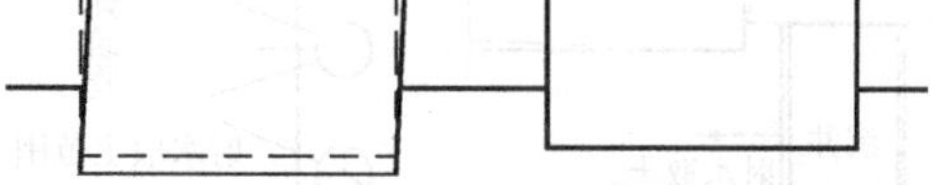

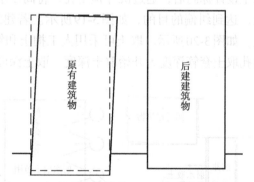

图3-17　相邻建筑物引起附加沉降产生倾斜示意图

加载纠倾也可通过锚桩加压实现，在沉降较小的一侧地基中设置锚桩，修建与建筑物基础相连接的钢筋混凝土悬臂梁，通过千斤顶加荷系统加载，促使基础纠倾，如图3-18所示。锚桩加压纠倾一般可多次加荷。施加一次荷载后，地基变形，应力松弛，荷载减小，变形稳定后，再施加第二次荷载，如此重复，荷载可一次一次增大。当一次荷载保持不变，变形稳定后，再增加下一次荷载，直至达到纠倾目的。

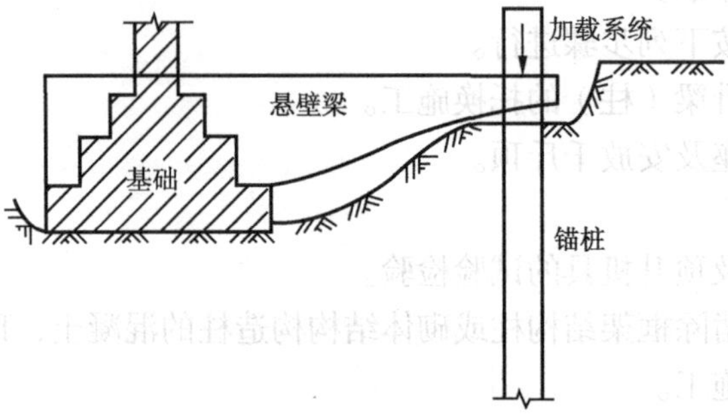

图3-18　锚桩加压纠倾示意图

课堂案例

某炼钢厂钢锭模具库，全长135 m，柱距9 m，跨度28.5 m，吊车轨道标高10 m。基础和地坪坐落在厚度为6.2 ~ 9.4 m的填土上。由于地坪长期堆积钢锭模，荷载较大，发生较大沉降，致使桩基倾斜，柱顶最大水平位移达127 mm，造成吊车卡轨，影响使用。

问题：

请简述本案例的纠倾处理措施。

分析：

采用锚桩加压纠倾，第一次加荷450 kN，纠倾25 ~ 35 mm；第二次加荷375 kN，纠倾13 mm。经纠倾后，吊车可正常运行。

2. 基底掏土纠倾法

基底掏土纠倾法适用于匀质黏性土和砂土上的浅埋建筑物的纠倾，基底掏土纠倾法分为人工掏土法和水冲掏土法两种。一般可在建筑物沉降小的一侧设置若干个沉井，在沉井壁留孔，沉至设计标高后，通过沉井预留孔，将高压水枪伸入基础下进行深层射水，使泥浆流出完成掏土，达到纠偏的目的，如图3-19所示。若建筑物底面积较大，可在基础底板上钻孔埋套管取土，如图3-20所示。取土可采用人工掏土和钻孔取土两种。人工掏土套管深度即为掏土深度，钻孔取土套管深度为开始取土深度，取土深度由钻孔深度决定。

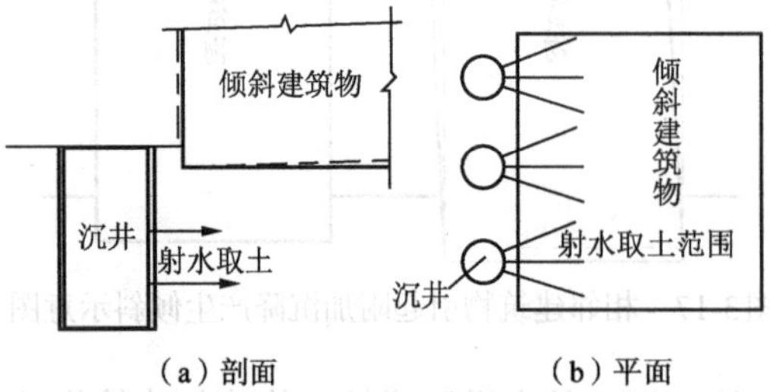

图3-19　沉井射水取土纠倾示意图

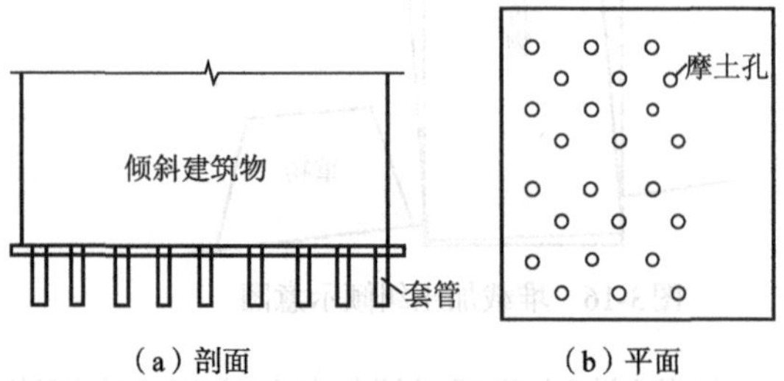

图3-20　基础底板下钻孔取土纠倾示意图

3. 井式纠倾法

井式纠倾法适用于黏性土、粉土、砂土、淤泥、淤泥质土或填土等地基上建筑物的纠倾。井式纠倾法应符合下列规定。

（1）取土工作井可采用沉井或挖孔护壁等方式形成，应根据土质情况及当地经验确定，井壁可采用钢筋混凝土或混凝土，井的内径不宜小于0.8 m，井身混凝土强度等级不得低于C15。

（2）井孔施工时，应注意土层的变化，防止流砂、涌土、塌孔、凸陷等现象出现。施工前应制定相应的防护措施，确保施工安全。

（3）井位应设置在建筑物沉降较小的一侧，其数量、深度和间距应根据建筑物的倾斜情况、基础类型、场地环境和土层性质等综合确定。为保证追降的均匀性，井位可布置在室内。

（4）当采用射水施工时，应在井壁上设置射水孔与回水孔，射水孔孔径宜为150 ~ 200 mm，回水孔孔径宜为60 mm，射水孔位置应根据地基土质情况及纠倾量进行布置，回水孔宜在射水孔下方交错布置，井底深度应比射水孔位置低约1.2 m。

（5）高压射水泵的工作压力、流量，宜根据土层性质，通过现场试验确定。

（6）纠倾达到设计要求后，工作井及射水孔均应回填，射水孔可采用生石灰和粉煤灰拌合料回填。工作井可用砂土或砂石混合料分层夯实回填，也可用灰土比为1 ∶ 4的灰土分层夯实回填，接近地面1 m范围内的井圈应拆除。

4. 钻孔取土纠倾法

钻孔取土纠倾法适用于淤泥、淤泥质土等软弱地基的纠倾。钻孔取土纠倾法应符合下列规定。

（1）钻孔位置应根据建筑物不均匀沉降情况和土层性质布置，同时应确定钻孔取土的先后顺序。

（2）钻孔的直径及深度应根据建筑物的底面尺寸和附加应力的影响范围选择，取土深度应大于3 m，钻孔直径不应小于300 mm。

（3）钻孔顶部3 m深度范围内应设置套管或套筒，以保护浅层土体不受扰动，防止出现局部变形过大而影响结构安全。

5. 人工降水纠倾法

人工降水纠倾法适用于地基土的渗透系数大于10^{-4} cm/s的浅埋基础，同时应防止纠倾时对邻近建筑产生影响。人工降水纠倾法应符合下列规定。

（1）人工降水的井点选择设计和施工方法可按国家现行标准《建筑地基基础工程施工质量验收规范》（GB 50202—2002）的有关规定执行。

（2）纠倾时，应根据建筑物的纠倾量来确定抽水量大小及水位下降深度，并应设置若干水位观测孔，随时记录所产生的水力坡降，与沉降实测值比较，以便调整水位。

（3）人工降水对邻近建筑可能造成影响时，应在邻近建筑附近设置水位观测井和回灌井，必要时可设置地下隔水墙等，以确保邻近建筑的安全。

6. 地基部分加固纠倾法

地基部分加固纠倾法适用于淤泥、淤泥质土等软弱地基上沉降尚未稳定、整体刚度较好，且倾斜量不大的既有建筑的纠倾。地基部分加固纠倾法应符合下列规定。

（1）纠倾设计时，可在建筑物沉降较大一侧采用加固地基的方法使该侧的建筑物沉降稳定，而原沉降较小一侧继续下沉，当建筑物倾斜纠正后，若另一侧沉降尚未稳定时，可采用同样方法加固地基。

（2）加固地基的方法可根据建筑物的特点及地质情况选用适当方法。

7. 浸水纠倾法

浸水纠倾法适用于湿陷性黄土地基上整体刚度较大的建筑物的纠倾。当缺少当地经验时，应通过现场试验，确定其适用性。浸水纠倾法应符合下列规定。

（1）根据建筑结构类型和场地条件，可选用注水孔、坑或槽等方式注水。注水孔、坑或槽应布置在建筑物沉降较小的一侧。

（2）当采用注水孔（坑）浸水时，应确定注水孔（坑）布置、孔径或坑的平面尺寸、孔（坑）深度、孔（坑）间距及注水量；当采用注水槽浸水时，应确定槽宽槽深及分隔段的注水量。

（3）注水时，严禁水流入沉降较大一侧的地基中。

（4）浸水纠倾前，应设置严密的监测系统及必要的防护措施。有条件时可设置限位桩。

（5）当浸水纠倾的速率过快时，应立即停止注水，并回填生石灰料或采取其他有效措施；当浸水纠倾速率较慢时，可与其他纠倾方法联合使用。

（6）浸水纠倾结束后，应及时用不渗水材料夯填注水孔坑或槽，修复原地面和处理室外散水。

学习案例

某厂房加工车间扩建工程，其边柱截面尺寸为400 mm×600 mm。基础施工时，柱基坑分段开挖，在挖完5个基坑后即浇垫层、绑扎钢筋、支模板、浇混凝土。基础完成后，检查发现5个基础都错位300 mm。

想一想

1. 为什么会发生案例所述的质量事故？

2. 对于本案例的质量事故应该如何处理？

案例分析

1. 事故原因分析。施工放线时，误把柱截面中心线作厂房边柱的轴线，因而错位300 mm，即厂房跨度大了300 mm。

2. 事故处理措施。根据现场当时的设备条件，采用局部拆除后，扩大基础的方法进行处理。

（1）将基础杯口一侧短边混凝土凿除。

（2）凿除部分基础混凝土，露出底板钢筋。

（3）将基础与扩大部分连接面全部凿毛。

（4）扩大基础混凝土垫层，接长底板钢筋。

（5）对原有基础连接面清洗并充分湿润后，浇筑扩大部分的混凝土。

知识拓展

水泥土搅拌桩地基工程质量控制

1. 材料质量要求

（1）水泥。宜采用强度为42.5级的普通硅酸盐水泥。水泥进场时，应检查产品标签、生产厂家、产品批号、生产日期等，并按批量、批号取样送检。

（2）外掺剂。减水剂选用木质素磺酸钙，早强剂选用三乙醇胺、氯化钙、碳酸钠或二水玻璃等材料，掺入量通过试验确定。

2. 施工过程质量控制

（1）施工前应检查水泥及外掺剂的质量、搅拌机工作性能及各种计量设备（主要是水、水泥浆流量计及其他计量装置，水泥土搅拌对水泥压力量要求较高，必须在施工机械上配置流量控制仪表，以保证一定的水泥用量）完好程度。

（2）施工现场事先应予以平整，必须清除地上、地下一切障碍物。

（3）复核测量放线结果。

（4）水泥土搅拌桩工程施工前必须先施打试桩，根据试桩确定施工工艺。

（5）作为承重的水泥土搅拌桩施工时，设计停灰（浆）面应高出基础设计地面标高300 ~ 500 mm（基础埋深大取小值，反之取大值）。在开挖基坑时，施工质量较差段应用手工挖除，防止发生桩顶与挖土机械碰撞出现断桩现象。

（6）水泥土搅拌桩对水泥压力量要求较高，必须在施工机械上配置流量控制仪表，以保证水泥用量。

（7）施工过程中必须随时检查施工记录和计量记录（拌浆、输浆、搅拌等应有专人进行记录，桩深记录误差不大于100 mm，时间记录不大于5 s），并对照规定的施工工艺对每根桩进行质量评定。检查重点是搅拌机头转数和提升速度、水泥或水泥浆用量、搅拌桩长度和标高、复搅转数和复搅深度、停浆处理方法等（水泥土搅拌桩施工过程中，为确保搅拌充分，桩体质量均匀，搅拌机头提速不宜过快，否则会使搅拌桩体局部水泥量不足或水泥不能均匀地拌和在土中，导致桩体强度不一，因此机头的提升速度是有规定的）。

（8）应随时检测搅拌刀头片的直径是否磨损，磨损严重时应及时加焊，防止桩径偏小。

（9）施工时因故停浆，应将搅拌头下沉至停浆点500 mm以下。

（10）施工结束后，应检查桩体强度、桩体直径及地基承载力。进行强度检验时，对承重水泥土搅拌桩应取90 d后的试样；对支护水泥土搅拌桩应取28 d后的试样。

（11）强度检验取90 d的试样是根据水泥土特性而定的，根据工程需要，如作为围护结构用的水泥搅拌桩受施工的影响因素较多，故检查数量略多于一般桩基。

（12）施工中固化剂应严格按预定的配合比拌制，并应有防离析措施。起吊应保证起吊设备的平整度和导向架的垂直度。成桩要控制搅拌机的提升速度和次数，使其连续均匀，以控制注浆量，保证搅拌均匀，同时泵送必须连续。

（13）搅拌机预搅下沉时，不宜冲水；当遇到较硬土层下沉太慢时，可适量冲水，但应考虑冲水成桩对桩身强度的影响。

学习情境小结

本学习情境主要介绍了建筑工程地基基础质量事故的类型，如地基变形、地基失稳、土坡滑动、地基渗流、基础错位和基础变形事故等，并对形成这些事故的原因进行了简单分析，同时对不同类型事故的处理方法进行了介绍。通过本学习情境的学习，可以基本掌握地基基础事故的判断、事故原因分析和相应处理的方法。

学 习 检 测

1. 填空题

（1）当地基的整体稳定性和承载力不能满足要求时，在荷载作用下，地基将会产生

________或________破坏。

（2）地基在建筑物荷载作用下产生沉降，包括________、________和________三部分。

（3）在荷载作用下，地基土中产生了剪应力，当局部范围内的剪应力超过土的抗剪强度时，将发生一部分土体滑动而造成剪切破坏，这种现象即为地基丧失了________。

（4）特殊土地基主要是指________、________、________及________等。

（5）基础错位事故产生的原因是________、________和________。

（6）对已有地基基础加固的方法有________、________、________、________、________等。

2. 简答题

（1）请简述建筑物对地基的要求。

（2）导致地基工程事故产生的原因有哪些？

（3）按土力学原理，常见地基工程事故分为哪几类？

（4）某工程产生沉降现象，应该如何进行处理？

（5）土中渗流导致地基破坏造成工程事故主要有哪几个方面？

（6）如何预防和治理湿陷性黄土地基事故？

（7）基坑支护事故的类型有哪些？原因是什么？

（8）基础错位事故主要类别有哪些？应如何处理地基错位事故？

（9）基础变形特征有哪几种？

（10）基础变形事故产生的原因有哪些？应如何处理？

学习情境四

混凝土结构工程质量事故分析与处理

情境导入

某办公楼为九层钢筋混凝土结构，其中现浇楼板厚120 mm，某层楼板浇筑后不久，表面产生了许多不规则的裂缝，28 d后拆除楼板模板后，发现板底面也有不少裂缝，其宽度为0.05 ~ 0.15 mm，经检查这些裂缝是上、下贯通的。产生裂缝的主要原因是浇混凝土时，气候异常干燥，以及施工措施不力。根据调查分析，认为裂缝对承载能力和刚度影响甚小，但考虑建筑物的耐久性要求，还是对该工程的裂缝做了预防性修补。

案例导航

对宽度大于0.08 mm的裂缝，用改性环氧树脂和改性氨基树脂混合液灌浆，使开裂的混凝土重新黏合成整体。所有裂缝均采取封闭保护措施。楼板上面要做面层且满足质量要求，楼板底面的裂缝，全部沿裂缝方向涂刷约100 mm宽的保护层。涂层使用聚丙烯树脂及以沥青为主要成分的材料。该工程灌浆修补后，要钻芯取试样，检查灌浆材料的充填情况，并将芯样放在压力机上试压，检验树脂充填与黏结质量，结果需符合要求。

如何分析和处理混凝土结构工程质量事故？如何预防混凝土结构工程质量事故的发生？需要掌握的相关知识有：

1. 混凝土结构工程事故分析与处理；
2. 钢筋工程事故分析与处理；
3. 模板工程事故分析与处理；
4. 局部倒塌事故分析与处理；
5. 混凝土结构加固补强技术。

学习单元一　混凝土工程事故分析与处理

知识目标

（1）了解混凝土工程常见的事故。

（2）掌握混凝土工程事故产生的原因及处理方法。

技能目标

（1）能够掌握混凝土结构表层缺损的原因与修补方法。

（2）能够掌握混凝土结构裂缝的产生原因与修补方法。

（3）能够掌握因设计和计算失误、混凝土强度不足、施工不当、结构使用或改建不当引起事故的处理方法。

基础知识

一、混凝土结构表层缺损

混凝土的表层缺损是混凝土结构的一项通病。在施工或使用过程中产生的表层缺损有麻面、蜂窝、表皮酥松、小孔洞、露筋、缺棱掉角等。这些缺损影响观瞻，使人产生不安全感。缺损也影响结构的耐久性，增加维修费用。当然，严重的缺损还会降低结构承载力，引发事故。

（一）混凝土结构表层缺损的原因

1. 麻面

模板未湿润，吸水过多；模板拼接不严，缝隙间漏浆；振捣不充分，混凝土中气泡未排尽；模板表面处理不好，拆模时黏结严重，致使部分混凝土面层剥落，混凝土表面粗糙，或有许多分散的小凹坑。

2. 蜂窝

混凝土配合比不合适，砂浆少而石子多；模板不严密，漏浆；振捣不充分，混凝土不密实；混凝土搅拌不均匀，或浇筑过程中有离析现象等，使得混凝土局部出现空隙，石子间无砂浆，形成蜂窝状的小孔洞。

3. 表皮酥松

混凝土养护时表面脱水，或在混凝土硬结过程中受冻，或受高温烘烤等均会引起混凝土表皮酥松。

4. 露筋

钢筋垫块移位，或者少放或漏放保证混凝土保护层的垫块，钢筋与模板无间隙，钢筋过密，混凝土浇筑不进去，模板漏浆过多等均会使钢筋主要的外表面因没有砂浆包裹而外露。

5. 缺棱掉角

常由构件棱角处脱水、与模板黏结过牢、养护不够、强度不足、早期受碰撞等原因引起。

（二）混凝土结构表层缺损的修补

若混凝土表面只有小的麻面及掉皮，可以用抹纯水泥浆的方法抹平。抹水泥浆前，应用钢丝刷刷去混凝土表面的浮渣，并用压力水冲洗干净。若混凝土表层有蜂窝、露筋、小的缺棱掉角、不深的表皮酥松，表面微细裂缝则可用抹水泥砂浆的方法修补。抹水泥砂浆之前应做好基层清理工作。对缺棱掉角，应检查是否还有松动部分，如果有，则应轻轻敲掉。对蜂窝，应把松动部分、酥松部分凿掉。对因冻、高温、腐蚀而酥松的表层均应刮去，然后用压力水冲洗干净，涂上一层纯水泥浆或其他黏结性好的涂料，然后用水泥砂浆填实抹平。

小提示

修补后，要注意湿润养护，以保证修补质量。另外，对表面积较大的混凝土表面缺损，可用喷射混凝土等方法修补。

课堂案例

某地下室混凝土工程，共220 m^2。由于地下室为抗渗混凝土结构，要求底板连同外墙混凝土墙壁的一部分一同浇灌，整个底板不留施工缝。该工程于1990年12月31日上午8时起采用泵送混凝土连续浇灌，到次日上午9时30分，历时25.5 h。1991年1月3—4日折模后，发现在混凝土墙壁与底板交接处的45° 斜坡面附近，出现了不同程度的蜂窝、孔洞及露筋。蜂窝、孔洞深度一般在30 ～ 80 mm，个别深处达150 mm，露筋最长处的水平投影长度为3 000 mm。

对于地下室要求底板与外墙壁一部分共同浇灌不留施工缝的工程，一般应先浇灌底板混凝土，待底板部分振捣密实后再浇灌墙壁。而浇灌混凝土的操作者却自认为，先振捣墙壁，让混凝土通过墙壁从下口流出扩展到底板上，再振捣底板上的混凝土更为方便些。实际上是先浇灌并振捣了墙壁混凝土，后浇灌并振捣底板混凝土，再反过来振捣墙壁混凝土；有时由于忙乱而没有补振，有时虽进行补振但振捣棒的作用范围达不到墙板根部。这种先振捣墙壁、后振捣底板，先浇灌四周、后浇灌中央的操作方法，导致了墙壁与底板相交处45° 坡面的混凝土徐徐下沉，形成了蜂窝或孔洞。

问题：

对于该事故应该如何处理？

分析：

事故处理措施如图4-1所示。

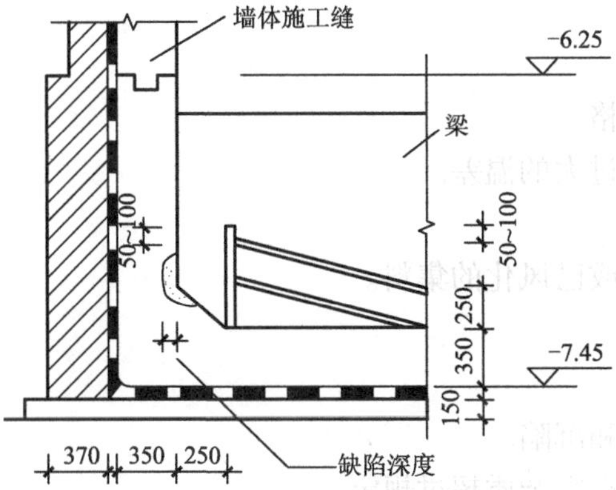

图4-1　加固措施示意

（1）将所有蜂窝、孔洞处的浮石浮渣凿除，对窄缝要适当扩充凿成上口大的形状，以补灌细石混凝土。

（2）将凿开的被清理处用清水冲洗残渣粉灰，保持湿润但无积水。

（3）支模上口高度要高出缺陷上口处50 ～ 100 mm，侧面支撑牢固。

（4）采用C30细石混凝土（原为C25混凝土），水灰比＜0.6，坍落度＜50 mm，浇灌混凝土时，用小振动棒逐个振捣密实。

（5）初凝后覆盖湿麻袋，浇水养护14 d。

（6）麻面和底板表面的少量收缩裂缝，采用水泥砂浆抹面五层的做工予以补强。

二、混凝土结构裂缝

普通钢筋混凝土结构在使用过程中，出现细微的裂缝是正常的、允许的（一般构件不超过0.3 mm）。但是，如果出现的裂缝过长、过宽就不允许了，甚至是危险的。许多混凝土结构在发生重大事故之前，往往有裂缝出现并不断发展，这点应特别注意。

（一）混凝土结构裂缝产生的原因

引起裂缝的原因可归结成结构性裂缝和非结构性裂缝两大类。

由外荷载引起的裂缝，称为结构性裂缝或受力裂缝，其裂缝与荷载相对应，预示结构承载力可能不足或存在严重问题。

由变形引起的裂缝，称为非结构性裂缝。例如，温度变化、混凝土收缩、地基不均匀沉降等因素引起的裂缝。

1. 结构性裂缝

结构性裂缝是由荷载引起的，其裂缝与荷载相对应，是承载力不足的结果，其裂缝形式多种多样，主要原因如下。

（1）设计方面。

① 设计中未考虑某些重要的次应力作用。

② 细部构造处理不当。

③ 设计承载力不足。

④ 构件计算简图与实际受力情况不符。

⑤ 局部承压不足。

（2）材料方面。

① 水泥的安定性不合格。

② 水泥的水化热引起过大的温差。

③ 混凝土配合比不当。

④ 集料中有碱性集料或已风化的集料。

⑤ 混凝土干缩。

⑥ 外加剂使用不当。

⑦ 混凝土拌合物泌水和沉陷。

⑧ 砂、石含泥或其他有害杂质超过规定。

（3）施工方面。

① 外加掺合剂拌和不均匀。

② 搅拌和运输时间过长。

③ 泵送混凝土过量增用水泥及加水。

④ 滑模施工时工艺不当。

⑤ 模板支撑下沉，模板变形过大。

⑥ 模板拼接不严，漏浆漏水。

⑦ 浇筑时顺序失误。

⑧ 浇筑时速度过快。

⑨ 捣固不实。

⑩ 混凝土终凝前钢筋被扰动。

⑪ 保护层太薄，箍筋外只有水泥浆。

⑫ 施工缝处理不当，位置不正确。

⑬ 构件运输、吊装或堆放不当。

⑭ 拆模过早，混凝土硬化前受振动或达到预定强度前过早受载。

⑮ 养护差，早期失水太多。

⑯ 混凝土养护初期受冻。

（4）环境和使用方面。

① 环境温度与湿度的急剧变化。

② 冻胀、冻融作用。

③ 腐蚀性介质作用。

④ 振动作用。

⑤ 使用超载。

⑥ 反复荷载作用引起疲劳。

⑦ 火灾及高温作用。

⑧ 地基沉降等。

如图4-2所示，由于引起裂缝的原因不同，导致裂缝的形态也有所不同。

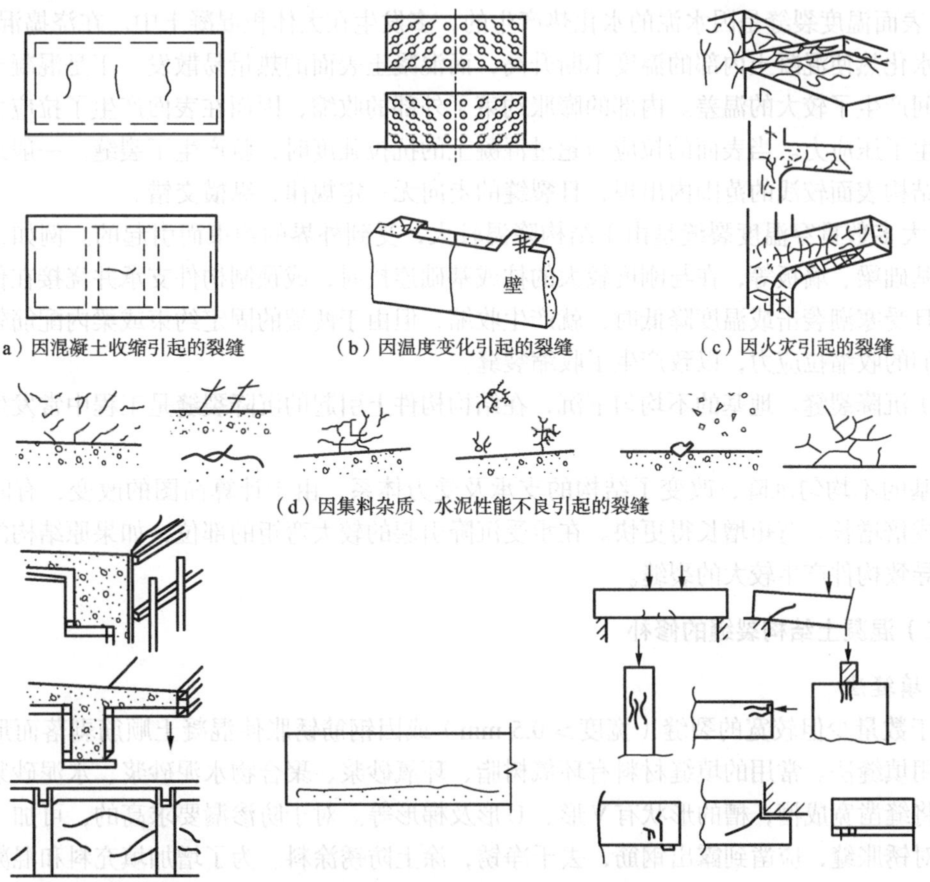

（a）因混凝土收缩引起的裂缝　（b）因温度变化引起的裂缝　（c）因火灾引起的裂缝

（d）因集料杂质、水泥性能不良引起的裂缝

（e）因模板支护不牢引起的裂缝　（f）因钢筋锈蚀引起的裂缝　（g）因受力过大、应力集中等引起的裂缝

图4-2　常见的裂缝形态示意图

2. 非结构性裂缝

（1）塑性裂缝。混凝土浇筑好后开始逐渐凝聚，由流体逐渐变为塑态，然后硬化变为固态。在塑态阶段产生裂缝主要有以下两种原因。

① 混凝土集料沉落裂缝。混凝土浇筑时，在振动器和重力作用下，水泥浆上升，集料下沉，集料沉落过程因受钢筋、预埋件及模板表面的阻力，或两者沉落不同而产生一种裂缝。

② 塑性收缩裂缝。混凝土仍处于塑性状态时，由于混凝土表面水分蒸发过快而产生裂缝。

（2）收缩裂缝。常说的收缩裂缝包括凝缩裂缝和冷缩裂缝。

① 凝缩裂缝是指混凝土结硬过程中因体积收缩而引起的裂缝。

小提示

通常，凝缩裂缝在浇筑混凝土2～3个月后出现，且与构件内的配筋情况有关。当钢筋的间距较大时，钢筋周围混凝土的收缩因较多地受钢筋约束，收缩较小，而远离钢筋的混凝土收缩较自由，收缩较大，从而产生了裂缝。在实际工程中，常会遇到凝缩裂缝。

② 冷缩裂缝是指构件因受气温降低的影响而收缩，且在构件两端受到强有力的约束而引起的裂缝，一般只有在气温低于0 ℃时才会出现。

（3）温度裂缝。温度裂缝有表面温度裂缝和贯穿温度裂缝两种。

① 表面温度裂缝是因水泥的水化热产生的，多发生在大体积混凝土中。在浇捣混凝土后，水泥的水化热使混凝土内部的温度不断升高，而混凝土表面的热量易散发，于是混凝土内部和表面之间产生了较大的温差。内部的膨胀约束了外部的收缩，因而在表面产生了拉应力，中心部位产生了压应力。当表面的拉应力超过混凝土的抗拉强度时，就产生了裂缝。一般地讲，裂缝仅在结构表面较浅的范围内出现，且裂缝的走向无一定规律，纵横交错。

② 大多数贯穿温度裂缝是由于结构降温较大，受到外界的约束而引起的。例如，对于框架梁、基础梁、墙板等，在与刚度较大的柱或基础连接时，或预制构件支承并浇接在伸缩缝处时，一旦受寒潮袭击或温度降低时，就产生收缩，但由于两端的固定约束或梁内配筋较多，阻止了它们的收缩拉应力，以致产生了收缩裂缝。

（4）沉降裂缝。地基的不均匀下沉，在结构构件上引起的沉降裂缝是工程中常发生的一种裂缝。

地基的不均匀沉降，改变了结构的支承及受力体系，由于计算简图的改变，有时会使计算跨度成倍增长。弯矩增长得更快。在承受沉降引起的较大弯矩的部位，如果原结构的配筋较小，易导致构件产生较大的裂缝。

（二）混凝土结构裂缝的修补

1. 填缝法

对于数量少但较宽的裂缝（宽度＞0.5 mm）或因钢筋锈胀使混凝土顺筋剥落而形成的裂缝，可用填缝法。常用的填缝材料有环氧树脂、环氧砂浆、聚合物水泥砂浆、水泥砂浆等。填充前，将缝凿宽成槽，槽的形状有V形、U形及梯形等。对于防渗漏要求高的，可加一层防水油膏。对锈胀缝，应凿到露出钢筋，去干净锈，涂上防锈涂料。为了增加填充料和混凝土界面间的黏结力，填缝前可于槽面涂上一层环氧树脂浆液。以环氧树脂为主剂的各种修补剂的配合比见表4-1。

表 4-1　　以环氧树脂为主剂的各种修补剂的配合比

修补剂名称	用途	质量比									
		主剂	增塑剂			稀释剂	固化剂	粉料（填料）		细集料	粗集料
		环氧树脂6101号（E-44）	邻苯二甲酸二丁酯	煤焦油	环氧氯丙烷	二甲苯或丙酮	乙二胺	石英粉或滑石粉	水泥	砂	石子
环氧浆液	压灌用浆液	100	10	—	—	30 ~ 40	8 ~ 12	—	—	—	—
环氧胶黏剂	封闭裂缝	100	（10）25	—	—	（40 ~ 60）	8 ~ 10	—	—	—	—
环氧胶黏剂	用作修补的黏结层	100	—	—	—	15	10	—	—	—	—
环氧胶泥	固定灌浆嘴封闭裂缝	100	10 ~ 25	—	—	—	8 ~ 20	（0） 100 ~ 250	（100 ~ 250）	—	—
环氧胶泥	涂面及粘贴玻璃布	100	10	—	—	30 ~ 40	10 ~ 12	25 ~ 45	—	—	—
环氧胶泥	修补裂缝、麻面、露筋、小块脱落	100	30 ~ 50	—	—	—	8	（0） 300 ~ 400	（250 ~ 450）	—	—
环氧砂浆	修补表面裂缝	100	10 ~ 30	—	—	—	10	—	200 ~ 400	300 ~ 400	—
环氧砂浆	修补蜂窝	100	20	—	—	—	8	—	150	650	—
环氧砂浆	修补大蜂窝、大块脱落	100	—	50	—	—	8 ~ 10	—	200	400	—
环氧混凝土	修补大蜂窝	100	30	—	20	—	10	—	100	300	700

2. *灌浆法*

灌浆法是把各种封缝浆液（树脂浆液、水泥浆液或聚合物水泥浆液）用压力方法注入裂缝深部，使构件的整体性、耐久性及防水性得到加强和提高的方法。

小提示

灌浆法适用于裂缝宽≥0.3 mm、深度较深的裂缝修补。压力灌浆的浆液要求可灌性好、黏结力强。较细的缝常用树脂类浆液，对缝宽大于2 mm的缝，也可用水泥类浆液。

环氧树脂浆液的配方见表4-2，环氧树脂浆液可灌入的裂缝宽度为0.1 mm，黏结强度可达1.2 ~ 2.0 MPa。甲基丙烯酸酯类浆液配方见表4-3，这类浆液可灌入的裂缝宽度为0.05 mm，其黏结强度可达1.2 ~ 2.2 MPa。

表4-2　环氧树脂浆液配方

材料名称	规格	配合比（质量比）				
		1	2	3	4	5
环氧树脂	6101号或6105号	100	100	100	100	100
糠醛	工业	—	20 ~ 25	—	50	50
丙酮	工业	—	20 ~ 25	—	60	60
邻苯二甲酸二丁酯	工业	—	—	10	—	—
甲苯	工业	30 ~ 40	—	50	—	—
苯酚	—	—	—	—	—	10
乙二胺	工业	8 ~ 10	15 ~ 20	8 ~ 10	20	20

表4-3　甲基丙烯酸酯类浆液配方

材料名称	代号	配合比（质量比）		
		1	2	3
甲基丙烯酸甲酯	MMA	100	100	100
醋酸乙烯	—	18	—	0 ~ 15
丙烯酸	—	—	10	0~10
过氧化二苯甲酰	BPO	1.5	1.0	1 ~ 1.5
对甲苯亚磺酸	TSA	1.0	1.0 ~ 2.0	0.5 ~ 1.0
二甲基苯胺	DMA	1.0	0.5 ~ 1.0	0.5 ~ 1.5

3. 预应力法

避开钢筋，在构件上钻孔，然后穿入螺栓（预应力筋），施加预应力后，拧紧螺母，使裂缝减小或闭合。成孔的方向最好与裂缝方向垂直。

4. 局部加固法

在混凝土裂缝位置，通过外包型钢、外加钢板或外粘环氧玻璃钢等方法进行局部加固处理。

5. 结构补强法

当裂缝影响到混凝土结构的安全和性能时，可考虑采用加强结构的承载能力的方法。常用的方法有增加钢筋、加厚板、外包钢筋混凝土、外包钢、粘贴钢板、预应力补强体系等。

课堂案例

某办公外墙为现浇钢筋混凝土结构，厚150 mm。房屋竣工一年后发现外墙开裂，房屋下层裂缝呈倒八字形，上层呈八字形，南面比北面严重，缝宽大多数大于0.1 mm，最宽为0.5 mm，由于裂缝贯穿墙身，因此，下雨时产生渗漏。该工程梁、柱等构件未开裂。

问题：

请简述该事故的处理措施。

分析：

裂缝的主要原因是温度差与混凝土收缩。由于裂缝并不影响结构安全和耐久性，因此仅做封闭保护处理。又由于墙内渗漏影响使用与美观，应及早修补。考虑到裂缝环境温度变化，故采用弹性填料填充后，再压抹树脂砂浆。

三、因设计和计算失误引起的混凝土结构事故

（一）因设计引起的事故

（1）房屋长度过长而未按规定设置伸缩缝。

（2）把基础置于持力层的承载力相差很大的两种或多种土层上而未妥善处理。

（3）房屋形体不对称，质量分布不均匀。

（4）主、次梁支承受力不明确，工业厂房或大空间采用轻屋架而没有设置必要的支撑。

（5）受动力作用的结构与振源振动频率相近而未采取措施。

（6）结构整体稳定性不够。

课堂案例

某学校综合教学楼共两层，均为阶梯教室，顶层设计为上人屋面，可作为文化活动场所。主体结构采用三跨，共计14.4 m宽的复合框架结构，如图4-3所示。屋面为120 mm现浇钢筋混凝土梁板结构，双层防水。楼面为现浇钢筋混凝土大梁，铺设80 mm的钢筋混凝土平板，水磨石地面，下为轻钢龙骨、吸声石膏板吊顶。在施工过程中拆除框架模板时，发现复合框架有多处裂缝，并发展很快，对结构安全造成危害，被迫停工检测。

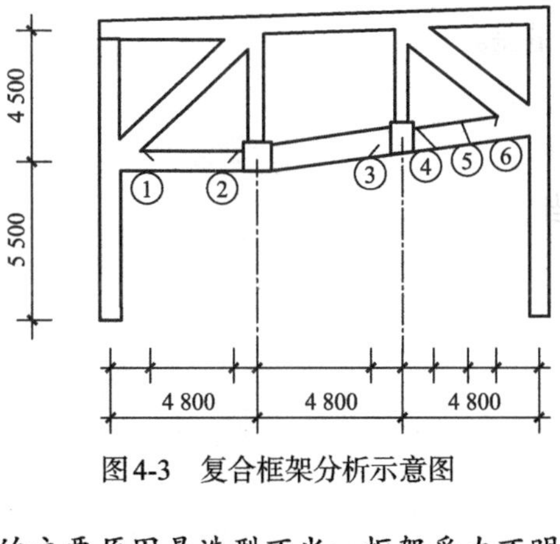

图4-3　复合框架分析示意图

经分析，造成这次事故的主要原因是选型不当，框架受力不明确。按框架计算，构件横梁杆件主要受弯曲作用，但本楼框架两侧加了两个斜向杆，有点画蛇添足。这斜杆对横梁产生不利的拉伸作用。在具体计算时，因无类似的结构计算程序可供选用，简单地将中间竖杆作为横向杆的支座，横梁按三跨连续梁计算，实际上由于节点处理不当和竖杆刚性不够，而有较大的弹性变形，斜杆向外的扩展作用明显。按刚性支承的连续梁计算来选择截面本来就偏小，弯矩分布也与实际结构受力不符。加上不利的两端拉伸作用，下弦横梁就出现严重的裂缝。

问题：

该事故应采取何种措施进行处理？

分析：

由于本楼为大开间教室，使用人数集中，安全度要求高一些，而结构在未使用时就严重开裂，显然不宜使用，决定加固。加固方案不考虑原结构承载力，而是采用与原结构平行的钢桁架代替上部结构，基础及柱子也做相应加固，虽然加固及时，未造成伤亡事故，但加固费用很大，造成很大的经济损失。

（二）因计算失误引起的事故

（1）任务急，时间紧，计算和绘图错误而又未认真校对。

（2）荷载漏算或少算。

（3）采用标准图后未结合实际情况复核，甚至认为原有设计有安全储备而任意减小断面，少配钢筋或降低材料强度等级。

（4）问题比较复杂，做了不妥当的简化。

（5）盲目相信电算，因输入有误或与编制程序的假定不符造成输出结果并不正确也盲目采用。

（6）设计时所取可靠度不足或偏低。

四、因混凝土强度不足引起的事故

混凝土强度不足对结构的影响程度较大，可能造成结构或构件的承载能力、抗裂性能、抗渗性能、抗冻性能和抗侵蚀性能的降低，以及结构构件的强度和刚度下降。

（一）材料质量原因

（1）水泥质量差。

（2）集料（砂、石）质量差。

（3）拌合水质量不合格。

（4）掺用外加剂质量差。

（二）混凝土配合比不当

（1）随意套用配合比。

（2）用水量大。

（3）水泥用量不足。

（4）砂、石计量不准。

（5）外加剂用错。

（6）碱-集料反应。

（三）混凝土施工工艺原因

（1）运输条件差。

（2）混凝土拌制不佳。

（3）混凝土浇筑不当。

（4）模板漏浆严重。

（5）混凝土养护不当。

（6）冬季施工技术措施不落实。

（四）试块管理不善。

（1）试块未经标准养护。

（2）试模管理差。

（3）不按规定制作试块。

课堂案例

某教学楼为10层现浇框剪结构，主体结构施工中发现：从预制桩基础到柱、剪力墙、现浇板、大雨篷等结构构件中，共有13组试块强度达不到要求，最低的仅达到设计值的56.5%。为确定事故性质及处理方法，对这些不合格试块涉及的构件混凝土强度进行实测，其结果是：用回弹仪测35个构件，其中基础混凝土强度普遍接近或超过设计值；柱混凝土强度达到设计值的80.5%～97%，有一根超过设计值；剪力墙混凝土强度达到设计值的72.6%～86.2%。钻取混凝土试件13个，其实际强度除一个现浇板试件达到设计值的84.7%外，其余的均超过设计要求，有的高达设计值的2.2倍。此外，还对外挑长为3.5 m、宽为15.0 m的大雨篷做载荷试验，结果无裂缝，挠度值远小于设计规定。

问题：

该事故应该如何处理？

分析：

根据上述结果，决定不必对此事故进行专门的处理，其主要理由如下。

（1）根据设计人员指定部位钻芯取样，测得混凝土强度普遍超过设计要求，仅有一块强度达到设计值的84.7%。该芯样是从现浇楼板上钻取的，其实际强度为25.4 MPa，根据实际强度验算，对楼板承受能力无明显影响。

（2）大量的回弹仪测试结果表明，混凝土实际强度普遍超过试块强度，74%以上的实测强度大于90%，设计强度最低一组为剪力墙，实际强度达到设计值的72.6%（21.8 MPa）。

（3）结构载荷试验证明雨篷性能良好。

（4）预制桩混凝土试块强度虽未达到设计值，但打桩过程中无异常情况，桩入土后，混凝土试块强度个别虽仅为173 MPa，但也不致降低单桩承载能力。

（5）经检查，混凝土施工各项原始资料齐全，原材料质量全部合格，混凝土配合比由公司试验室专门试配后确定，工地执行配合比较认真，混凝土工艺和施工组织比较合理。现场对混凝土试块成型、养护、保管较差，因此使试块不能反映混凝土的实际强度。

五、因施工不当引起的事故

钢筋混凝土工程使用的材料来源不一，成分多样，构成复杂；而且施工工序多，制作工期长，因此，引起质量事故的原因也非常复杂，但主要是建筑管理和施工技术两方面，施工技术方面主要包括钢筋工程、混凝土工程和模板工程，将在下面几节中讲到，常见的管理方面的原因有以下几种。

（一）不按图施工

在中小城市或一些小型建筑中常见，以为建筑规模不大，任意画一张草图就施工。有些工程因领导要求限期完工，往往未出图就施工。有时虽有图纸，但施工人员怕麻烦，或未领会设计意图就擅自更改。

（二）施工人员存在认识误区

施工人员误认为设计留有很大的安全度，少用一些材料，房屋也塌不了，因而故意偷工减料。

（三）市场不规范

建筑市场不规范，名义上由有执照或资质证书的施工单位承包施工，实际上层层转包，导致直接施工的施工人员技术低、素质差，有的根本无执照。

（四）材料进场把关不严

有时为利润驱动，只进价格便宜的材料，根本不管质量如何，存在侥幸心理。

课堂案例

某工程框架柱，断面300 mm×500 mm，弯矩作用主要沿长边方向，在短边两侧各配筋5ϕ25，如图4-4（a）所示。在基础施工时，钢筋工误认为长边应多放钢筋，将两排5ϕ25的钢筋放置在长边，而两短边只有3ϕ25，不能满足受力需要，如图4-4（b）所示。基础浇筑完毕，混凝土达到一定强度后，绑扎柱子钢筋时，发现基础钢筋与柱子钢筋对不上，这时才发现之前的施工错误，必须采取补救措施。

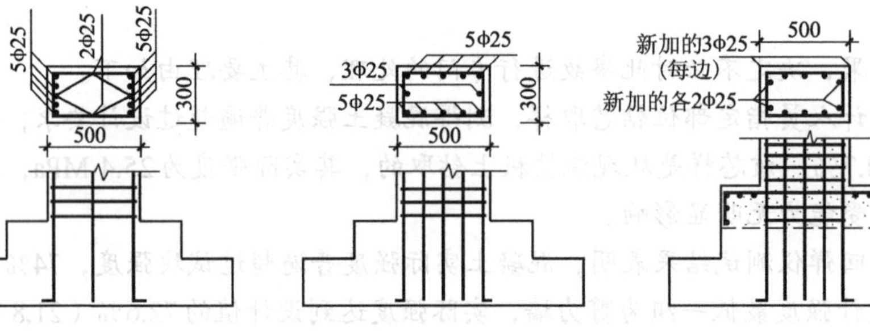

图4-4　某工程框架柱基础示意图

问题：

该事故应该如何处理？

分析：

（1）在柱子的短边各补上2ϕ25插铁，为保证插铁的锚固，在两短边各加3ϕ25横向钢筋，将插铁与原3ϕ25钢筋焊成一整体。

（2）将台阶加高500 mm，采用高一强度等级的混凝土浇筑。在浇筑新混凝土时，将原基础面凿毛，清洗干净，用水润湿，并在新台阶的面层加铺ϕ6@200钢筋网一层。

（3）原设计柱底钢箍加密区为300 mm，现增加至500 mm。

六、因结构使用、改建不当引起的事故

（一）使用中任意加大荷载

近年来，因经济发展，旧房加层极为普遍，甚至已成立了“房屋增层加固委员会”，业务

兴旺。但有些单位自行加固，未对原有房屋进行认真验算，就盲目往上加层，由此造成的事故在全国各地都发生过。

（二）加层不当

如民用住宅改为办公用房，安装了原设计未考虑的大型设备，荷载过大引起楼板断裂；原设计为静力车间，后安装动力机械，设备振动过大引起房屋过大变形；民用住宅阳台堆放过多过重杂物，引起阳台开裂甚至倒翻等。

（三）工业厂房屋面积灰过厚

对水泥、冶金等粉尘较大的厂房、仓库，即使在设计中考虑了屋面的积灰荷载，在正常使用时，仍应及时清除；但有些地方因管理不善，未及时扫灰，致使屋面积灰过厚造成屋架损坏甚至倒塌。有些厂房屋面漏水管堵塞，造成过深的积水使檐沟板破坏。

（四）维修改造不当

有的使用单位任意在结构上开洞，为了扩大使用面积和扩大空间而任意拆除柱、墙，结果承重体系破坏，引发事故。有些房屋本为轻型屋面，但使用者为了保温、隔热，新增保温、防水层，结果使屋架变形过大，严重的造成屋塌房毁。

学习单元二　钢筋工程事故分析与处理

知识目标

（1）了解钢筋工程常见的事故。

（2）掌握钢筋工程事故产生的原因及处理方法。

技能目标

（1）能够掌握钢筋表面锈蚀的原因与预防措施。

（2）能够掌握配筋不足的产生与处理措施。

（3）能够掌握常见钢筋错位偏差事故的类别与原因。

（4）能够掌握钢筋脆断的原因与处理措施。

基础知识

钢筋是钢筋混凝土结构或构件中的主要组成部分，所使用的钢筋是否符合质量标准，配筋量是否符合设计规定，钢筋的安装位置是否正确等，都直接影响着建筑物的结构安全。

钢筋工程常见的质量事故主要有钢筋表面锈蚀、配筋不足、钢筋错位偏差严重、钢筋脆断等。

一、钢筋表面锈蚀

（一）钢筋锈蚀原因

钢筋表面产生锈蚀是最常见的一种质量问题，产生的原因有：保管不良，受到雨、雪或其他物质的侵蚀；或者存放期过长，长期在空气中产生氧化；或者仓库环境潮湿，通风不良。

（二）预防措施

钢筋原料应存放在仓库货料棚内，保持地面干燥；钢筋不得堆放在地面上，必须用混凝土墩、砖或垫木垫起，使离地面200 mm以上；库存期限不得过长，原则上先进库的先使用。

> **小提示**
>
> 工地临时保管钢筋原料时，应选择地势较高、地面干燥的露天场地；根据天气情况，必要时加盖苫布；场地四周要有排水措施；堆放期尽量缩短。

二、配筋不足

（一）造成配筋不足的原因

1. 设计方面的原因

如计算简图与梁、板实际受力情况不符合，又如少算荷载，特别是一些非专业人员，无基本理论知识，仅凭一点经验盲目设计，很容易造成事故施工方面的原因。

2. 施工方面的原因

混凝土强度达不到设计要求；钢筋少配、误配；材料使用不当或失误；随便用光圆钢筋代替变形钢筋；使用受潮过期的水泥；随便套用混凝土配合比；砂石质量差等。

3. 使用方面的原因

使用时严重超载，如更改设计、改变功能、增加设备、屋面积灰等均能使构件荷载增加而超载，导致承载力不足；屋面材料因下雨浸水引起荷载增大；随意在墙上打洞也会引起局部破坏和损伤事故。

4. 其他原因

地基的不均匀沉降，产生附加应力；构件耐久性不足，导致钢筋锈蚀，降低构件承载力；构造方面，锚固不足、搭接长度不够、焊接不牢等，均可能使构件承载力不足。

（二）梁、板承载力不足的事故表现及处理措施

1. 正截面的破坏特征及处理措施

（1）破坏特征。钢筋混凝土梁板结构属受弯构件，正截面的破坏特征主要表现为裂缝的发生和发展。试验表明，受弯构件裂缝出现时的荷载为极限荷载的15% ~ 25%。对于适筋梁，在开裂以后，随着荷载的增加，表现出良好的塑性特征，并在破坏前，钢筋经历较大的塑性伸长，给人以明显的预兆。但是，当实际配筋量大于计算值时，便成为实际上的超筋梁。

> **小提示**
>
> 超筋梁的破坏始自受压区，破坏时钢筋不能达到屈服强度，挠度不大。超筋梁的破坏是突然的，没有明显的预兆。

（2）处理措施。

① 如果是少筋梁，必须进行加固。可选用在受拉区增加钢筋的加固方法。

② 如果是适筋梁，则可根据裂缝的宽度、构件的挠度和钢筋的应力来判断是否进行加固。

裂缝宽度与钢筋应力之间基本呈线性关系：裂缝越宽，裂缝处应力越高。

当采用在受拉区增加钢筋的方法加固时，应注意加筋后不致成为超筋梁。

③ 如果是超筋梁，由于在受拉区进行加筋补强不起作用，因此必须采用加大受压区截面的办法或采用增设支点的办法进行加固。

2. 斜截面的破坏特征

梁的斜截面抗剪试验表明，斜裂缝始自两种情况：一种是首先在构件的受拉边缘出现垂直裂缝，然后在弯矩和剪力的共同作用下斜向发展；另一种是出现在梁腹的腹剪斜裂缝，对于T形、I形等腹板较薄的梁，常在梁腹部中和轴附近首先出现这类裂缝，然后随着荷载的增加，分别向梁顶和梁底斜向发展。

当箍筋配置数量过多时，箍筋有效地制约了斜裂缝的扩展，因而出现多条大致相互平行的斜裂缝，把腹板分割成若干个倾斜受压的棱柱体。

当箍筋配置数量过少时，斜裂缝一旦出现，箍筋承担不了原来由混凝土所负担的拉力，箍筋应力立即达到并超过极限强度，产生脆性的斜拉破坏。

课堂案例

某10层框剪结构的教学楼，在第五层结构完成后发现，四层、五层柱少配39% ~ 66%钢筋。施工人员在施工过程中，误将六层柱截面用于四层、五层，施工及质量检查中又未能及时发现和纠正这些错误。由于现浇柱在框剪结构中属主要受力构件，配筋严重不足，影响结构安全，必须加固处理。

问题：

该事故应该采取何种处理措施？

分析：

凿去四层、五层柱的保护层，露出柱四角的主筋和全部箍筋，用通长钢筋加固，加固钢筋从四层柱脚起伸入六层1 m处锚固。新加主筋与原柱四角凿出的主筋牢固焊接，使两者能共同工作。焊接间距600 mm，每段焊缝长约190 mm（箍筋净距）。加固主筋焊好后，绑扎加固箍筋，箍筋的接口采用单面搭接焊，形成焊接封闭箍。加固主筋在通过梁边时，设开口箍筋，并将加固主筋与原柱主筋的焊接间距减为300 mm。钢箍工程完成并经检查合格后，支模浇灌比原设计强度高两级的细石混凝土。

三、钢筋错位偏差严重

常见的钢筋错位偏差事故有：钢筋保护层偏差，钢筋骨架产生歪斜，钢筋网上下钢筋混淆，钢筋间距偏差过大，箍筋间距偏差过大等。

造成钢筋错位偏差的主要原因有以下几点。

（一）随意改变设计

随意改变设计常见的有两类：一类是不按施工图施工，把钢筋位置放错；另一类是乱改建筑的设计或结构构造，导致原有的钢筋安装固定有困难。

（二）施工工艺不当

例如，主筋保护层不设专用垫块，钢筋网或骨架的安装固定不牢固，混凝土浇筑方案不当，操作人员任意踩踏钢筋等原因均可能造成钢筋错位。

四、钢筋脆断

常见的钢筋脆断有低合金钢筋或进口钢筋运输装卸中脆断、电焊脆断等。主要原因是钢筋加工工艺错误；运输装卸方法不当，使钢筋承受过大的冲击应力；对进口钢筋的性能不够了解，焊接工艺不良，以及不适当地使用电焊固定钢筋位置等。

课堂案例

某大厦地上40层，总高150 m，工程幕墙采用钢筋混凝土预制墙板。墙板的连接构造如图4-5和图4-6所示，钢材除注明者外均为Q235。施工中发现已吊装就位的墙板突然脱落。除脱落事故外，工程还存在严重隐患。

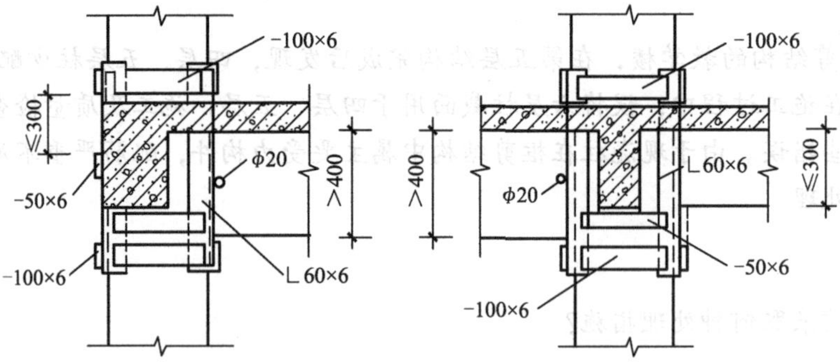

图4-5　外包钢加固节点示意图

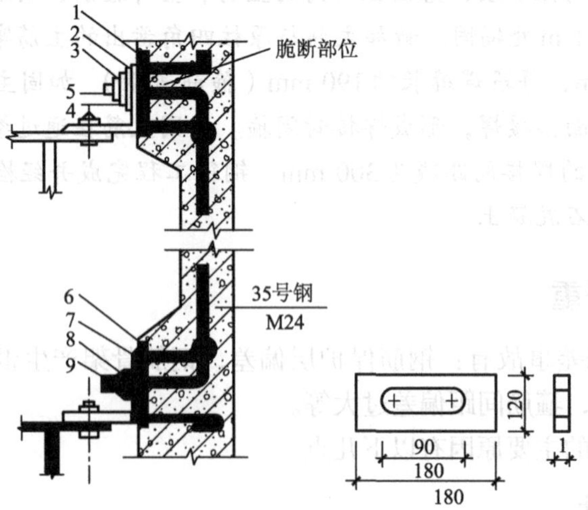

图4-6　墙板上下节点连接构造

1—预埋钢板240×190×10；2，7—等肢角钢160×16，16Mn；

3—导移板160×90×10；4，8—垫板90×90×6；5，9—螺母M24，35号钢；6—预埋钢板350×200×10

事故发生后，经事故调查组调查，得出的分析结果如下。

（1）钢材选用不当。幕墙板主要连接件是M24螺栓，它在使用中承受由地震荷载和风荷载引起的动载拉力。而该工程却采用可焊性很差的35号钢制作M24，因而留下严重隐患。

（2）焊接工艺不当。35号钢属优质中碳钢，工程所用的35号钢含碳量0.35% ~ 0.38%，对焊接有特定的要求。焊接前应预热；焊条应采用烘干的碱性焊条，焊丝直径宜小（如3.2 mm）；焊接应采用小电流（135 A）、慢焊速、短段多层焊接的工艺，焊接长度小于100 mm等，焊后应缓慢冷却，并进行回火热处理等。加工单位不了解这些要求，盲目采用T422焊条，并用一般Q235钢的焊接工艺。因此，在焊缝热影响区产生低塑性的淬硬马氏体脆性组织，焊件冷却时易产生冷裂纹。这是导致连接件脆断的直接原因。

问题：

对于该事故应采取何种措施进行处理？

分析：

（1）未焊接预埋件的处理。

① 避免损失过大，圆钢与钢板焊接改用螺栓连接，即圆钢套丝扣，安装后再焊4个爪子。已下料的圆钢仍然可用到工程上。

② 采用35号钢焊接时，应遵守下述工艺要求。采用碱性焊条并烘干；采用3.2 mm的细焊条、135 A的小电流、慢焊速、短段多层焊，焊接长度小于100 mm；焊接前应预热，温度150 ℃~ 200 ℃，焊缝两侧各150 ~ 200 mm；焊后可采用包石棉等方法缓慢冷却；焊后热处理的回火温度为450 ℃~ 650 ℃。

③ 未下料的35号钢一律改为16Mn圆钢，直径相应加大。

（2）已焊接预埋件的处理。只用作幕墙的下节点，上节点圆钢改用16Mn钢，代替35号钢，并等强换算加大截面。

（3）已预制未安装的墙板处理。在固定螺母一侧加贴角焊缝，先预热后焊，采用碱性焊条结606或结507施焊，并将角钢孔扩大，避开贴角焊缝，如图4-7（a）所示，上下节点类同。

（4）已安装墙板处理。对下节点，将固定角钢和预埋钢板焊接固定，如图4-7（b）所示；对上节点，加设角钢的一个翼缘和预埋钢板焊牢，另一翼缘压住固定角钢，但不得焊接，如图4-7（c）所示。

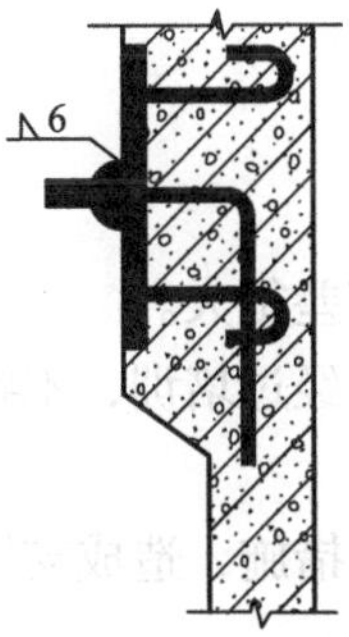

（a）已预制未安装墙板处理

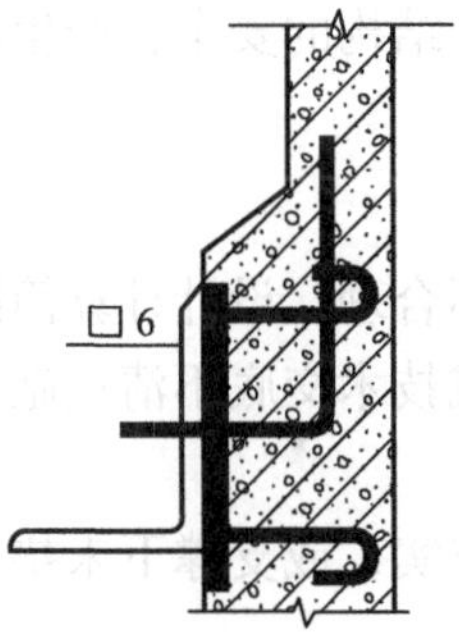

（b）已安装墙板下节点处理

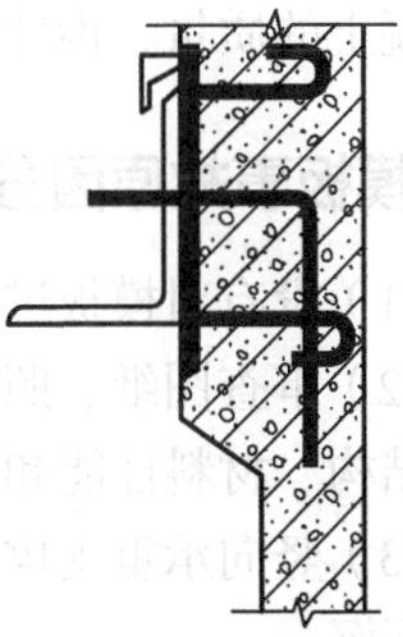

（c）已安装墙板上节点处理

图4-7　墙板节点加固处理示意图

学习单元三　模板工程事故分析与处理

知识目标

（1）了解模板的安装要求。

（2）掌握模板工程事故产生的原因及处理方法。

技能目标

（1）能够掌握模板的安装方法。

（2）能够掌握因拆模过早、平台支撑不稳引起事故的处理方法。

基础知识

一、模板的安装要求

模板的制作与安装质量，对于保证混凝土、钢筋混凝土结构与构件的外观平整和几何尺寸的准确，以及结构的强度和刚度等将起到重要的作用。

《混凝土结构工程施工质量验收规范（2011年版）》（GB 50204—2002）中规定：模板及其支架应根据工程结构形式、荷载大小、地基土类别、施工设备和材料供应等条件进行设计。模板及其支架应具有足够的承载能力、刚度和稳定性，能可靠地承受浇筑混凝土的重量、侧压力以及施工荷载。

《混凝土结构工程施工质量验收规范（2011年版）》（GB 50204—2002）对模板的安装提出了以下要求。

（1）模板的接缝不应漏浆；在浇筑混凝土前，木模板应浇水湿润，但模板内不应有积水。

（2）模板与混凝土的接触面应清理干净并涂刷隔离剂，但不得采用影响结构性能或妨碍装饰工程施工的隔离剂。

（3）浇筑混凝土前，模板内的杂物应清理干净。

（4）对清水混凝土工程及装饰混凝土工程，应使用能达到设计效果的模板。

从《混凝土结构工程施工质量验收规范（2011年版）》（GB 50204—2002）的要求来看，如果模板不能按设计要求成型，没有足够的强度、刚度和稳定性，不能保证接缝严密，就会影响混凝土的质量、构件的尺寸和形状、结构的安全，产生严重的质量事故。

二、模板事故原因分析

（1）没有对模板进行设计或设计不合理，设计计算简图与实际情况相差很大。

（2）审查图纸、照图施工不认真或技术交底不清；施工操作人员没有经过培训，不熟悉支架的结构、材料性能和施工方法。

（3）竖向承重支撑在地基土上未夯实，或支撑下未垫平板，或无排水措施，造成支撑部分地基下沉。

（4）对模板设计图翻样不认真或有误，在模板制作中不仔细，质量不合格，制作模板的材料选用不当。

（5）在测量放线时不认真，轴线测放出现较大误差。

(6)模板的安装固定预先没有很好的计划，造成模板支设未校直撑牢，支撑系统整体稳定性不足，在施工荷载作用下发生变形。

(7)施工荷载过大或混凝土的浇筑速度过快或振捣过度，造成模板变形太大。

(8)梁、柱交接部位，接头尺寸不准、错位。

(9)模板间支撑的方法不当。

(10)模板支撑系统未被足够重视，未采取相应的技术措施，造成模板的支撑系统强度、刚度或稳定性不足；无限位措施或限位措施不当。

(11)未按规范要求进行施工，或施工措施不到位。

(12)脱模剂使用不当，拆模太早或拆模时技术要求、安全措施不到位。

课堂案例

某工业厂房工地正在浇筑混凝土的锅炉房屋面平台突然发生坍塌事故，造成11人死亡、2人重伤、1人轻伤，直接经济损失达257.5万元。坍塌部位位于厂房整个锅炉房北侧，平面尺寸约为18 m×34.6 m，标高为+20.00 m（+21.00 m），该屋面为梁板结构，18 m跨度主梁尺寸为400 mm×1 500 mm，主要次梁的尺寸为250 mm×900 mm，板厚120 mm，框架柱+16.50 ~ +20.00 m（+21.00 m）范围与梁板一起浇筑，屋面排架支撑采用8 mm×3.5 mm的钢管搭设，传力至+4.50 m的二层平台。

该工程排架搭设基本以主梁轴线为基准，距梁轴线0.5 m左右两侧设置两根立杆，其余部分以间距不超过8 m为原则平均分配立杆间距，立杆间距实际最大值为1.7 m左右，水平杆的竖向间距为1.8 m左右。立杆上下搭接大部分采用对接扣件，仅在接近屋面板模板部位，为了调整高度而采用两个旋转扣件作搭接。据勘察，水平杆在纵横方向每隔一个步距均缺设一根，排架支撑中没有设置连续的竖向和水平支撑。二层平台中有三个4.0 m×8.6 m×1.5 m集料坑区域，立杆就直接落于坑底。排架搭设没有设计计算文件及指导施工的书面技术文件。施工时，平台东端混凝土采用泵车送达后人工驳运，西端为直接布料。

从标高+20.00 m（+21.00 m）屋面结构平面布置图分析，得出排架支撑最大受载区域大体为3.25 m^2（2.5 m×1.3 m），其下部支撑立杆为2根48 mm×3 500 mm的钢管。

经事故调查组的调查，得出以下分析结果。

(1)荷载分析。

①结构静荷载：

主梁：0.4×1.5×1.3=0.78（m）。

次梁：0.25×0.9×2.5=0.563（m）。

楼板：1×2.5×1.3−0.4×1.3−2.1×0.25×0.12=0.27（m）。

结构静荷载：（0.78+0.563+0.27）×25 000=40 325（N）。

②木模板荷载：3.25×300=975（N）。

③施工活荷载：3.25×1 000=3 250（N）。

1.2×（40 325+975）+1.4×3 250=54 110（N）。

传递至单根立杆的荷载为27 055 N。

(2)受力分析和计算。用钢管、扣件作排架的支撑设计必须进行详细的受力分析和计算，这是施工安全管理中的强制性要求，对于本案例，支撑高度大于4.5 m的高支撑架尤为重要。本案例支撑水平杆步距虽要求为1 800 mm，但实际水平杆“在纵横方向每隔一个步距均缺设一根”，因此按2步高作为“良好的铰接状态”进行验算，则λ=3 600/15.78=228，此时的ϕ=0.146。

稳定验算：$\sigma=N/(\phi A)$=378.8（MPa）。

问题：

通过事故调查组的分析，该事故的技术原因主要有哪些？

分析：

通过以上分析，不难看出事故的技术原因主要是：

（1）本案例屋面设计标高较高，离地面达21 m，与二层平台（标高+4.50 m）间距达16.5 m。因此，支撑竖向高度较大，采用48 mm×3 500 mm钢管作竖向立杆，水平间距1.0 ~ 1.7 m，明显过大过稀，水平杆上下间距1.8 m，没有设置连续的竖向和水平剪刀撑，导致支撑系统整体性极差，即没有形成可靠的空间受力结构。

（2）在未计入施工中泵送混凝土直接对模板支撑的冲击力时，支撑立杆受力已达27 kN以上。假设钢管立杆的计算长度为3 600 mm，则钢管稳定验算中的计算应力已达378.8 MPa，此值大大超过Q235钢的设计强度值205 MPa和屈服强度值235 MPa，因此支撑立杆已不稳定，发生坍塌事故已是必然。

学习单元四　局部坍塌事故分析与处理

知识目标

（1）了解局部倒塌事故的主要原因。
（2）掌握局部倒塌事故的处理方法。

技能目标

（1）能够确定局部倒塌事故发生的原因。
（2）能够掌握局部倒塌事故的处理方法。

基础知识

一、局部倒塌事故原因分析

除了无证设计、盲目施工和违反基建程序外，造成局部倒塌的主要原因有下列几方面。

（一）设计构造方案或计算简图错误

如单层房屋长度虽不大，但一端无横墙，仍按刚性方案计算，必导致倒塌；又如跨度较大的大梁（如大于14 m）搁置在窗间墙上，大梁和梁垫现浇成整体，墙梁连接节点仍按铰接方案设计计算，也可导致倒塌；再如单坡梁支承在砖墙或柱上，构造或计算方案不当，在水平分力作用下倒塌等。

（二）盲目修改设计

任意修改梁柱连接构造，导致梁跨度加大或支撑长度减小而倒塌；乱改梁柱连接构造，如果铰接改为刚接，使内力发生变化；盲目加高梁混凝土截面尺寸，又无相应措施，造成负弯矩钢筋下落；随意减小装配式结构连接件的尺寸；将变截面构件做成等截面等。

（三）施工顺序错误

悬挑结构上部压重不够时，拆除模板支撑，而导致整体倾覆倒塌；全现浇高层建筑中，过早地拆除楼盖模板支撑，导致倒塌；装配式结构吊装中，不及时安装支撑构件，或不及时连接固定节点，而导致倒塌等。

（四）施工质量低劣

由此而造成倒塌事故的常见原因：混凝土原材料质量低劣，如水泥活性差，砂、石有害杂质含量高等；混凝土蜂窝、空洞、露筋严重；钢筋错位严重；焊缝尺寸不足，质量低劣等。

（五）结构超载造成倒塌

常见超载有两类：一类是施工超载；另一类是任意加层。

（六）使用不当

主要表现在不按设计规定超载堆放材料，造成墙、柱变形倒塌。

（七）事故分析处理不当

对建筑物出现的明显变形和裂缝不及时分析处理，最终导致倒塌；对有缺陷的结构或构件采用不适当的修补措施，扩大缺陷而导致倒塌等。

二、局部倒塌事故的处理方法

（一）排险拆除工作

局部倒塌事故发生后，对那些虽未倒塌但可能坠落垮塌的结构、构件，必须进行排险拆除。

（二）鉴定未倒塌部分

对未倒塌部分必须从设计到施工进行全面检查，必要时还应做检测鉴定，以确定其可否利用，怎样利用，是否需要补强加固等。

（三）确定倒塌原因

重建或修复工程，应在原因明确并采取针对性措施后方可进行，避免处理不彻底，甚至引起意外事故。

（四）选择补强措施

原有建筑部分需要补强，必须从地基基础开始进行验算，防止出现薄弱截面或节点。补强方法要切实可行，并抓紧实施，以免延误处理时机。

课堂案例

某教学楼为砖墙承重的5 ~ 6层混合结构，钢筋混凝土楼盖和屋盖，其平面如图4-8所示。整个建筑在平面上分为7段，图中所示的乙、丁段相同，地面以上为5层，局部有地下室，乙段的平面如图4-9所示。

该工程在施工装修阶段时，乙段除楼梯间等4小间外，突然全部倒塌，与乙段结构完全相同的丁段没有倒塌。

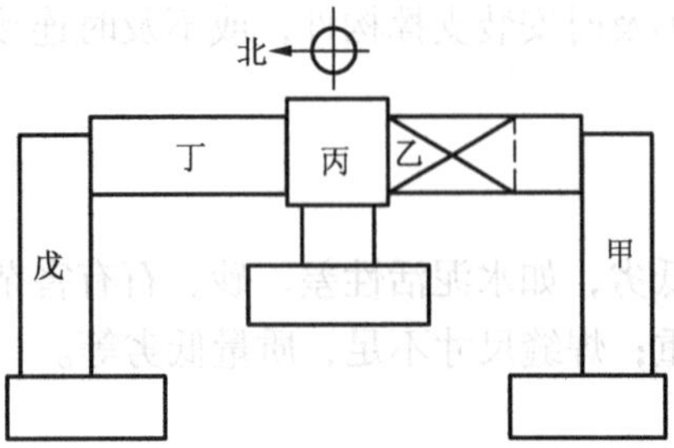

图4-8　教学楼平面布置

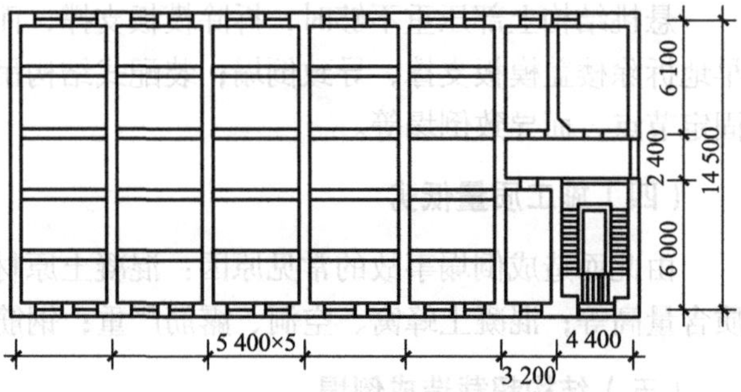

图4-9　乙段平面图（尺寸单位：mm）

问题：

（1）这起事故的原因主要有哪些？

（2）对该起事故该如何处理？

分析：

（1）通过分析，事故原因主要有以下两点。

① 地基不均匀沉陷产生较大的附加应力。倒塌部分是一个跨度较大、27 m长的空旷房屋，在地下局部布置了平面不规整的地下室。在有和无地下室的基础交接处沉降差大，导致窗间墙上出现较早且集中的贯通裂缝，由此导致房屋倒塌。

② 选择结构计算简图不当。原设计大梁与墙连接节点应按铰接考虑，但因1 200 mm×300 mm的现浇大梁支承在砖墙的全部厚度上，梁垫长为窗间墙宽，即2 m，与梁一起现浇，即梁垫高1.2 m，这种连接节点已接近刚接，比铰接计算所得的弯矩大8倍。用实际产生的弯矩和轴向力验算窗间墙，其承载能力严重不足，这是倒塌的主要原因。

（2）事故处理方法：

① 局部倒塌的乙段改变结构方案。用两跨钢筋混凝土框架替代已倒塌部分的砖混结构重新建造。

② 对存在隐患的丁段进行加固处理。贴着窗间墙增设钢筋混凝土柱，并在每根大梁跨中增设一根钢筋混凝土柱，以减小窗间墙的荷载。

学习单元五　混凝土结构的加固与补强

知识目标

（1）了解混凝土结构加固补强的方法构成。

（2）掌握混凝土结构加固补强几种方法的原理、具体措施以及作用。

技能目标

（1）能够掌握增大截面加固法、外包钢加固法、粘贴钢板加固法、碳纤维加固法、预应力加固法的原理及方法。

（2）能够根据情况选择合适的加固法对混凝土结构进行加固补强。

基础知识

钢筋混凝土出现质量问题以后，除了倒塌断裂事故必须重新制作构件外，在许多情况下可以用加固的方法来处理。加固补强技术多种多样，本节仅介绍增大截面加固法、外包钢加固法、黏结钢板加固法、碳纤维加固法、预应力加固法等方法。

一、增大截面加固法

（一）增大截面加固法原理及作用

（1）增大截面加固法原理。增大截面加固法是指在原受弯构件的上面或下面浇一层新的混凝土并补加相应的钢筋，如图4-10所示，以提高原构件承载能力的方法。这是工程中常用的一种加固方法。

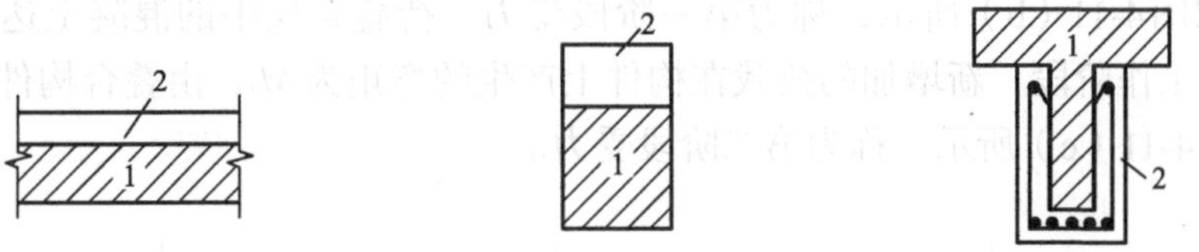

（a）加厚　（b）加高　（c）受拉区加筋浇混凝土

图4-10　补浇混凝土加固梁

1—原构件；2—新浇混凝土

（2）增大截面加固法的作用。由图4-10所示可见，补浇的混凝土处在受拉区时，对补加的钢筋起到黏结和保护作用；当补浇层混凝土处在受压区时，增加了构件的有效高度，从而提高了构件的抗弯、抗剪承载力，并增强了构件的刚度。

（二）新旧混凝土截面独立工作情况

（1）受力特征。加固构件在浇筑后浇层之前，如果没有对被污染或有其他构造层（如沥青防水层、粉刷层等）的原构件表面做很好的处理，将导致黏合面黏结强度不足，无法使新旧混凝土接合成一体，从而导致构件受力后不能保证二者变形符合平截面假定，这时，不能将新旧混凝土作为整体进行截面设计和承载力计算。

（2）承载力计算。由受力特征决定，构件在加固后的承载力计算，只能将新旧混凝土截面视为各自独立工作考虑，其承担的弯矩按新旧混凝土截面的刚度进行分配。具体计算如下：

原构件（旧混凝土）截面承受的弯矩为

$$M_y=k_yM_z \tag{4-1}$$

新混凝土截面承受的弯矩为

$$M_x=k_xM_z \tag{4-2}$$

$$k_y=\frac{\alpha h^3}{\alpha h^3+h_x^3} \tag{4-3}$$

$$k_x = \frac{h_x^3}{\alpha h^3 + h_x^3} \tag{4-4}$$

式中，M_z——作用于加固构件上的总弯矩，kN · m；

k_y——原构件的弯矩分配系数；

k_x——新浇部分的弯矩系数；

h——原构件的截面高度，mm；

h_x——新浇混凝土的截面高度，mm；

α——原构件的刚度折减系数。由于原构件已产生一定的塑性变形，其刚度较新浇部分相对要低，因此应予以折减，一般取$\alpha = 0.8 \sim 0.9$。

先求出新旧混凝土截面承受的弯矩，再按受弯构件的设计方法计算出新浇截面中所需的配筋，最后即可验算原构件的截面承载力。

（三）新旧混凝土截面整体工作情况

图4-11所示为叠合构件各阶段的受力特征。在浇捣叠合层前，构件上作用有弯矩M_1，截面上的应力如图4-11（b）所示，称为第一阶段受力。待叠合层中的混凝土达到设计强度后，构件进入整体工作阶段。新增加的荷载在构件上产生的弯矩为M_2，由叠合构件的全高h_1承担。截面应力如图4-11（c）所示，称为第二阶段受力。

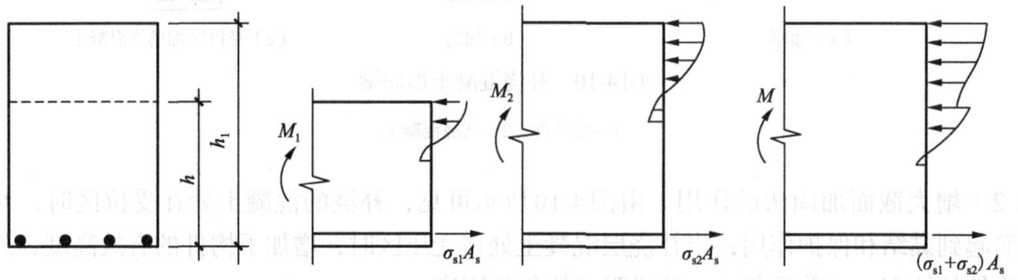

（a）截面形状　（b）第一阶段受力情况　（c）第二阶段受力情况　（d）叠合梁的受力情况

图4-11　叠合梁截面受力特征

在总弯矩$M_z=M_1+M_2$的作用下，截面的应力如图4-11（d）所示。可见，叠合构件的应力图与一次受力的构件的应力图有很大的差异，这种差异主要表现为混凝土应变滞后、钢筋应力超前。

课堂案例

某现浇钢筋混凝土多层框架梁板结构，原设计底层为车库，二层以上为办公室，楼面活荷载为2 kN/m^2。后将二楼改为仓库，楼面活荷载变为4 kN/m^2。经复核，该结构二层楼面板承载力不够，考虑采用补浇混凝土层的加固方案。试进行楼面板的承载力加固设计。

原楼面板采用C20混凝土，HPB235级钢筋，板厚70 mm，面层厚20 mm，水泥砂浆抹面。结构尺寸及板内配筋如图4-12所示。

问题：

如何对该现浇钢筋混凝土多层框架梁板结构进行楼面板的承载力加固设计？

分析：

选用在原楼面板上补浇混凝土层的加固方案，并按新旧混凝土截面整体工作考虑。为使加固板整体受力，将原板面凿毛，使凹凸不平整度大于4 mm，且每隔500 mm凿出宽30 mm、深10 mm的凹槽作为剪力键，然后清洗干净并浇筑混凝土后浇层。按构造取后浇层厚40 mm，则加固板的总厚度为130 mm（包括面层20 mm）。

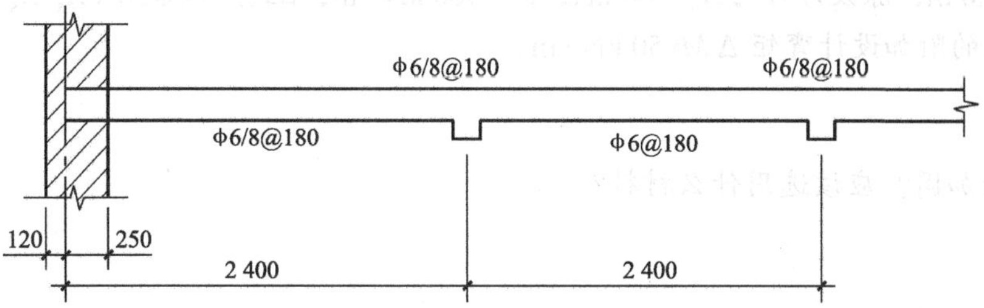

图4-12　楼板原配筋图

二、外包钢加固法

外包钢加固法是将型钢（角钢、扁钢等）包于混凝土构件的四角或两侧，型钢之间用缀板连接形成钢构架，与原混凝土构件共同受力。加固截面如图4-13所示，习惯上将其分为干式外包钢加固和湿式外包钢加固两种。

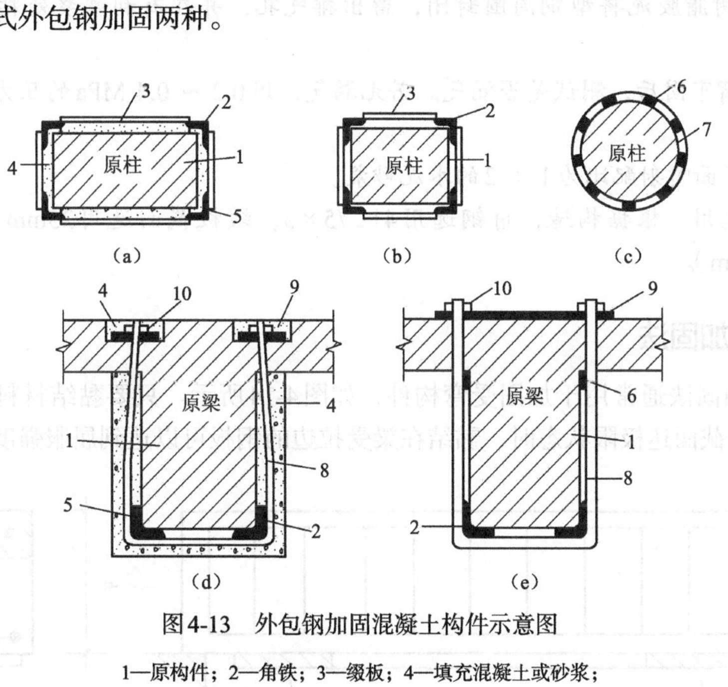

图4-13　外包钢加固混凝土构件示意图

1—原构件；2—角铁；3—缀板；4—填充混凝土或砂浆；

5—胶黏剂；6—扁铁；7—套箍；8—U形螺栓；9—垫板；10—螺母

所谓干式外包钢加固，就是把型钢直接外包于原构件（与原构件间没有黏结），或虽填有水泥砂浆，但不能保证结合面剪力有效传递的外包钢加固方法［见图4-13（b）、（c）、（e）］。所谓湿式外包钢加固，就是在型钢与原柱间留有一定间隙，并在其间填塞乳胶水泥浆或环氧砂浆或浇灌细石混凝土，将两者黏结成一体的加固方法［见图4-13（a）、（d）］。

通常，对梁多采用单面外包钢加固，对柱多采用双面外包钢加固。

外包钢加固的优点是构件的尺寸增加不多，但其承载力和延性却可大幅度提高。

课堂案例

某厂的五层现浇框架厂房，在第二层施工时，因吊运大构件时带动了框架模板，导致该层框架柱倾斜。经复核，必须对部分柱进行加固。该柱截面尺寸为400 mm×600 mm，C20级混凝土，层高H=5.0 m，原设计外力N_0=600 kN，M_0=360 kN·m，配筋为4φ20（$A_s=A_s'$ =1 256 mm^2）。因倾斜而产生的附加设计弯矩ΔM=50 kN·m。

问题：

如何进行加固？应该选用什么材料？

分析：

（1）加固工艺。

① 用手持式电动砂轮将原柱面打磨平整，四角磨出小圆角，并用钢丝刷刷毛，用压缩空气吹净。

② 刷环氧树脂浆薄层，然后将已除锈并用二甲苯擦净的型钢骨架贴附于柱表面，用卡具卡紧。

③ 将缀板紧贴在原柱表面并焊牢。

④ 用环氧树脂胶泥将型钢周围封闭，留出排气孔，并在有利灌浆处粘贴灌浆嘴，间距2～3 m。

⑤ 待灌浆嘴牢固后，测试是否漏气。若无漏气，用0.2～0.4 MPa的压力将环氧树脂浆压入灌浆嘴。

⑥ 在加固柱面喷射配比为1∶2的水泥砂浆。

（2）材料选用。根据构造，角钢选用4∟75×5，缀板截面选用25mm×3 mm，间距取20×15=300（mm）。

三、粘贴钢板加固法

粘贴钢板加固法通常用于加固受弯构件，如图4-14所示。只要黏结材料质量可靠，施工质量良好，则当截面达极限状态时，黏结在梁受拉边的钢板可以达到屈服强度。

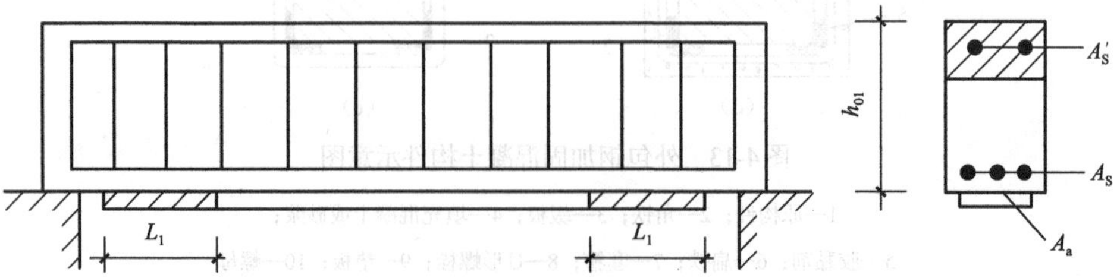

图4-14 粘贴钢板示意图

由于粘贴钢板加固结合面的黏结强度主要取决于混凝土强度，因此，被加构件混凝土强度不能太低，强度等级不应低于C15。粘贴钢板厚度主要根据结合面混凝土强度、钢板锚固长度及施工要求确定。钢板越厚，所需锚固长度就越长，钢板潜力难于充分发挥，而且很硬，不好粘贴；反之，钢板越薄，相对用胶量就越大，钢板防腐处理也较难。根据经验，粘钢加固，钢板适宜的厚度为2 ~ 5 mm，通常取4 mm。混凝土强度高时，取得厚一点。

钢板的锚固长度，除满足计算规定外，还必须满足一定的构造要求：对于受拉锚固，不得小于200ta（ta为粘贴钢板厚度），亦不得小于600 mm；对于受压锚固，不得小于160ta，亦不得小于480 mm。对于大跨结构或可能经受反复荷载的结构，锚固区尚宜增设锚固螺栓或U形箍板等附加锚固措施。

小提示

水分、日光、大气（氧）、盐雾、温度及应力作用，会使胶层逐渐老化，使黏结强度逐渐降低，使钢板逐渐锈蚀。为延缓胶层老化，防止钢板锈蚀，钢板及其邻接的混凝土表面应进行密封防水防腐处理。简单有效的处理办法是用M15水泥砂浆或聚合物防水砂浆抹面，其厚度，对于梁不应小于20 mm，对于板不应小于15 mm。

四、碳纤维加固法

碳纤维加固法修复混凝土结构技术是一项新型、高效的结构加固修补技术，较传统的结构加固方法具有明显的高强、高效、施工便捷、适用面广等优越性。此法利用浸渍树脂将碳纤维布粘贴于混凝土表面，共同工作，达到对混凝土结构构件加固补强的目的。

碳纤维加固法修复混凝土结构技术所用材料有碳纤维布及黏结材料两种。

（一）受弯加固

1. 破坏形态

根据试验研究结果，碳纤维片材加固受弯构件的破坏形态主要有以下几种。

（1）受拉钢筋屈服后，在碳纤维未达极限强度前，压区混凝土受压破坏。

（2）受拉钢筋屈服后，碳纤维片材拉断，而此时压区混凝土尚未压坏。

（3）受拉钢筋达到屈服前，压区混凝土压坏。

（4）碳纤维片材与混凝土产生剥离破坏。

第（3）种破坏形态是由于加固量过大造成的，碳纤维强度未得到发挥，在实际设计中可通过控制加固量来避免。

第（4）种破坏形态，黏结面破坏后剥离，无法继续传递力，构件不能达到预期的承载力，应采取构造措施加以避免。为了避免碳纤维被拉断而发生脆性破坏，可采用碳纤维的允许极限拉伸应变［ε_{cf}］进行限制。

2. 构造措施

（1）当对梁、板正弯矩进行受弯加固时，碳纤维片材宜延伸至支座边缘。

（2）当碳纤维片材的延伸长度无法满足延伸长度的要求时，应采取附加锚固措施。对梁，在延伸长度范围内设置碳纤维片材U形箍；对板，可设置垂直于受力碳纤维方向的压条。

（3）在碳纤维片材延伸长度端部和集中荷载作用点两侧宜设置构造碳纤维片材U形箍或横向压条。

（二）受剪加固

1. 加固形式

采用碳纤维布受剪加固的主要粘贴方式有：全截面封闭粘贴、U形粘贴和两侧面粘贴，如图4-15所示。其中，全截面封闭粘贴的加固效果最好，U形粘贴次之，最后是侧面粘贴。

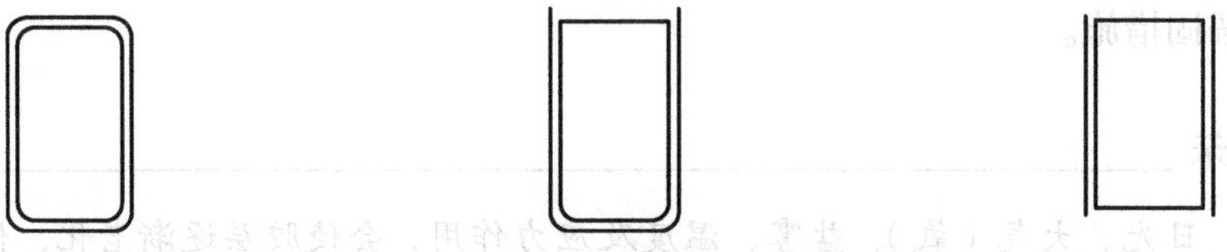

（a）全截面封闭粘贴　　（b）U形粘贴　　（c）侧面粘贴

图4-15　受剪加固的粘贴方式

2. 构造措施

（1）对于梁，U形粘贴和侧面粘贴的粘贴高度 h_{cf} 宜粘贴至板底。

（2）对于U形粘贴形式，宜在上端粘贴纵向碳纤维片材压条；对于侧面粘贴形式，宜在上、下端粘贴纵向碳纤维片材压条，如图4-16所示。

（3）也可采用机械锚固措施。

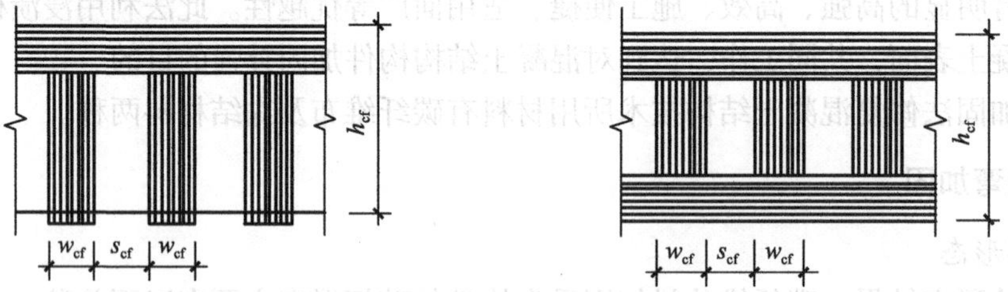

（a）U形粘贴　　（b）侧面粘贴

图4-16　U形粘贴和侧面粘贴加纵向压条

课堂案例

某发电厂原办公楼为5层框架结构，现拟将三、四层办公室改造为档案室，原楼面设计活荷载为1.5 kN/m²，现据实际情况考虑楼面活荷载为7 kN/m²，经复核验算，楼面主梁的梁底抗弯承载力及抗剪承载力均不满足要求。

问题：

对该梁应该如何进行加固？

分析：

考虑到现场加固条件及加固梁受层高、楼板等综合因素的影响，采用碳纤维复合材料（CFRP）技术对该梁进行加固。加固方案如图4-17和图4-18所示。

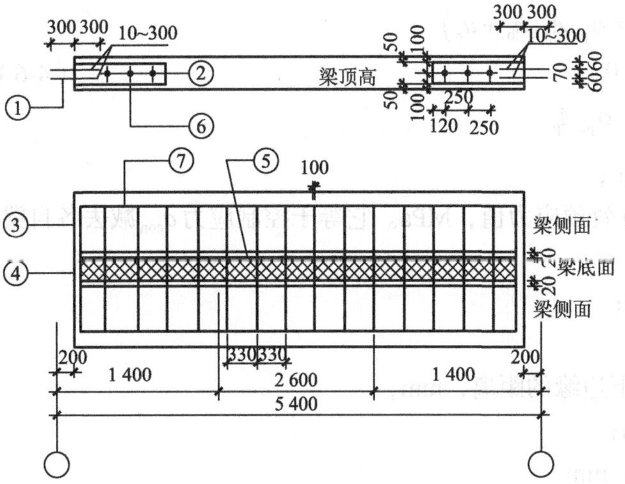

图4-17　档案室梁加固详图

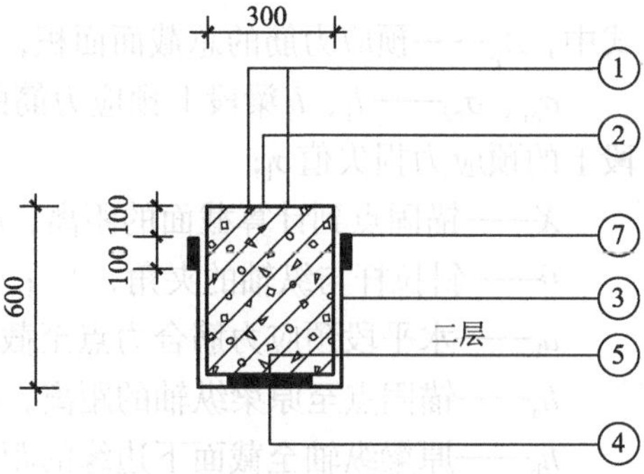

图4-18　梁断面图

五、预应力加固法

预应力加固法即用预应力钢筋对梁、板进行加固的方法。这种方法具有施工简便和不影响结构使用空间等特点。

因为预应力位于加固梁体之外，所以它在原梁中产生的内力一般与荷载引起的内力方向相反，起到了卸荷作用，因此会产生使加固梁挠度减小、裂缝闭合的效应。

图4-19所示为下撑式预应力筋对加固梁引起的预应力内力图。在l_1梁段上产生的有效预应力内力为

$$
\begin{aligned}
M_{p1} &= \sigma_{p1} A_p \left(h_a \cos\theta - X \sin\theta \right) \\
V_{p1} &= \sigma_{p1} A_p \sin\theta \\
N_{p1} &= \sigma_{p1} A_p \cos\theta
\end{aligned}
\tag{4-5}
$$

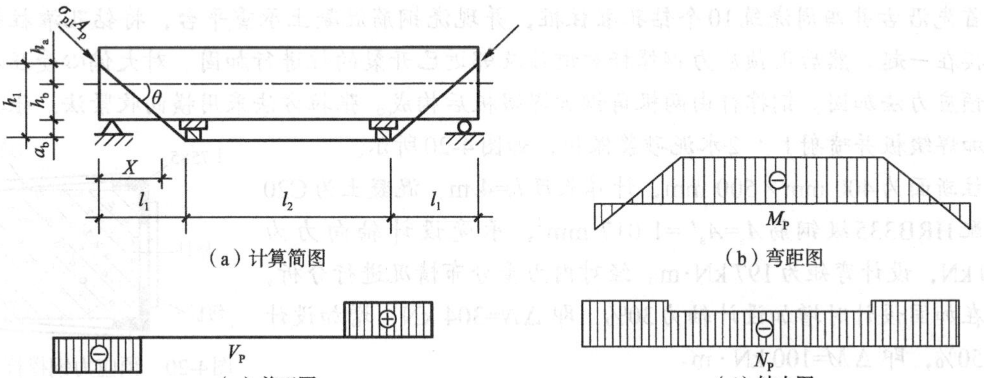

（a）计算简图　（b）弯距图

（c）剪刀图　（d）轴力图

图4-19　预应力内力

两个支撑点之间的l_2梁段上，预应力筋产生的有效预应力为

$$M_{p2}=\sigma_{p2}A_p(h_b+a_b)$$
$$V_{p2}=0 \tag{4-6}$$
$$N_{p2}=\sigma_{p2}A_p$$

式中，A_p——预应力筋的总截面面积，mm^2；

σ_{p1}、σ_{p2}——l_1、l_2梁段上预应力筋的有效预应力值，MPa。它等于控制应力σ_{con}减去各自梁段上的预应力损失值σ_l；

X——锚固点到计算截面的距离，mm；

θ——斜拉杆与纵轴的夹角，°；

a_b——水平段预应力筋合力点至截面下边缘的距离，mm；

h_a——锚固点至原梁纵轴的距离，mm；

h_b——原梁纵轴至截面下边缘的距离，mm。

由于摩擦力的存在，使N_{p2}略小于N_{p1}。施工结束后，截面上产生的内力为外荷载引起的内力（M_0、V_0）与预应力引起的内力（M_p、V_p）之差，即

$$M=M_0-M_p$$
$$V=V_0-V_p \tag{4-7}$$
$$N=N_p$$

课堂案例

某6层框架结构房屋，竣工后尚未投入使用，即发现一层主、次梁上有多道裂缝，经10 d后，裂缝宽度由0.3 mm扩展到2～3 mm，且某一柱子亦出现裂缝，并有倾斜现象。经分析并实测后发现，某柱坐落在一古井上，该柱较大的下沉使相邻的梁板开裂，邻近柱的荷载超过极限承载能力。

问题：

如何对该柱子进行加固？

分析：

首先沿古井四周浇筑10个钻孔灌柱桩，并现浇钢筋混凝土承重平台，将钻孔灌柱桩与柱子连接在一起。然后用预应力钢撑杆对该柱及邻近已开裂的柱进行加固。对大偏心受压柱采用单侧预应力法加固。钢撑杆由两根角钢加焊缀板后构成。张拉方法采用横向收紧法。张拉结束后，加焊缀板并喷射1∶2水泥砂浆保护，如图4-20所示。

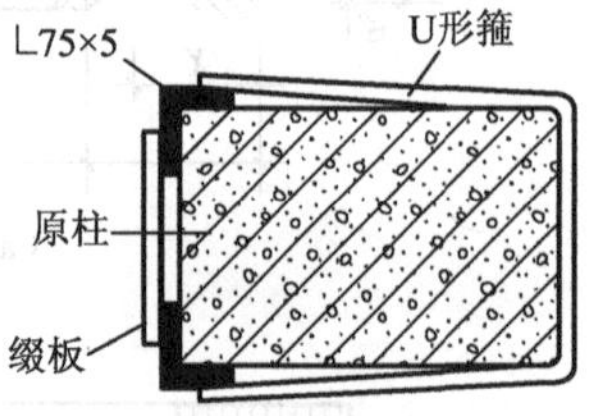

图4-20　预应力钢撑杆加固某钢筋混凝土柱

柱断面为400 mm×500 mm，计算长度l_0=4 m，混凝土为C20级，配HRB335级钢筋$A_s=A_s'$=1 017 mm^2，承受设计轴向力为1 010 kN，设计弯矩为197 kN·m。经对内力重分布情况进行分析，决定在加固设计时增加设计轴力30%，即ΔN=304 kN，增加设计弯矩50%，即ΔM=100 kN·m。

角钢型号按构造选用2∟75×5。

学习案例

某商场大楼，由两幢对称的大楼并排组成，地下4层，地上5层，中间在3层处有一走廊将两楼连接起来，共计建筑面积达7.4万m^2。为钢筋混凝土柱、无梁楼盖。某日傍晚，正值

营业高峰时间，大楼突然坍塌，地下室煤气管道破裂，引起大火。事故发生后50多辆消防车赶到现场，1 100名救援人员和150名战士参加救助，动用了多架直升机，大批警察封锁现场。救助工作持续了20余天，最后统计，造成约450人死亡、近千人受伤。

该大楼建于1992年，从交付使用到倒塌已有四年多。在四年中曾多次改建。从倒塌的现场看，混凝土质量不是很高，而且一塌到底。事故发生后，有关部门组成了专门委员会，对事故责任者予以拘捕，依法追究法律责任。

想一想

为什么会发生案例所述的质量事故？试分析原因。

案例分析

事故原因分析：

（1）从设计角度看，该建筑安全度留得不够。每根柱子设计要求承载力应达45 kN左右，实际复核其承载力没有安全裕度。原设计为由梁柱组成框架结构与现浇钢筋混凝土楼板。为提高土地利用系数，施工时将地上4层改为地上5层，并将有梁楼盖体系改为无梁楼盖，以争取室内有较大的空间。改为无梁楼盖时，虽然增加了板厚，但整体刚性不如有梁体系，且柱头冲切强度比设计要求的强度还略低一点。

（2）从倒塌现场检测情况看，混凝土中水泥用量偏小，强度达不到设计要求，当时建筑材料紧缺，施工单位偷工减料，把本来设计安全度不足的结构推向了更加危险的边缘。

（3）从使用过程看，原设计楼面荷载为2 kN/m^2，实际上由于货物堆积，柜台布置过密，加上增加了不少附属设备，购物人群拥挤，致使实际使用荷载已近4 kN/m^2。为了整层建筑的供水、空调要求，在楼顶又增加了两个冷却水塔，每个质量为6.7 t，致使结构荷载一超再超。最后一次改建装修时，在柱头焊接附件，使柱子承载力进一步削弱，最终酿成了惨剧。

此楼设计不足，施工质量差，使用改建又极不妥当，但事故发生前仍有一些先兆，说明结构还有一定的延性。如能及时组织人员疏散，还有可能避免大量人员伤亡。

知识拓展

钢筋工程的一般要求

（1）按施工现场平面图规定的位置，将钢筋堆放场地进行清理、平整。有相应的排水措施，准备好垫木，按钢筋加工、绑扎顺序分类堆放，并将锈蚀进行清理。

（2）当钢筋的品种、级别或规格需做变更时，应办理设计变更文件。在施工过程中，当施工单位缺乏设计所要求的钢筋品种、级别或规格时，可进行钢筋代换。为了保证对设计意图的理解不产生偏差，规定当需要做钢筋代换时应办理设计变更文件，以确保满足原结构设计的要求，并明确钢筋代换由设计单位负责。本条为强制性条文，应严格执行。

（3）为了确保受力钢筋等的加工、连接和安装满足设计要求，并在结构中发挥其应有的作用，在浇筑混凝土之前，应进行钢筋隐蔽工程验收，其内容包括：

① 纵向受力钢筋的品种、规格、数量、位置等。

② 钢筋的连接方式、接头位置、接头数量、接头面积百分率等。

③ 箍筋、横向钢筋的品种、规格、数量、间距等。

④ 预埋件的规格、数量、位置等。

学习情境小结

本学习情境主要介绍了混凝土结构工程事故、钢筋工程事故、模板工程事故、局部倒塌事故的原因分析及处理措施，混凝土结构加固补强技术，通过实例介绍了钢筋混凝土结构工程事故的原因分析与防治措施。通过本学习情境的学习，可以基本掌握钢筋混凝土结构工程事故的判断、事故原因分析和相应处理的方法。

学习检测

1. 填空题

（1）若混凝土表面只有小的麻面及掉皮，可以用抹________的方法抹平。

（2）由变形引起的裂缝，称为________，如温度变化、混凝土收缩、地基不均匀沉降等因素引起的裂缝。

（3）在塑态阶段产生裂缝主要有两种原因，一种是____________；另一种是____________。

（4）温度裂缝有____________和____________两种。

（5）局部倒塌事故的处理方法是____________。

（6）在原受弯构件的上面或下面浇一层新的混凝土并补加相应的钢筋，这种方法叫____________。

2. 简答题

（1）混凝土结构表层缺损的原因有哪些？

（1）简述结构性裂缝的产生原因。

（3）简述混凝土结构裂缝的修补方法。

（4）造成钢筋错位偏差的主要原因有哪些？

（5）模板的安装要求有哪些？

（6）混凝土结构加固方法有哪几种？

学习情境五

砌体结构工程质量事故分析与处理

情境导入

某厂厂房原车间及扩建部分均为单跨单层，有轻型起重机梁（起重量为10 kN）。扩建部分跨度为12 m，采用钢筋混凝土双铰拱屋架（标准构件），屋架间距为4.5 m，承重墙为370 mm，带240 mm×300 mm砖垛。屋面采用4.5 m×1.5 m槽形板，屋面为普通做法，即有平均厚100 mm的水泥焦渣保温层，20 mm水泥砂浆找平层，二毡三油防水层，上撒小豆石，起重机梁支于带砖垛的墙体上，起重机梁顶标高为4.25 m，屋架下弦标高为5.8 m，屋架支于托墙上，托墙梁为240 mm×450 mm，支于墙垛子上。扩建部分由县设计室设计，县施工队施工。施工质量一般，要求材料为MU7.5砖、M5砂浆，均合格。

为扩大车间面积，由东端向北接出一段厂房，使车间呈L形，扩建厂房在施工过程中突然倒塌，造成4名施工人员死亡。

案例导航

托墙梁与起重机梁基本在同一高度，如果设计成整体，则屋面荷载、屋架及上段墙体重可通过托墙梁传给带壁柱的墙体。但设计者将托墙梁与起重机梁分开，中间有7 mm间隙，这样屋面传来的荷载与上段墙体只压在240 mm×300 mm的砖垛上，形成局部承压。设计人员并未进行局部承压验算。经复核，这部分局部承压强度严重不足，这是造成事故的直接原因。

此外，考虑到扩大车间端部无山墙，应属弹性方案，而设计按刚性方案计算。在风荷作用下（倒塌当天刮七级东北风并下雨），使本来不安全的墙体又产生了较大的附加弯矩，这就造成了墙体倒塌。

如何分析和处理砌体结构工程质量事故？如何预防砌体结构工程质量事故的发生？需要掌握的相关知识有：

1. 砌体结构工程常见裂缝的分析与处理；
2. 砌体结构工程质量事故原因分析及处理；
3. 常用砌体结构加固技术。

学习单元一　砌体工程裂缝分析与处理

知识目标

（1）了解砌体结构工程裂缝的种类及产生原因。

（2）掌握砌体结构工程裂缝的鉴别及处理方法。

技能目标

（1）能够鉴别砌体工程结构裂缝的类别。

（2）能够分析砌体工程结构裂缝产生的原因，并能掌握处理方法。

基础知识

一、砌体结构工程裂缝的种类

砌体结构工程出现裂缝是非常普遍的质量事故。虽然“无楼不裂”的说法有些夸张，但也确实反映了砌体结构出现裂缝的普遍性和严重性。砌体裂缝直接影响建筑物的美观，严重者会降低结构的强度、刚度、稳定性、耐久性及整体性能，在建筑功能上可能会造成房屋渗漏，也会给房屋使用者造成较大的心理压力。砌体出现裂缝，往往标志着砌体结构内部某一部分有内应力，并且已经超过了其抗拉、抗剪强度。在很多情况下，裂缝的发生与发展是大事故的先兆，例如，超载引起的裂缝可能会引发结构事故，严重时，甚至造成倒塌。因此，对砌体结构裂缝必须认真分析其产生原因，在设计与施工中采取有效的预防措施加以防范。

（一）沉降裂缝

造成地基不均匀沉降的因素很多，例如，建筑物立面高度差异太大、建筑物平面形状复杂、建筑物地基差异、相邻建筑物间距太小、沉降缝宽度不够等，这些均可造成地基中某些部位的附加应力重叠，致使地基基础产生不均匀沉降。

> **小提示**
>
> 由沉降而产生的裂缝一般是呈45° 的斜裂缝，它始自沉降量沿建筑物长度的分布不能保持直线的位置，向着沉降量大的一面倾斜上升。多层房屋中下部的沉降裂缝较上部的裂缝大，有时甚至仅在底层出现裂缝。

1. 沉降裂缝的类型及原因

（1）正八字形裂缝。若中部沉降比两端沉降大（如房屋中部处于软土地基上），使整个房屋犹如一根两端支承的梁，导致房屋纵墙中部底边受拉而出现正八字形、下宽上窄的斜裂缝。

（2）倒八字形裂缝。若房屋两端沉降比中部沉降大（如房屋中部处于坚硬地基上），使整个房屋犹如一根两边悬挑的梁，导致房屋纵墙中部出现倒八字形斜裂缝。

（3）斜裂缝。

① 若房屋的一端沉降大（如一端建在软土地基上），会导致房屋一端出现一条或数条呈15° 的阶梯形斜裂缝。

② 对不等高房屋，上部结构施加给地基的荷重不同，若地基未做适当处理，沉降量不均

匀，将导致在层数变化的窗间墙出现45° 斜裂缝。

③ 旧建筑受到新建建筑地基沉降的影响，或新建建筑地基大开挖，引起新建建筑附近的旧建筑墙面出现朝向新建建筑屋面倾斜的斜裂缝。

（4）竖向裂缝。竖向裂缝常出现在底层大窗台下方及地基有突变情况的建筑物顶部。因为窗台下的基础沉降量比窗间墙下基础沉降量要小，从而使窗台墙产生反向弯曲而开裂。

图5-1所示为一些因地基不均匀沉降引起的裂缝。

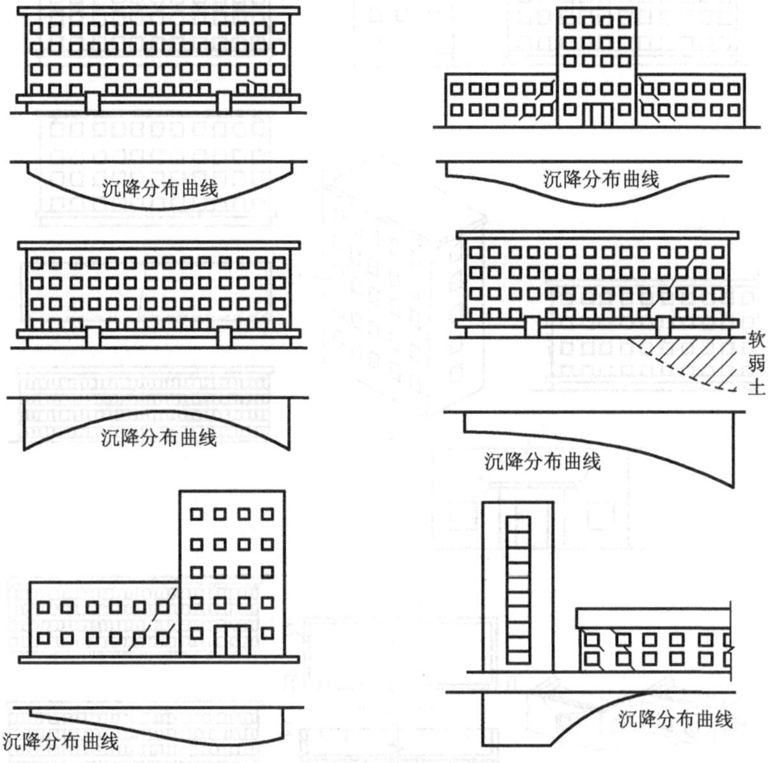

图5-1　因地基不均匀沉降引起的裂缝示意图

2. 沉降裂缝处理措施

在对沉降裂缝进行处理之前，应先用在裂缝端部涂石膏的方法，观察裂缝是否稳定。对于已经稳定的沉降裂缝，可选用灌浆法、局部更换法等进行加固处理。

3. 沉降裂缝的预防措施

（1）合理设置沉降缝。在房屋体型复杂，高度相差较大或地基承载力相差过大时，应设沉降缝。沉降缝应从基础底部分开，且有足够的宽度，施工中应保持缝内清洁，防止碎砖、砂浆等杂物落入缝内并做好缝的处理。

（2）加强地基验槽工作，发现有不良地基应及时妥善处理，然后才可以进行基础施工。

（3）加强上部的刚度和整体性，提高墙体的抗剪能力。减少建筑物端部的门、窗洞口，增大端部洞口到墙端的墙体宽度，加强圈梁布置以增强结构的整体刚度。

（4）不宜将建筑物设置在不同刚度的地基上，例如，同一区段建筑，一部分用天然地基，一部分用桩基等。必须采用不同地基时，要妥善处理，并进行必要的计算分析。

（二）温度裂缝

温度裂缝是砌体结构的主要裂缝之一。温度裂缝是由于温度变化不均匀使砌体产生不均匀伸缩，或者砌体的伸缩受到约束而引起砌体开裂。

图5-2所示为常见的因温度变化而引起的裂缝。

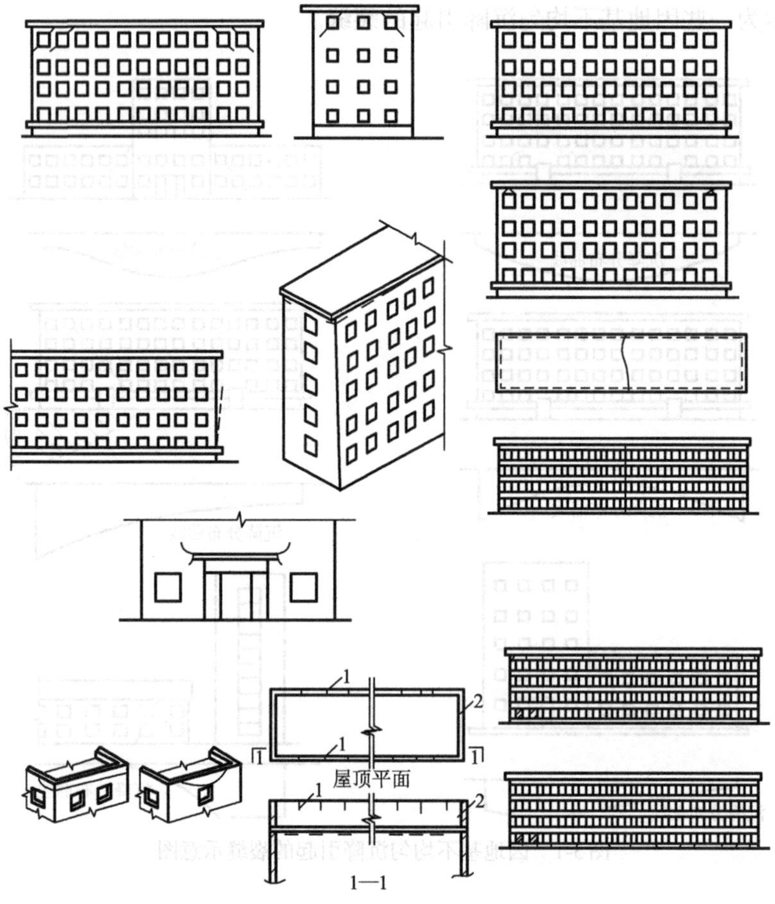

图5-2 温度变化引起的裂缝

1. 温度裂缝的特点

温度裂缝具有以下三个特点。

（1）温度裂缝一般对称分布。

（2）温度裂缝始自房屋的顶层，偶尔才向下发展。

（3）温度裂缝经1年后即可稳定，不再扩展。

2. 温度裂缝的预防措施

（1）按照国家颁布的有关规定，根据建筑物的实际情况（如是否采暖、所处地点温度变化等）设置伸缩缝。

（2）在施工中要保证伸缩缝的合理做法，使之能起作用。

（3）遇有长的现浇屋面混凝土挑檐、圈梁时，可分段施工，预留伸缩缝，以避免混凝土伸缩对墙体的不良影响。

（4）屋面如为整浇混凝土，或虽为装配式屋面板，但其上有整浇混凝土面层，则要留好施工带，过一段时间再浇筑中间混凝土，这样可避免混凝土收缩及两种材料因温度线胀系数不同而引起的不协调变形，从而避免裂缝。

（5）在屋面保温层施工时，从屋面结构施工完成到做完保温层之间有一段时间间隔，这期间如遇高温季节，则易因温度变化急剧而出现裂缝。故屋面施工最好避开高温季节。

（三）冻胀裂缝

1. 冻胀裂缝的形成

当地基土上层温度降到0 ℃以下时，冻胀性土中的上部水开始冻结，下部水由于毛细管作用不断上升并在冻结层中形成冰晶，体积膨胀，向上隆起。隆起的程度与冻结层厚度及地下水位高低有关，一般隆起可达几毫米至几十毫米，其折算冻胀力可达2×106 MPa，而且往往是不均匀的，建筑物的自重往往难以抗拒，因而建筑物的某一局部就被顶了起来，引起房屋开裂。一些地基冻胀引起的裂缝如图5-3所示。

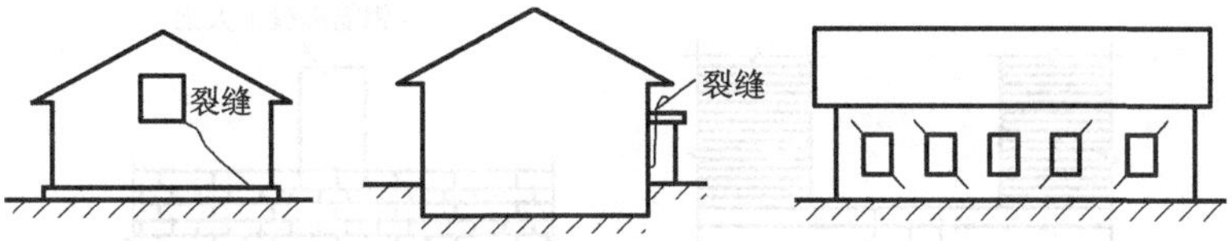

图5-3　地基冻胀引起的裂缝

2. 冻胀裂缝的预防措施

（1）用单独基础，采用基础梁承担墙体质量，其两端支于单独基础上。基础梁下面应留一定孔隙，防止土的冻胀顶裂基础和砖墙。

（2）一定要将基础埋置到冰冻线以下。不要因为是中小型建筑或附属结构，就把基础置于冰冻线以上。

（3）在某些情况下，当基础不能做到冰冻线以下时，应采取换土（换成非冻胀土）等措施消除土的冻胀。

（四）因承载力不足引起的裂缝

如果砌体的承载力不能满足要求，那么在荷载作用下，砌体将产生各种裂缝，甚至出现压碎、断裂、崩塌等现象，使建筑物处于极不安全的状态。这类裂缝的产生，很可能导致结构失效，应该加强观测，主要观察裂缝宽度和长度随时间的发展情况，在观测的基础上认真分析原因，及时采取有效措施，避免重大事故的发生。对因承载力不足而产生的裂缝，必须进行加固处理。图5-4所示为一些因承载力不足引起的裂缝。

（五）地震作用引起的裂缝

1. 地震作用引起裂缝的原因

与钢结构和混凝土结构相比，砌体结构的抗震性是比较差的。

小提示

地震烈度为6度时，对砌体结构就有破坏性，设计不合理或施工质量差的房屋就会产生裂缝。当遇到7～8度地震时，砌体结构的墙体大多会产生不同程度的裂缝，标准低的一些砌体房屋还会发生倒塌。

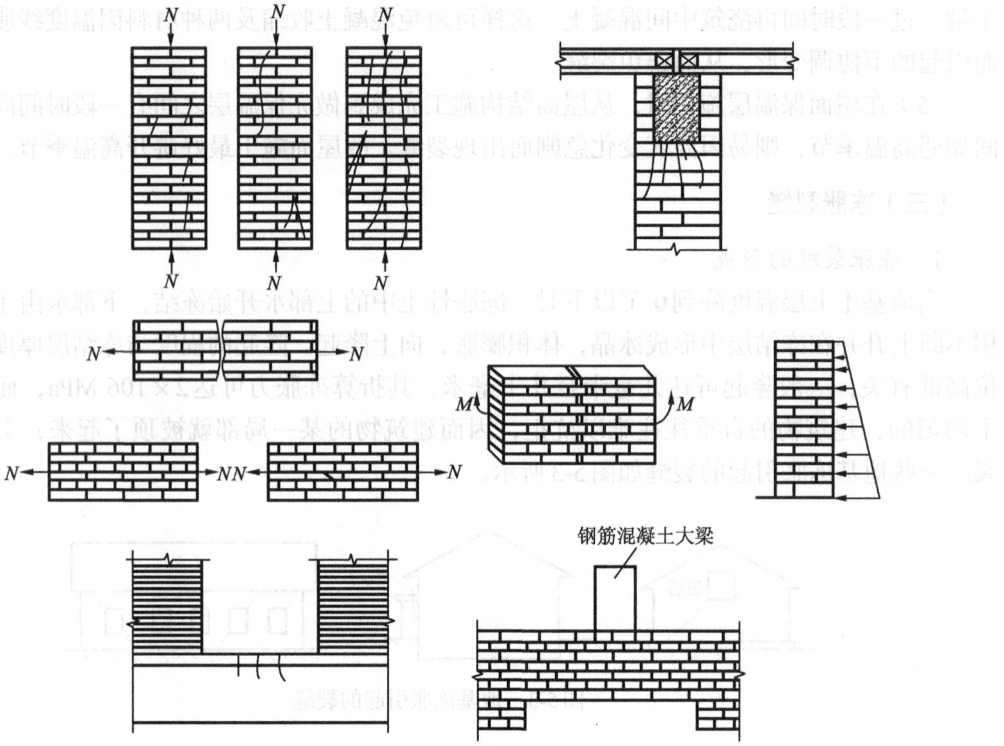

图5-4　因承载力不足引起的裂缝

2. 地震作用引起裂缝的预防措施

（1）设置构造柱。其截面不应小于240 mm × 180 mm，主筋一般为4φ14，箍筋间距不宜大于250 mm，且柱上下端应加密。对7度地震区超过6层、8度地震区超过5层的建筑及9度地震区的建筑物，箍筋间距不应超过200 mm。构造柱应与圈梁连接，下边不设单独基础，但应伸入室外地面500 mm或锚入地下。

（2）应按结构抗震设计规范要求设置圈梁，注意圈梁应闭合，遇有洞口时，要满足搭接要求。圈梁截面高度不应小于120 mm，6、7度地震区纵筋至少为4φ10，8度地震区则至少为4φ12，9度地震区为4φ14，箍筋间距不宜过大，对6、7度，8度和9度地震烈度分别不宜大于250 mm、200 mm和150 mm。遇到地基不良、空旷房屋等还应适当加强。

除上述砌体结构裂缝形成原因之外，还有一些原因也可能引起砌体结构产生裂缝，如设计构造不当、材料质量不好、施工质量低劣和振动裂缝等。

二、砌体结构裂缝的处理

砌体结构出现裂缝后，是否需要处理，要符合国家标准中相关的规定。

建筑物出现裂缝后，首先要正确区别受力和变形两类不同性质的裂缝。当确认为变形裂缝时，应根据建筑物使用要求、周围环境条件及预计可能造成的危害，做适当处理。若变形裂缝已经稳定了，一般仅做恢复建筑功能的局部修补，不做结构性修补。对明显的受力裂缝均应认真分析，其中尤其应重视受压砌体的竖向裂缝、梁或梁垫下的斜向裂缝、柱身的水平裂缝以及墙身出现明显的交叉裂缝。只有在取得足够的依据时，才可不做处理。

（一）砌体结构裂缝的鉴别

砌体结构中常见的温度裂缝，一般不会危及结构安全，通常都不必加固补强；但若裂缝是由于砌体承载能力不足引起的，则必须及时采取措施加固或卸荷。因此，根据裂缝的特征鉴定裂缝的不同性质是十分必要的。

砌体结构裂缝的鉴别方式如表5-1所示。

表5-1　　砌体结构裂缝的鉴别方式

方　式	内　容
依据裂缝形态鉴别	（1）温度裂缝最常见的是斜裂缝（正八字形裂缝、倒八字形裂缝、X形裂缝），其中又以正八字形裂缝最为多见；其次是水平裂缝和竖向裂缝。斜裂缝形状有一端宽一端细和中间宽两端细两种，一般呈对称分布。水平裂缝，多数呈断续状，中间宽两端细。竖向裂缝，多因纵向收缩产生，缝宽变化不大 （2）沉降裂缝最常见的是斜向裂缝（正八字形裂缝、倒八字形裂缝），其次是竖向裂缝，水平裂缝较少见。斜向裂缝大多数出现在纵墙上窗口两对角处，在紧靠窗口处缝较宽，逐渐向两边和上下缩小，走向往往是由沉降较小的一边向沉降较大的一边逐渐向上发展，建筑物下部裂缝较多，上部较少。竖向裂缝，不论是房屋上部或窗台下，还是贯穿房屋全高，均有可能出现，其形状一般是上宽下细 （3）荷载裂缝形状为中间宽两端细，受压构件裂缝方向与应力一致，受拉构件裂缝与应力垂直，受弯构件裂缝在构件的受拉区外边缘较宽，在受压区则不明显
依据裂缝的成因鉴别	（1）温度裂缝往往与建筑物的竖向变形（沉降）无关，一般只与横向（长或宽）变形有关 （2）沉降裂缝一般出现在沉降曲线上曲率较大处，且与上部结构刚度有关 （3）荷载裂缝的位置，完全与受力相对应，往往与横向或竖向变形无明显关系
依据裂缝的位置鉴别	（1）温度裂缝多数出现在房屋顶部附近，以两端最为常见，在纵墙和横墙上都有可能出现。而出现在房屋顶部附近的竖向裂缝可能是温度裂缝，也可能是沉降裂缝 （2）沉降裂缝多出现在底层，大窗台上的竖向裂缝多数也是沉降裂缝。对等高的长条形房屋，沉降裂缝大多出现在两端附近；其他形状的房屋，沉降裂缝都在沉降变化剧烈处附近。沉降裂缝一般都出现在纵墙上，横墙上较为少见 （3）梁或梁垫下砌体的裂缝，大多数是局部承压强度不足而造成的荷载裂缝
依据构造情况鉴别	（1）若建筑物所在地的温差大、屋盖的保温隔热措施不好、建筑物过长又没有设置伸缩缝等，极易导致温度裂缝的产生 （2）若建筑物存在下列情况，均易导致沉降裂缝产生：高度或荷载差异较大，又没有设置合适的沉降缝；房屋的刚度差异大；房屋长但不高，而且地基承载力低、变形量大；在房屋周围开挖土方，或修建有高大建筑物等 （3）若构件所受的荷载超量较多（包括产生附加内力）或构件截面严重削弱等，都极易导致荷载裂缝的产生 经过夏季或冬季后形成的裂缝大多数为温度裂缝 沉降裂缝大多数出现在房屋建成后不久，也有少数工程在施工期间明显开裂，严重的不能竣工 在楼盖（屋盖）支撑拆除后，或在建筑物荷载突然增加时形成的裂缝大多数为荷载裂缝

（二）砌体结构裂缝的处理原则

1. 需要处理的裂缝

砌体结构裂缝是否需要处理和如何处理，主要取决于裂缝的性质及其危害程度。对以下情况的裂缝，应及时采取措施加以处理。

（1）明显的受压、受弯等荷载裂缝。

（2）缝宽超过1.5 mm的变形裂缝。

（3）缝长超过层高1/2、缝宽大于20 mm的竖向裂缝，或产生缝长超过层高1/3的多条竖向裂缝。

（4）梁支座下的墙体产生明显的竖向裂缝。

（5）门窗洞口或窗间墙产生明显的交叉裂缝、竖向裂缝或水平裂缝。

2. 常见砌体裂缝的处理原则

一般情况下，温度裂缝、沉降裂缝和荷载裂缝的处理原则是：温度裂缝一般不影响结构安全，通过观测判断最宽裂缝出现的时间，用保护或局部修复方法处理即可。对沉降裂缝，要先对沉降裂缝进行观测，对那些逐步减小的裂缝，待地基基本稳定后做逐步修复或封闭堵塞处理；若地基变形长期不稳定，沉降裂缝可能会严重恶化而危及结构安全，这时应进行地基处理。荷载裂缝一般因承载能力或稳定性不足而危及结构安全，应及时采取卸荷或加固补强等处理方法，并应立即采取防护措施。

（三）砌体结构裂缝的处理方法

1. 灌浆修补

（1）原理。灌浆修补是一种用压力设备把水泥浆液压入墙体的裂缝内，使裂缝黏合起来的修补方法。由于水泥浆液的强度远大于砌筑砖墙的砂浆强度，所以压力灌浆修补的砌体承载力可以恢复如初。

（2）修补工艺。灌浆法修补裂缝可按下述工艺进行。

① 清理裂缝，使其成为一条通缝。

② 确定灌浆嘴位置，布嘴间距宜为500 mm，裂缝交叉点和裂缝端均应布设。

小提示

厚度大于360 mm的墙体，两面都应设灌浆嘴。在设灌浆嘴处，墙体先钻出孔径大于灌浆嘴外径的孔，孔深为30 ~ 40 mm，孔内应冲洗干净，并用纯水泥浆涂刷，然后用1 ∶ 2水泥砂浆固定灌浆嘴。

③ 用1 ∶ 2水泥砂浆嵌缝，以形成一个可以灌浆的空间。嵌缝时，应注意将原砖墙裂缝附近的粉刷层剔除，用新砂浆嵌缝。

④ 待封闭层砂浆达到一定强度后，先在每个灌浆嘴中灌入适量的水，然后进行灌浆。灌浆顺序自上而下，当附近灌浆嘴溢出或进浆嘴不进浆时方可停止灌浆。灌浆压力控制在0.2 MPa左右，但不宜超过0.25 MPa。发现墙体局部冒浆时，应停灌约15 min，或用水泥临时堵塞，再进行灌浆。在靠近基础或楼板处灌入大量浆液仍未饱灌时，应增大浆液浓度或停灌12 h后再灌。

⑤ 拆除或切断灌浆嘴，抹平孔眼，冲洗设备。

2. 填缝修补

砖砌体填缝修补的方法有水泥砂浆填缝和配筋水泥砂浆填缝两种，通常用于墙体外观维修和裂缝较浅的结构，主要用于温度裂缝和不影响结构稳定及安全的沉降裂缝。

（1）水泥砂浆填缝的修补工序为：先将裂缝清理干净，用勾缝刀、抹子、刮刀等工具将1 ： 3的水泥砂浆或比砌筑砂浆高一级的水泥砂浆或掺有108胶的聚合水泥砂浆填入砖缝内。

（2）配筋水泥砂浆填缝的修补方法，是每隔4 ～ 5皮砖在砖缝中嵌入细钢筋，然后按水泥砂浆填缝的修补工序进行。

3. 局部更换

当砖墙裂缝较宽但数量不多时，可以采用局部更换砌体的办法，即将裂缝两侧的砖拆除，然后用M7.5或M10砂浆补砌。更换的顺序是自下而上，每次拆除4 ～ 5皮砖，经清洗后砌入新砖。

4. 整体加固法

当裂缝较宽且墙身变形明显，或内外墙拉结不良时，仅用封堵或灌浆措施难以取得理想的效果，这时可采用钢拉杆加固法，或用钢筋混凝土腰箍及钢筋杆加固法。

5. 剔缝埋入钢筋法

沿裂缝方向嵌入钢筋，相当于加一个“销”将裂缝两侧砌体销住。具体做法为：在墙体两侧每隔5皮砖剔凿一道长1 m（裂缝两侧各0.5 m）、深50 mm的砖缝，埋入$\phi 6$钢筋一根，端部弯直钩并嵌入砖墙竖缝，然后用强度等级为M10的水泥砂浆嵌填严实，如图5-5所示。

小提示

施工时，要注意先加固一面，砂浆达到一定强度后再加固另一面，注意采取保护措施使砂浆正常水化。

6. 拆砖重砌法

对裂缝较严重的砌体可采用局部拆砖重砌法，如图5-6所示。在裂缝位置拆除250 mm（跨裂缝两侧）长砖墙，用比原设计等级高一级的砂浆重新砌筑，新老砌体按规范要求结合密实。注意拆除墙体时，应采取措施保障安全。

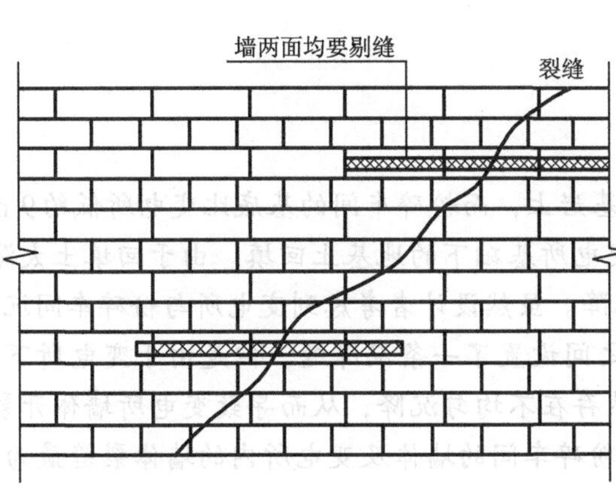

图5-5　剔缝埋入钢筋法

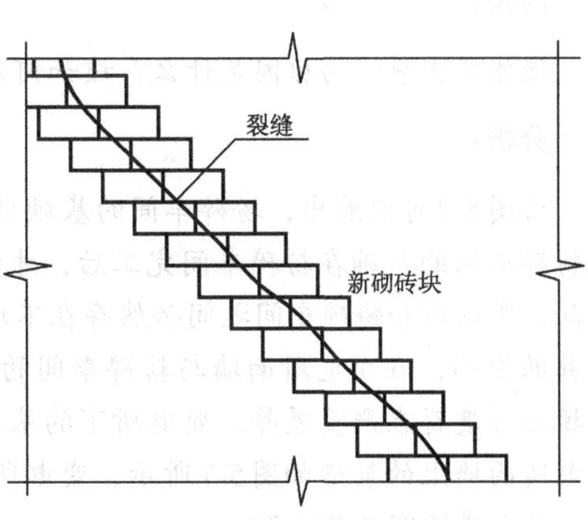

图5-6　拆砖重砌法

7. 变换结构类型

当承载能力不足导致砌体裂缝时，常采用这类方法处理。最常见的是柱承重改为加砌一道墙变为墙承重，或用钢筋混凝土代替砌体等。

除了上述方法之外，砌体结构的加固还有压力灌浆、把裂缝转为伸缩缝、托梁加固、外包加固等方法。

课堂案例

某厂变电所为二层砌体结构，与三层厂房（粉碎车间）相连，该厂房为钢筋混凝土框架结构，变电所与厂房的相对关系、变电所的平面尺寸如图5-7和图5-8所示。厂房的二层楼面与变电所的地面平齐，该厂房为钢筋混凝土独立基础，基础坐落于基岩上；变电所为钢筋混凝土条形基础，坐落于回填土上。变电所与厂房采用沉降缝分开。

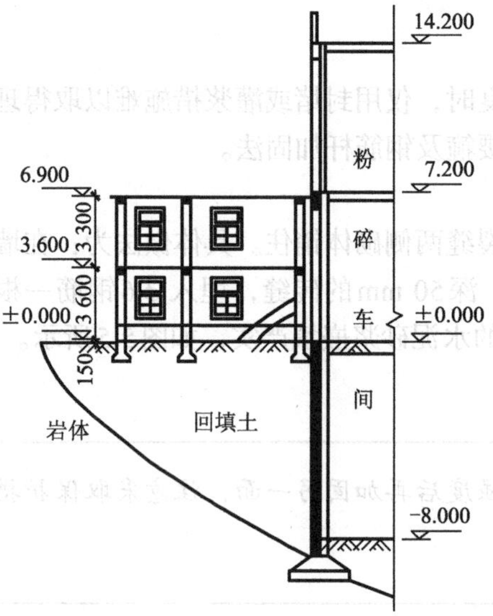

图5-7　变电所与粉碎车间关系图

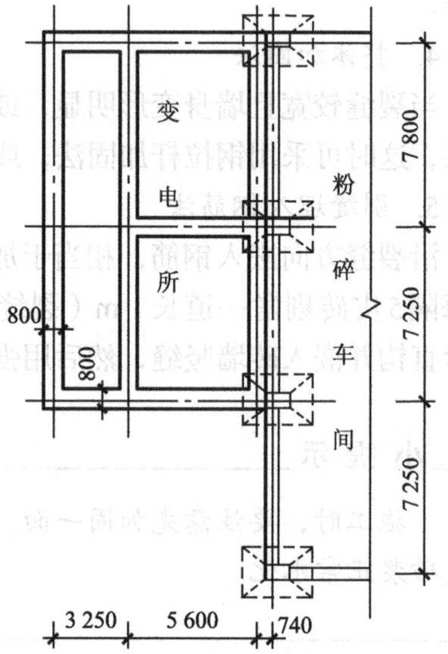

图5-8　变电所与粉碎车间基础平面图

在变电所建成十余年后，发现墙体开裂严重，裂缝宽度最大达30 mm，严重危及变电所的安全。变电所局部墙体的裂缝见图5-7。

问题：

墙体发生裂缝的原因是什么？该如何处理？

分析：

由图5-7可以看出，粉碎车间的基础坐落于基岩上，而粉碎车间的基底比变电所低约9 m，且粉碎车间的基础在粉碎车间完工后，才能将变电所基础下的地基土回填。由于回填土太深，因此，变电所和粉碎车间之间必然存在不均匀沉降。虽然设计者考虑到变电所与粉碎车间沉降差异的影响，在变电所南墙与粉碎车间的北墙之间设置了一条沉降缝，但是由于变电所下的回填土厚度存在严重差异，变电所下的基础必然存在不均匀沉降，从而导致变电所墙体开裂。变电所西墙上的裂缝如图5-7所示，变电所靠近粉碎车间的墙体及变电所内的墙体裂缝最为严重，最大裂缝宽度超过30 mm。

根据地质报告及土层物理性质指标，经充分论证，决定采用压密注浆法对变电所的地基进行处理。处理时，首先从粉碎车间的混凝土墙面上钻孔，然后用钻孔法钻至孔底标高顶1 m处，再用净压或摧毁、锤击的方法，下入注浆钻具至设计深度为止，最后进行注浆。注浆时由下至上进行。注浆管的布置如图5-9所示。

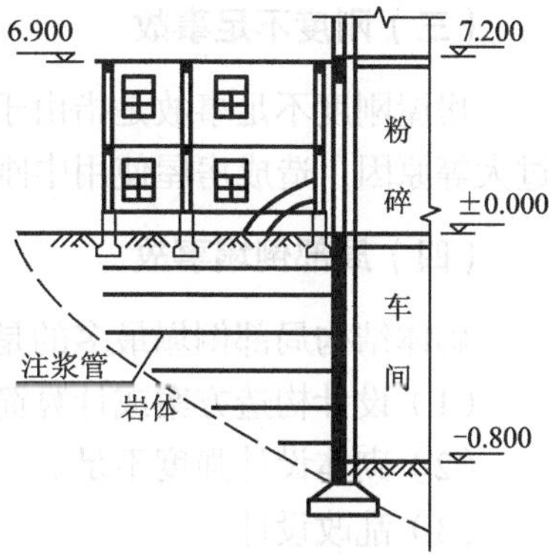

图5-9　注浆管布置示意图

学习单元二　砌体结构工程质量事故分析与处理

知识目标

（1）了解砌体结构工程质量事故的原因及分类。

（2）掌握砌体结构工程质量事故的处理方法。

技能目标

（1）能够掌握因强度不足引起事故的处理措施。

（2）能够掌握稳定性不足的原因及处理措施。

（3）能够掌握刚度不足引起事故的处理措施。

（4）能够掌握局部倒塌事故的产生及处理方法。

基础知识

一、事故原因与分类

（一）强度不足事故

砌体强度不足，有的变形，有的开裂，严重的甚至倒塌。对待强度不足的事故，尤其需要特别重视没有明显外部缺陷的隐患性事故。

造成砌体强度不足的主要原因：设计截面太小；水、电、暖、卫和设备留洞留槽削弱断面过多；材料质量不合格；施工质量差，如砌筑砂浆强度低下、砂浆饱满度严重不足等。

（二）稳定性不足事故

这类事故是指墙或柱的高厚比过大或由于施工原因，导致结构在施工阶段或使用阶段失稳变形。

造成砌体稳定性不足的主要原因有：设计时不验算高厚比，违反了砌体设计规范有关限值的规定；砌筑砂浆实际强度达不到设计要求；施工顺序不当，如纵横墙不同地砌筑，导致新砌纵墙失稳；施工工艺不当，如灰砂砖砌筑时浇水，导致砌筑中失稳；挡土墙抗倾覆、抗滑移稳定性不足等。

（三）刚度不足事故

房屋刚度不足事故是指由于设计构造不良或选用的计算方案欠妥，或门窗洞口对墙面削弱过大等原因，造成房屋使用中刚度不足，出现颤动，影响正常使用。

（四）局部倒塌事故

砌体结构局部倒塌最多的是柱、墙工程，柱、墙砌体破坏、倒塌的原因主要有以下几种。

（1）设计构造方案或计算简图错误。

（2）砌体设计强度不足。

（3）乱改设计。

（4）施工期失稳。

（5）材料质量差。

（6）事故工艺错误或施工质量低劣。

（7）旧房加层。

二、事故处理方法

（一）强度、刚度、稳定性不足事故的处理方法

（1）应急措施与临时加固。对那些强度或稳定性不足可能导致倒塌的建筑物，应及时支撑防止事故恶化，如果临时加固有危险，则不要冒险作业，应画出安全线严禁无关人员进入，避免不必要的伤亡。

（2）校正砌体变形。可采用支撑顶压，或用钢丝或钢筋校正砌体变形后再做加固等方式处理。

（3）封堵孔洞。由墙身留洞过大造成的事故可采用仔细封堵孔洞，恢复墙整体性的处理措施，也可在孔洞处增做钢筋混凝土边框加强。

（4）增设壁柱。有明设和暗设两类，壁柱材料可用同类砌体，或用钢筋混凝土或钢结构（见图5-10）。

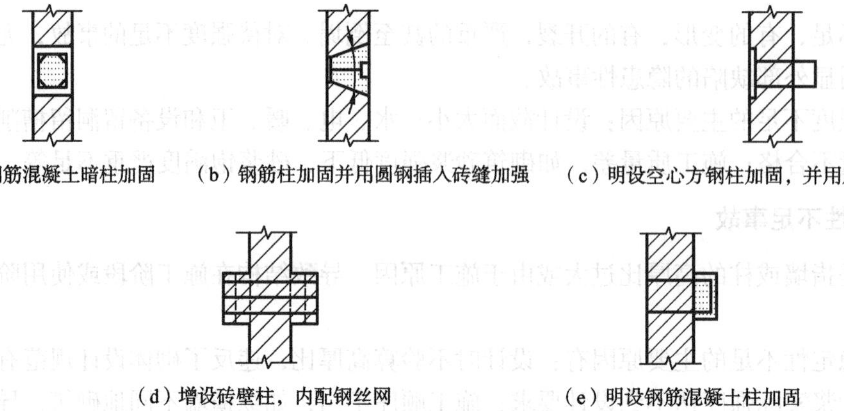

（a）钢筋混凝土暗柱加固　（b）钢筋柱加固并用圆钢插入砖缝加强　（c）明设空心方钢柱加固，并用扁钢锚固在砖墙中

（d）增设砖壁柱，内配钢丝网　（e）明设钢筋混凝土柱加固

图5-10　增设壁柱构造示意

（5）加大砌体截面。用同材料加大砖柱截面，有时也加配钢筋（见图5-11）。

（6）外包钢筋混凝土或钢。常用于柱子加固。

（7）改变结构方案。如果增加横墙，变弹性方案为刚性方案；柱承重改为墙承重；山墙增设抗风圈梁（墙长较小时）等。

（8）增设卸荷结构。如墙柱增设预应力补强撑杆。

（9）预应力锚杆加固。如重力式挡土墙用预应力锚杆加固后提高抗倾覆、抗滑移能力（见图5-12）。

（10）局部拆除重做。用于柱子强度、刚度严重不足时。

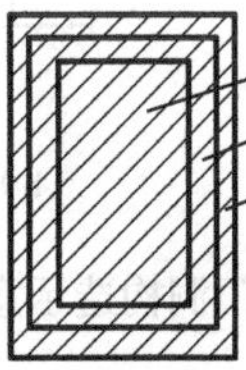

图5-11　加大砖柱截面

1—原有砖柱；2—加砌围套；3—加设钢筋网

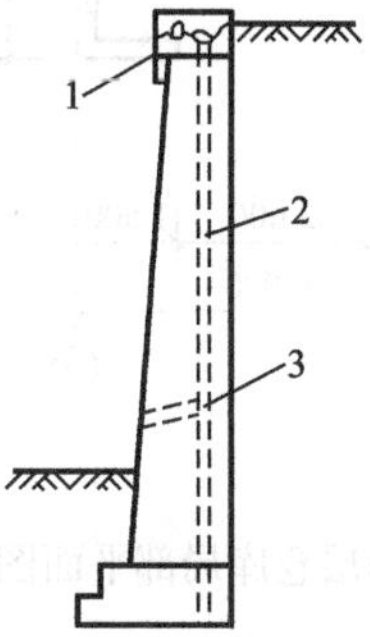

图5-12　预应力锚杆加固挡土墙

1—钢筋混凝土梁；2—钻孔φ74@1 m；3—浸水孔

（二）局部倒塌事故的处理方法

仅因施工错误而造成的局部倒塌事故，一般采用按原设计重建方法处理。但是多数倒塌事故均与设计和施工两方面的原因有关，这类事故均需要重新设计并严格按照施工规范的要求重建。

课堂案例

某单层仓库，长30 m，砖墙柱承重，装配式整体楼盖，局部平面如图5-13所示，内设3 t桥式起重机，轨顶标高4 m，屋架下弦标高5.5 m，墙顶标高6.5 m。该工程按刚性方案设计，竣工使用后，起重机开动引起房屋发生颤动。

该工程按刚性方案设计，但是刚性方案的横墙，规范规定应符合下列要求。

（1）横墙中开有洞口时，洞口的水平截面面积不应超过横墙截面面积的50%（该工程已达到或超过50%）。

（2）横墙厚度不宜小于180 mm（该工程符合规定）。

（3）单层房屋横墙长度不宜小于其高度（该工程已不符合此规定）。

因为横墙不能同时符合上述要求，规范规定应对横墙刚度进行验算。验算后发现，该横墙的最大水平位移值已严重超出规范规定的$H/4\ 000$（H为墙高），因此不能作为刚性方案的横墙。

问题：

对该事故进行处理时应该采取什么样的措施？

分析：

主要是加强山墙的刚度，使其满足上述全部要求，该工程采取的措施是将山墙上3 m宽的大门洞用240 mm厚砖墙封堵，新旧墙体连接采用拆除部分原墙砖或加设钢筋法（见图5-14）。由于墙洞封堵后，山墙的刚度提高，抵抗墙水平位移的截面惯性矩提高很多，经验算，处理后墙水平位移已小于规范的限制（*H*/4 000）。

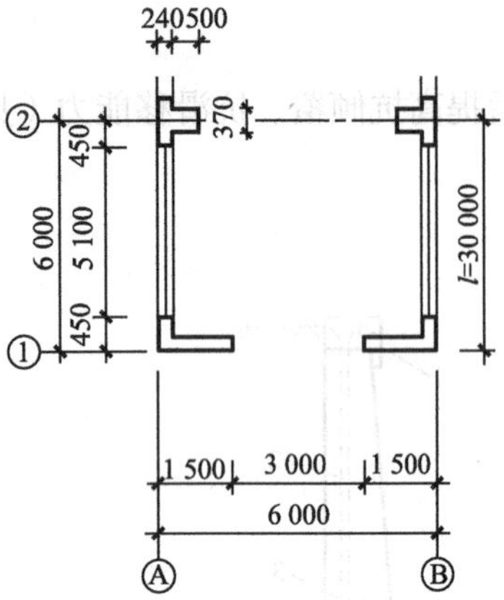

图5-13　某单层仓库局部平面图

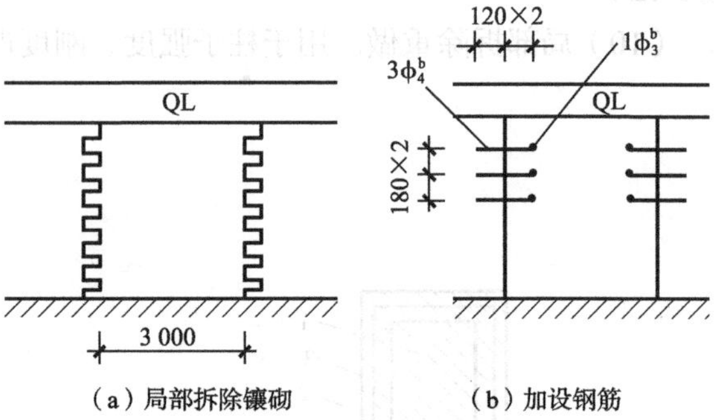

图5-14　封堵门洞构造示意图

学习单元三　砌体结构的加固

知识目标

（1）了解常用加固方法的分类。

（2）掌握常用加固方法的适用情况及具体处理措施。

技能目标

（1）能够掌握扩大截面加固法的适用情况及处理措施。

（2）能够掌握外加钢筋混凝土加固法的适用情况及处理措施。

（3）能够掌握外包钢加固法的适用情况及处理措施。

（4）能够掌握钢筋网水泥砂浆层加固法的适用情况及处理方法。

基础知识

当裂缝是因强度不足而引起的，或已有倒塌先兆时，必须采取加固措施。常用的加固方法有以下几种。

一、扩大截面加固法

这种方法适用于砌体承载力不足但裂缝尚属轻微、要求扩大面积不是很大的情况，一般的墙体、砖柱均可采用此法（见图5-15）。加大截面的砖砌体中砖的强度等级常与原砌体的相同，而砂浆应比原砌体中的砂浆等级提高一级，且最低不低于M2.5。

加固后，通常可考虑新旧砌体共同工作，这就要求新旧砌体有良好的结合。为了达到共同工作的目的，常采用以下两种方法：

（1）新旧砌体咬槎结合。如图5-15（a）所示，在旧砌体上每隔4～5皮砖，剔去旧砖形成120 mm深的槽，砌筑扩大砌体时，应将新砌体与之仔细连接，新旧砌体呈锯齿形咬槎，可保共同工作。

（2）钢筋连接。如图5-15(b）所示，在原有砌体上每隔5 ~ 6皮砖在灰缝内打入ϕ6钢筋，也可用冲击钻在砖上打洞，然后用M5砂浆裹着插入ϕ6钢筋，砌新砌体时，钢筋嵌入灰缝中。

无论是咬槎连接还是插筋连接，原砌体上的面层必须剥去，凿口后的粉尘必须冲洗干净并湿润后再砌扩大砌体。

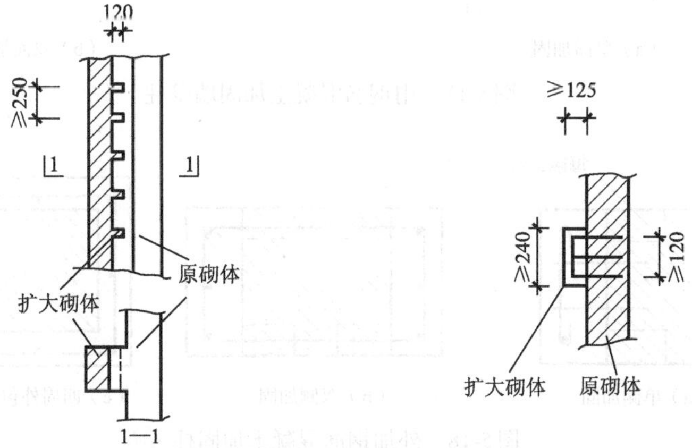

（a）新旧砌体咬槎结合　　（b）钢筋连接

图5-15　扩大砌体加固（尺寸单位：mm）

二、外加钢筋混凝土加固法

当砌体承载力不足时，可用外加钢筋混凝土进行加固。这种方法特别适用于砖柱和壁柱的加固。外加钢筋混凝土可以是单面的、双面的和四面包围的。外加钢筋混凝土的竖向受压钢筋可用ϕ8 ~ ϕ12的，横向受力钢箍可用ϕ4 ~ ϕ6的，应有一定数量的闭口钢箍，如间距300 mm左右设一闭口箍筋，闭口箍筋中间可用开口或闭口箍筋与原砌体连接。如闭口箍筋的一边必须在原砌体内，则可凿去一块顺砖，使闭口箍筋通过，然后用豆石混凝土填实。具体做法如图5-16 ~图5-18所示。

图5-16所示为平直墙体外加贴钢筋混凝土加固。图5-16(a)、(b）所示为单面外加混凝土，图5-16（c）所示为每隔5皮砖左右凿掉1块顺砖，使钢筋封闭。图5-17所示为墙壁柱外加贴钢筋混凝土加固，图5-18所示为钢筋混凝土加固柱。

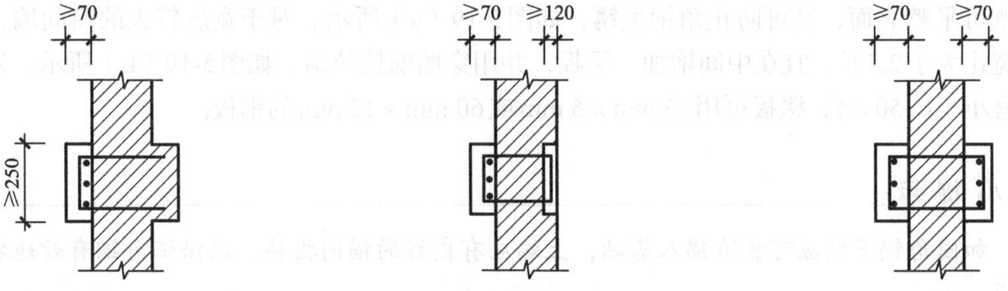

（a）单面加混凝土（开口箍）　（b）单面加混凝土（闭口箍）　（c）双面加混凝土

图5-16　墙体外贴钢筋混凝土加固

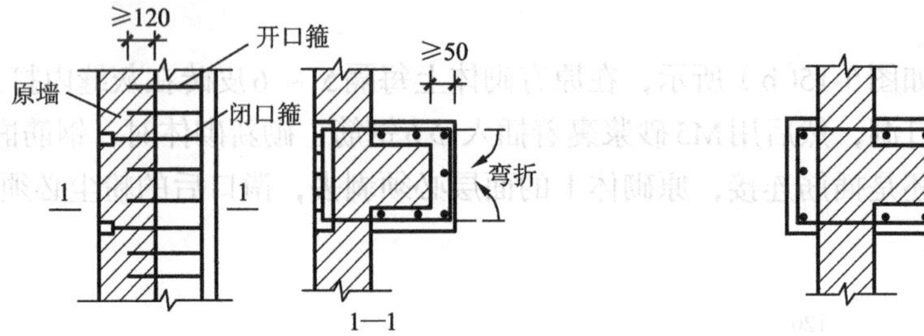

（a）单面加固　　（b）双面加固

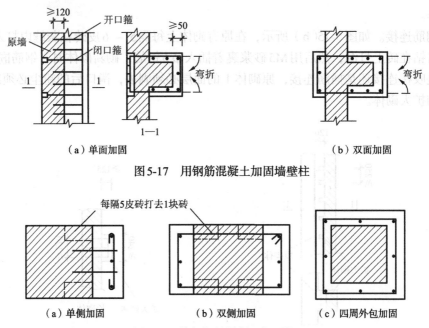

图5-17　用钢筋混凝土加固墙壁柱

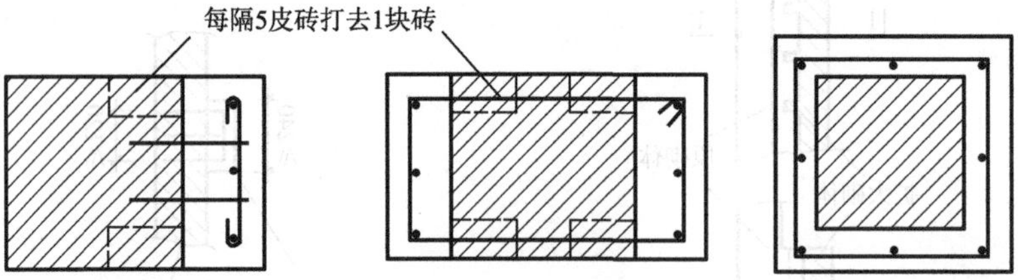

（a）单侧加固　（b）双侧加固　（c）四周外包加固

图5-18　外加钢筋混凝土加固柱

为了使混凝土与砖柱更好地结合，每隔300 mm（约5皮砖）打去1块砖，使后浇混凝土嵌入砖砌体内。外包层较薄时，也可用砂浆。四面外包层内应设置$\phi4\sim\phi6$的封闭箍筋，间距不宜超过150 mm。

混凝土常采用C15或C20，若采用加筋砂浆层，则砂浆的强度等级不宜低于M7.5。若砌体为单向偏心受压构件时，可仅在受拉一侧加上钢筋混凝土。当砌体受力接近中心受压或双向均可能偏心受压时，可在两面或四面贴上钢筋混凝土。

三、外包钢加固法

外包钢加固法具有快捷、高强的优点。用外包钢加固施工方便，且不要养护期，可立即发挥作用。外包钢加固可在基本不增大砌体尺寸的条件下，较多地提高结构的承载力。用外包钢加固砌体，还可大幅度地提高其延性，在本质上改变砌体结构脆性破坏的特性。

外包钢常用来加固砖柱和窗间墙。具体做法：首先用水泥砂浆把角钢粘贴于被加固砌体的四角，并用卡具临时夹紧固定，然后焊上缀板而形成整体。随后去掉卡具，外面粉刷水泥砂浆，既可平整表面，又可防止角钢生锈，如图5-19（a）所示。对于宽度较大的窗间墙，当墙的高宽比大于2.5时，宜在中间增加一缀板，并用穿墙螺栓拉结，如图5-19（b）所示。外包角钢不宜小于∟50×5，缀板可用35 mm×5 mm或60 mm×12 mm的钢板。

小提示

加固角钢下端应可靠地锚入基础，上端应有良好的锚固措施，以保证角钢有效地发挥作用。

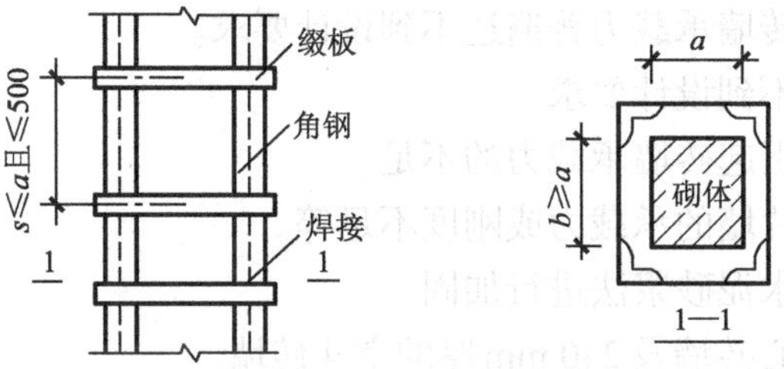

（a）外包钢加固砖柱

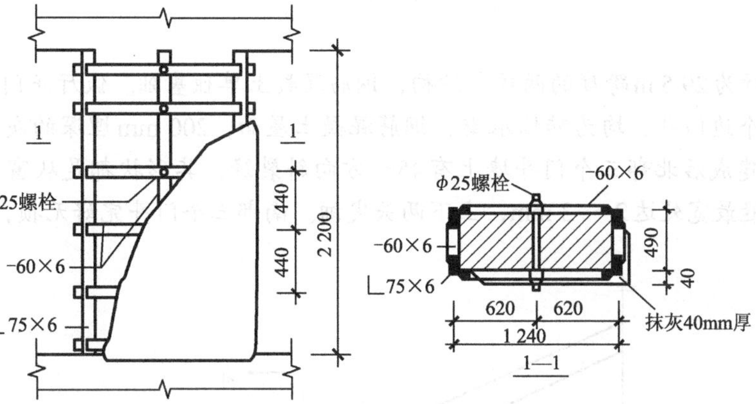

（b）外包钢加固窗间墙

图5-19　外包钢加固砌体结构（尺寸单位：mm）

四、钢筋网水泥砂浆层加固法

钢筋网水泥砂浆层加固法是在墙体表面去掉粉刷层后，附设由 $\phi 4 \sim \phi 8$ 组成的钢筋网片，然后喷射砂浆（或细石混凝土）或分层抹上密缀的砂浆层。用这种方法使墙体形成组合墙体，俗称夹板墙。可大大提高砌体的承载力及延性。

钢筋网水泥砂浆加固的具体做法如图5-20所示。

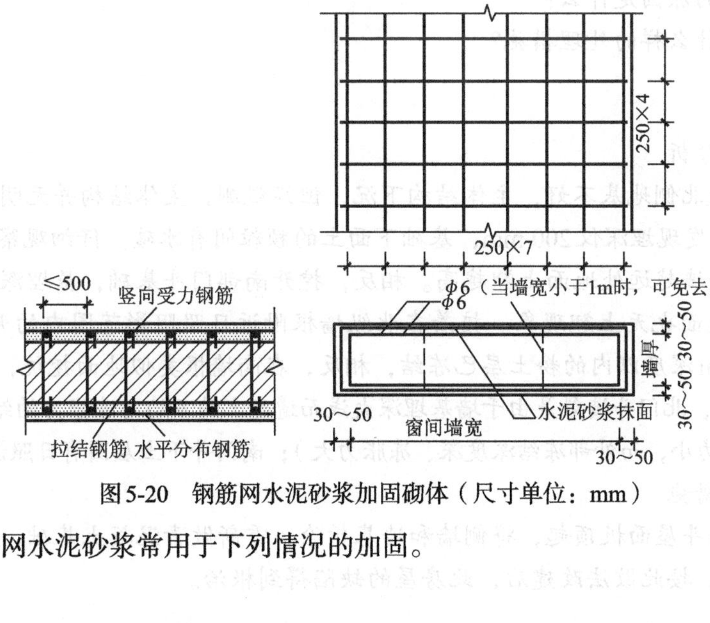

图5-20　钢筋网水泥砂浆加固砌体（尺寸单位：mm）

目前，钢筋网水泥砂浆常用于下列情况的加固。

（1）因施工质量差，而使砖墙承载力普遍达不到设计要求。

（2）窗间墙等局部墙体达不到设计要求。

（3）因房屋加层或超载而引起砖墙承载力的不足。

（4）因火灾或地震而使整片墙的承载力或刚度不足等。

下述情况不宜采用钢筋网水泥砂浆法进行加固。

（1）孔径大于15 mm的空心砖墙及240 mm厚的空斗砖墙。

（2）因墙体严重酥碱，或油污不易消除，不能保证抹面砂浆黏结质量的墙体。

学习案例

北京某饭厅为29.5 m跨度的两铰木结构，钢筋混凝土单独基础。饭厅正门向东。沿南、北外纵墙各有三个边门斗，均为砖墙承重，钢筋混凝土屋面，200 mm埋深的灰土基础。该饭厅于冬季建成，建成后北部三个门斗墙上有45° 方向斜裂缝，其形状都是从窗口上下角开始向墙角发展，裂缝最宽处达2 ~ 3 mm，上下两头尖细。南部三个门斗完好无损，如图5-21所示。

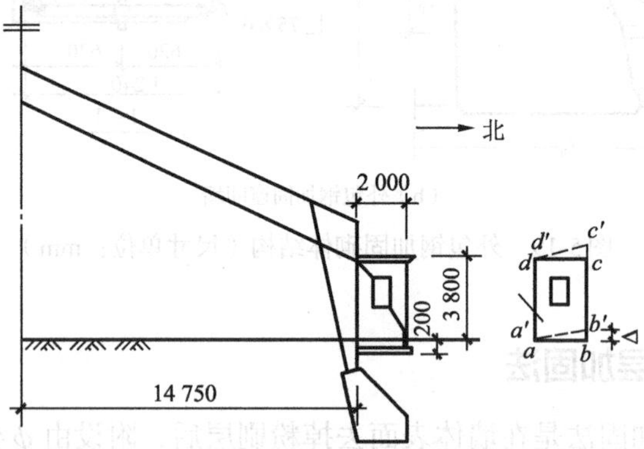

图5-21　某饭厅门斗墙体因地基土冻胀而开裂

想一想

1. 裂缝产生的原因是什么？

2. 应该采取什么样的处理措施？

案例分析

1. 事故原因分析

起初，曾怀疑北侧地基不好，主体结构下沉，但经观测，主体结构并无明显沉降。后来挖开北部门斗基础，发现埋深仅200 mm，基础下面土的颗粒间有冰碴。仔细观察北门斗地面，有上翘现象，离北纵墙越远处地面上翘越高。相反，挖开南部门斗基础，虽埋深相同，但基础下面土未遭冻结，地面也无上翘现象。接着在北纵墙根附近日照阴影范围内的天然地面处挖坑，发现地面下450 mm深度以内的粉土层已冻结，相反，在南墙根类似地面挖坑，却无冻结现象。

因此可以确认，北门斗墙裂是由于墙基埋深太浅而遭受土的不均匀冻胀力的结果（北门斗内部冻结深度浅、冻胀力小，而外部冻结深度深、冻胀力大）；南门斗下土层因有日照影响，未曾冻结。

2. 事故处理措施

立支柱将北门斗屋面板顶起，将侧墙和墙基拆除，重新做素混凝土基础，埋置深度为室外地平下800 mm处。按此做法改建后，此房屋的缺陷得到根治。

知识拓展

砖砌体工程质量控制要点

砖砌体工程质量控制要点如下：

（1）建筑物的标高，应引自标准水准点或设计指定的水准点。基础施工前，应在建筑物的主要轴线部位设置标志板。标志板上应标明基础、墙身和轴线的位置及标高。外形或构造简单的建筑物，可用控制轴线的引桩代替标志板。

（2）砌筑前，弹好墙基大放脚外边沿线、墙身线、轴线、门窗洞口位置线，并必须用钢尺校核放线尺寸。

（3）砌筑基础前，应按核放尺寸，允许偏差应符合表5-2所示的规定。

表5-2　放线尺寸的允许偏差

长度L、宽度B/m	允许偏差/mm	长度L、宽度B/m	允许偏差/mm
L（或B）≤30	±5	60<L（或B）≤90	±15
30<L（或B）≤60	±10	L（或B）>90	±20

（4）按设计要求，在基础及墙身的转角及某些交接处立好皮数杆，其间距每隔10～15 m立一根，皮数杆上划有每皮砖和灰缝厚度及门窗洞口、过梁、楼板等竖向构造的变化位置，控制楼层及各部位构件的标高。砌筑完每一楼层（或基础）后，应校正砌体的轴线和标高。

学习情境小结

本学习情境主要介绍了砌体结构工程常见裂缝，砌体结构产生裂缝的原因分析及处理方法，常用砌体结构的加固技术。砌体结构造价低廉，应用广泛，特别是住宅、办公楼、学校、医院等大多采用砖、石或砌块墙体和钢筋混凝土楼盖组成的混合结构体系民用建筑。近年来，砌体结构的事故比较常见，必须引起我们足够的重视。

学 习 检 测

1. 填空题

（1）沉降裂缝的类型有________、________、________、________。

（2）裂缝常出现在底层大窗台下方及地基有突变情况的建筑物顶部。

（3）对已经稳定的沉降裂缝，可选用________、________等进行加固处理。

（4）鉴别砌体结构裂缝时，可以依据________、________、________、________鉴别。

（5）砖砌体填缝修补的方法有________和________两种。

2. 简答题

（1）简述沉降裂缝的类型及原因。

（2）沉降裂缝的预防措施有哪些？

（3）温度裂缝有什么特点？有哪些预防措施？

（4）预防因地震作用引起的裂缝的预防措施有哪些？

（5）扩大截面加固法适用于什么情况？具体方法是什么？

学习情境六

钢结构工程事故分析与处理

情境导入

美国肯帕体育馆建于1974年，承重结构为三个立体钢框架，屋盖钢桁架悬挂在立体框架梁上，每个悬挂节点用4个A490高强度螺栓连接。1979年6月4日晚，高强度螺栓断裂，屋盖中心部分突然塌落。

屋盖倒塌的主要原因是高强度螺栓长期在风荷载作用下发生疲劳破坏。在风荷载作用下，屋盖钢桁架与立体框架梁间产生相对移动，使吊管式悬挂节点在连接中产生弯矩，从而使高强度螺栓承受了反复荷载。而高强度螺栓受拉疲劳强度仅为其初始最大承载力的20%，对A490高强度螺栓的试验表明，在松、紧五次后，其强度仅为原有承载力的1/3。另外，螺栓在安装时没有拧紧，连接件中各钢板没有紧密接触，从而加剧了螺栓的破坏。

案例导航

体育馆主要承重结构立体框架完好、正常。由于屋顶悬挂设计成吊管连接不适宜，因此屋顶需重新设计，更换所有的吊管连接件。

如何分析和处理钢结构工程质量事故？如何预防钢结构工程质量事故的发生？需要掌握的相关知识有：

1. 钢结构的缺陷；
2. 钢结构事故原因分析及处理；
3. 钢结构的加固。

学习单元一　钢结构的缺陷

知识目标

（1）了解钢材的化学成分、物理力学性能及缺陷。

（2）掌握钢结构加固制作中可能存在的缺陷。

（3）掌握钢结构在运输、安装和使用维护中的缺陷。

技能目标

（1）能够了解钢材的基本性能和缺陷。

（2）能够掌握钢结构在加固制作、运输、安装和使用维护中的缺陷。

基础知识

一、钢材的性能及缺陷

（一）钢材的性能及缺陷

钢材的种类很多，建筑结构用钢材需具有较高强度，较好的塑性、韧性，足够的变性能力，以及适应冷热加工和焊接的性能。目前，建筑结构用钢主要有低碳钢和低合金钢两种。

低碳钢中，铁约占99%，碳只占0.14% ~ 0.22%，此外便是硅（Si）、锰（Mn）、铜（Cu，不经常有）等微量元素，还有在冶炼中不易除尽的有害元素，如硫（S）、磷（P）、氧（O）、氮（N）、氢（H）等。在低碳钢中添加用以改善钢材性能的某些合金元素，如锰（Mn）、钒（V）、镍（Ni）、铬（Cr）等，就可得到低合金钢。碳和这些元素虽然含量很低（总和仅占1% ~ 2%），但却决定着钢材的强度、塑性、韧性、可焊性和耐腐蚀性，其中，硫、磷是常见的有害元素，应重点检测，控制其含量。

钢材在高温下进行轧制、锻造、焊接、铆接等热加工时，会使钢内的硫化亚铁（FeS）熔化，形成微裂，使钢材变脆，即所谓的“热脆现象”。另外，硫还会降低钢材的塑性、冲击韧性、疲劳强度和抗锈蚀性，要求含量达0.035% ~ 0.050%。

磷的存在可提高钢的强度和抗锈蚀性，但会严重地降低其塑性、冲击韧性、冷弯性能和可焊性等；特别是在低温条件下，会使钢材变得很脆（低温冷脆）。另外，适量的磷和铜共存可以提高强度，但最明显的还是提高钢的耐腐蚀性能，要求含量达0.035% ~ 0.045%。

（二）钢材的物理力学性能

影响钢结构性能的钢材物理力学指标除常用的强度和塑性外，还有以下几种。

（1）冷弯。冷弯性能是指钢材在常温下冷加工弯曲产生塑性变形时抵抗裂纹产生的一种能力。

（2）冲击韧性。冲击韧性是衡量钢材断裂时吸收机械能量的能力，是强度和塑性的综合指标。

（3）可焊性。钢材的可焊性可分为施工上的可焊性和使用上的可焊性两种类型。

施工上的可焊性是指焊缝金属产生裂纹的敏感性，以及由于焊接加热的影响，近缝区母材的淬硬和产生裂纹的敏感性以及焊接后的热影响区的大小。可焊性好是指在一定的焊接工艺条件下，焊缝金属和近缝区钢材均不产生裂纹。

使用上的可焊性则指焊接接头和焊缝的缺口韧性（冲击韧性），以及热影响区的延伸性（塑性）。要求焊接结构在施焊后的力学性能不低于母材的力学性能。

（4）疲劳。钢材的疲劳是指其在循环应力多次反复作用下，裂纹生成、扩展以致断裂破坏的现象。钢材疲劳破坏时，截面上的应力低于钢材的抗拉强度设计值，钢材在疲劳破坏之前，并不出现明显的变形或局部收缩；它和脆性断裂一样，是突然破坏的。

（5）腐蚀。钢材的腐蚀有大气腐蚀、介质腐蚀和应力腐蚀。

钢材的介质腐蚀主要发生在化工车间、储罐、储槽、海洋结构等一些和腐蚀性介质接触的钢结构中，腐蚀速度和防腐措施取决于腐蚀性介质的作用情况。

钢材的应力腐蚀是指其在腐蚀性介质侵蚀和静应力长期作用下的材质脆化现象，如海洋钢结构在海水和静应力长期作用下的“静疲劳”。

小提示

根据国外挂片试验结果，不刷涂层的两面外露钢材在大气中的腐蚀速度为8 ~ 17年1 mm。

（6）冷脆。在常温下，钢材本是塑性和韧性较好的金属，但随着温度的降低，其塑性和韧性逐渐降低，即钢材逐渐变脆，这种现象称为“冷脆现象”。

（三）钢材的缺陷

（1）发裂。发裂主要是由热变形过程中（轧制或锻造）钢内的气泡及非金属夹杂物引起的，经常出现在轧件纵长方向上，裂纹如发丝，一般裂纹长20 ~ 30 mm以下，有时为100 ~ 150 mm。发裂几乎出现在所有钢材的表面和内部。防止发裂最好由冶金工艺解决。

（2）分层。分层是钢材在厚度方向不密合，分成多层，但各层间依然相互连接并不脱离的现象。横轧钢板分层出现在钢板的纵断面上，纵轧钢板分层出现在钢板的横断面上。

小提示

分层不影响垂直厚度方向的强度，但显著降低冷弯性能。另外，在分层的夹缝处还容易锈蚀，甚至形成裂纹。分层将严重降低钢材的冲击韧性、疲劳强度和抗脆断能力。

（3）白点。钢材的白点是因含氢量过大和组织内应力太大，从而相互影响而形成的。它使钢材质地变松、变脆、丧失韧性、产生破裂。

小提示

在炼钢时，尽量不要使氢气进入钢水中，并且做到钢锭均匀退火，轧制前合理加热，轧制后缓慢冷却，即可避免钢材中的白点。

（4）内部破裂。轧制钢材过程中，若钢材塑性较低或是轧制时压量过小，特别是上下轧辊的压力曲线不“相交”时，则会与外层的延伸量不等，从而引起钢材的内部破裂。这种缺陷可以用合适的轧制压缩比（钢锭直径与钢坯直径之比）来补救。

（5）斑疤。钢材表面局部薄皮状重叠称为斑疤，这是一种表面粗糙的缺陷，它可能产生在各种轧材、型钢及钢板的表面。其特征为：因水容易浸入缺陷下部，会使钢材冷却加快，故缺陷处呈现棕色或黑色，斑疤容易脱落，形成表面凹坑。其长度和宽度可达几毫米，深度为0.01 ~ 1.0 mm。斑疤会使薄钢板成型时的冲压性能变坏，甚至产生裂纹和破裂。

（6）划痕。划痕一般产生在钢板的下表面上，主要是由轧钢设备的某些零件摩擦所致。划痕的宽度和深度肉眼可见，长度不等，有时贯穿全长。

（7）切痕。切痕是薄板表面上常见的折叠比较好的形似接缝的褶皱，在屋面板与薄铁板的表面上尤为常见。如果将形成的切痕的褶皱展平，钢板易在该处裂开。

（8）过热。过热是指钢材加热到上临界点后，还继续升温时，其机械性能变差（如抗拉强度），特别是冲击韧性显著降低的现象。它是由于钢材晶粒在经过上临界点后开始胀大所引起的，可用退火的方法使过热金属的结晶颗粒变细，恢复其机械性能。

（9）过烧。当金属的加热温度很高时，钢内杂质集中的边界开始氧化或部分熔化时会发生过烧现象。由于熔化的原因，晶粒边界周围形成一层很小的非金属薄膜将晶粒隔开。因此，过烧的金属经不起变形，在轧制或锻造过程中易产生裂纹和龟裂，有时甚至裂成碎块。过烧的金属为废品，不论用什么热处理方法都不能挽回，只能回炉重炼。

（10）机械性能不合格。钢材的机械性能一般要求抗拉强度、屈服强度、伸长率和截面收缩率四项指标得到保证，有时再加上冷弯，用在动力荷载和低温时还必须要求冲击韧性。如果上述机械性能大部分不合格，钢材只能报废，若仅有个别项达不到要求，可做等外品处理或用于次要构件。

（11）夹杂。夹杂通常指的是非金属夹杂，常见的为硫化物和氧化物，前者使钢材在800 ℃~1 200 ℃高温下变脆，后者将降低钢材的力学性能和工艺性能。

（12）脱碳。脱碳是指金属加热表面氧化后，表面含碳量比金属内层低的现象。主要出现在优质高碳钢、合金钢、低合金钢中，中碳钢有时也有此缺陷，钢材脱碳后淬火将会降低钢材强度、硬度及耐磨性。

缺陷有表面缺陷和内部缺陷，也有轻重之分。最严重的应属钢材中形成的各种裂纹，应高度重视其危害后果。

二、钢结构加固制作中可能存在的缺陷

钢结构的加工制作全过程是由一系列工序组成的，钢结构的缺陷也就可能产生于各工种的加工工艺中。

（一）钢构件的加工制作及可能产生的缺陷

钢构件的加工制作过程一般为：钢材和型钢的鉴定试验→钢材的矫正→钢材表面清洗和除锈→放样和画线→构件切割→孔的加工→构件的冷热弯曲加工等。

构件加工制作可能产生各种缺陷，主要缺陷有以下几方面。

（1）钢材的性能不合格。

（2）矫正时引起的冷作硬化。

（3）放样尺寸和孔中心的偏差。

（4）切割边未作加工或加工未达到要求。

（5）孔径误差。

（6）构件的冷加工引起的钢材硬化和微裂纹。

（7）构件的热加工引起的残余应力等。

（二）铆接缺陷

铆接是将一端带有预制钉头的铆钉，经加热后插入连接构件的钉孔中，再用铆钉枪将另一端打铆成钉头，以使连接达到紧固。铆接有热铆和冷铆两种方法。铆接传力可靠，塑性、韧性均较好。

在20世纪上半叶以前，铆接曾是钢结构的主要连接方法。由于铆接是现场热作业，目前只在桥梁结构和吊车梁构件中偶尔使用。

铆接工艺带来的缺陷归纳如下：

（1）铆钉本身不合格。

（2）铆钉孔引起的构件截面削弱。

（3）铆钉松动，铆合质量差。

（4）铆合温度过高，引起局部钢材硬化。

（5）板件之间紧密度不够。

（三）栓接缺陷

栓接包括普通螺栓连接和高强螺栓连接两大类。普通螺栓由于紧固力小，且螺栓杆与孔径间空隙较大（主要指粗制螺栓），故受剪性能差，但受拉连接性能好，且装卸方便，故通常应用于安装连接和需拆装的结构。

小提示

高强螺栓是继铆接连接之后发展起来的一种新型钢结构连接形式，它已成为当今钢结构连接的主要手段之一。

螺栓连接给钢结构带来的主要缺陷：

（1）螺栓孔引起构件截面削弱。

（2）普通螺栓连接在长期动载作用下的螺栓松动。

（3）高强螺栓连接预应力松弛引起的滑移变形。

（4）螺栓及附件钢材质量不合格。

（5）孔径及孔位偏差。

（6）摩擦面处理达不到设计要求，尤其是摩擦系数达不到要求。

（四）焊接缺陷

焊接是钢结构最重要的连接手段。焊接方法种类很多，按焊接的自动化程度一般分为手工焊接、半自动焊接及自动化焊接。

焊接工艺可能存在以下缺陷。

（1）焊接材料不合格。手工焊采用的是焊条，自动焊采用的是焊丝和焊剂。在实际工程中通常容易出现三个问题：一是焊接材料本身质量有问题；二是焊接材料与母材不匹配；三是不注意焊接材质的烘焙工作。

（2）焊接引起焊缝热影响区母材的塑性和韧性降低，使钢材硬化、变脆开裂。

（3）因焊接产生较大的焊接残余变形。

（4）因焊接产生严重的残余应力或应力集中。

（5）焊缝存在多种缺陷，如裂纹、焊瘤、边缘未熔合、未焊透、咬肉、夹渣和气孔等。

三、钢结构运输、安装和使用维护中的缺陷

钢结构运输、安装和使用维护中可能产生的缺陷有以下几方面。

（1）运输过程中引起结构或其构件产生的较大变形和损伤。

（2）吊装过程中引起结构或其构件的较大变形和局部失稳。

（3）安装过程中没有足够的临时支撑或锚固，导致结构或其构件产生较大的变形、丧失稳定性，甚至倾覆等。

（4）施工连接（焊缝、螺栓连接）的质量不满足设计要求。

（5）使用期间由于地基不均匀沉降等原因造成的结构损坏。

（6）没有定期维护，使结构出现较严重腐蚀，影响结构的可靠性能。

学习单元二　钢结构事故分析与处理

知识目标

（1）了解钢结构承载力与刚度失效的原因。

（2）了解钢结构整体失稳和局部失稳的主要原因。

（3）掌握钢结构疲劳破坏的形成及影响因素。

（4）掌握钢结构脆性断裂的主要原因。

（5）掌握钢结构锈蚀的类型及处理措施。

（6）掌握钢结构的其他类型事故的原因及处理方法。

技能目标

（1）能够了解常见的钢结构事故的产生原因及处理措施。

（2）掌握钢结构材料事故、变形事故、构件裂缝事故、火灾事故、铆钉螺栓连接缺陷事故的产生及处理方法。

基础知识

钢结构按破坏形式大致可分为：钢结构承载力与刚度的失效、钢结构的失稳、钢结构的疲劳破坏、钢结构的脆性断裂和钢结构的腐蚀等。同时钢结构的各种破坏又是相互联系和相互影响的，在一个事故中有可能发现几种形式的破坏，导致各种形式破坏的原因虽有不同，但大多具有一定的共性。

一、钢结构承载力与刚度的失效

（一）钢结构承载力失效

钢结构承载力失效主要指正常使用状态下，结构构件或连接因材料强度被超过而导致破坏。其主要原因大致可归纳为：

（1）钢材的强度指标不合格。在钢结构的设计中，有两个重要的强度指标：屈服强度f_y和抗拉强度f_u。另外，当结构构件承受较大剪力或扭矩时，钢材的抗剪强度f_v也是一个重要的强度指标。

（2）连接强度不满足要求。钢结构焊接连接的强度主要取决于焊接材料的强度及其与母材的匹配、焊接工艺、焊缝质量和缺陷及其检查和控制、焊接对母材热影响区强度的影响等。螺栓连接强度的影响因素为：螺栓及其附件材料的质量以及热处理效果（高强度螺栓）、螺栓连接的施工技术工艺的控制，特别是高强度螺栓预应力控制和摩擦面的处理、螺栓孔引起被连接构件截面的削弱和应力集中等。

（3）使用荷载和条件的改变。使用荷载和条件的改变主要包括计算荷载的超载、部分构件退出工作引起的其他构件荷载的增加、温度荷载、基础不均匀沉降引起的附加荷载、意外的冲击荷载、结构加固过程中引起计算简图的改变等。

（二）钢结构刚度失效

钢结构刚度失效主要指结构构件产生了影响其继续承载或正常使用的塑性变形或振动。其主要原因为：

（1）结构或构件的刚度不满足设计要求。在钢结构构件设计中，轴心受压构件不满足长细比的要求；受弯构件（梁）不满足挠度的要求；压弯构件不满足长细比和挠度的要求等。

（2）结构支撑体系不够。在钢结构中，支撑体系是保证结构整体刚度的重要组成部分，它不仅对抵制水平荷载和抗震有利，而且会直接影响结构的正常使用。例如，有吊车梁的工业厂房，当整体刚度较弱时，在吊车梁运行过程中会产生振动和摇晃。

课堂案例

某医院会议室总长54.8 m，柱距3.43 m，进深7.32 m，檐口高3 m（见图6-1）。结构为砖墙承重，轻钢屋架，屋面为圆木檩条，上铺苇箔两层，抹一层大泥。其后院方决定铺瓦，于是在原泥顶面上又铺了250 mm秫秸和旧草垫子，100 mm厚的炉灰渣子，100 mm的黄土，最后铺上20 mm的水泥瓦。1982年12月15日，盖完最后一间房屋面的瓦时，工程尚未验收，医院即启用。当天下午3：30左右，约130人在该会议室开会时，五间房的屋架全部倒塌，造成8人死亡，7人重伤，3人轻伤的重大事故。

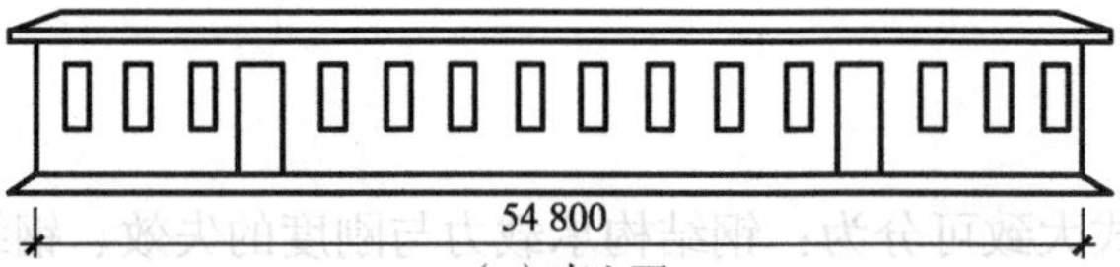

（a）南立面

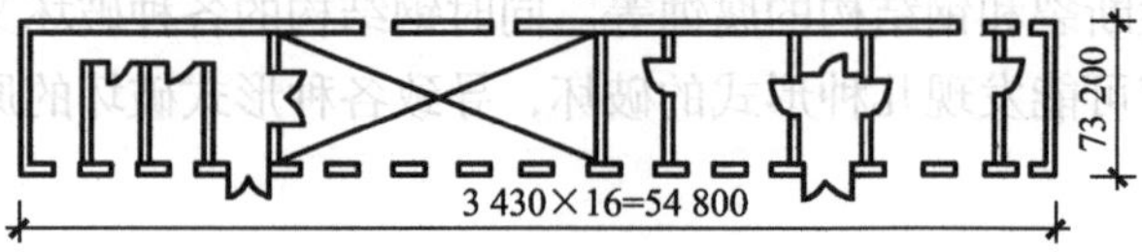

平面

（b）平面及立面示意图

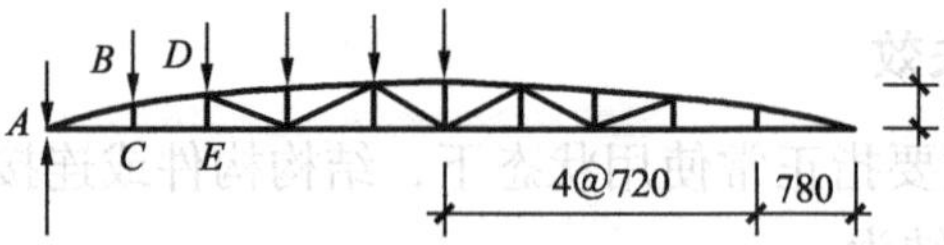

（c）屋架示意图

图6-1　某医院会议室钢屋架

问题：

发生该起事故的原因是什么？

分析：

事故发生后通过调查分析，得出事故的原因有以下几方面。

（1）屋架的构造不合理。由图6-1所示可知，端部第二节间内未设斜腹杆，*BCED*很难成为坚固的不变体系，因而*BC*杆为零杆，很难起到支撑上弦的作用。这样，杆*ABD*在轴力作用下，因计算长度增大而大大降低其承载力。另外，屋架上弦为单角钢∟40×4，在檩条集中力的作用下构件还可能发生扭转，使其受力条件恶化。又因单角钢∟40×4的回转半径为7.9 mm，这样上弦AD杆的长细比接近195，比规范要求的150超出很多。经计算，发现AD杆的强度及稳定性均严重不足，这是屋架破坏的主要原因。

（2）屋架之间缺乏可靠的支撑系统。圆木檩条未与屋架上弦锚固，很难起到系杆或支撑的作用。屋架间虽设有三道φ8钢筋的系杆，但过于柔软，不能起到支撑作用；即使能起支撑作用，由于间距过大，使上弦杆的平面外长细比达302，与规范要求相差甚远。加之屋架支座处与墙体也无锚固措施，整个屋架的空间稳定性很差，只要有一榀屋架首先失稳，则整个屋盖必会大面积倒塌。

（3）屋架制作质量很差。尤其是腹杆与弦杆的焊接，只有点焊接，许多地方焊缝长度达不到规范要求的8倍焊缝厚度。

（4）工程管理混乱。设计上审查不严，医院领导盲目指挥，尤其是不考虑屋架的承载力而盲目增加屋盖的重量，终于酿成严重的事故。

二、钢结构的失稳

稳定问题是钢结构最突出的问题，长期以来，许多工程技术人员对强度概念认识清晰，对稳定概念认识单薄，并且存在强度重于稳定的错误思想。因此，在大量接连发生的钢结构失稳事故中付出了血的代价，得到了严重的教训。钢结构的失稳事故分为整体失稳事故和局部失稳事故两大类。

（一）影响结构构件整体稳定性的主要原因

（1）构件整体稳定不满足要求。影响它的主要参数为长细比（$\lambda=l/r$，其中，l为构件的计算长度，r为截面的回转半径）。

小提示

应注意，截面两个主轴方向的计算长度可能有所不同，以及构件两端实际支承情况与计算支承间的区别。

（2）构件有各类初始缺陷。在构件的稳定性分析中，各类初始缺陷对其极限承载力的影响比较显著。这些初始缺陷主要包括：初弯曲、初偏心、热轧和冷加工产生的残余应力、残余变形及其分布、焊接残余应力和残余变形等。

（3）构件受力条件的改变。钢结构使用荷载和使用条件的改变，如超载、节点的破坏、温度的变化、基础的不均匀沉降、意外的冲击荷载、结构加固过程中计算简图的改变等，引起受压构件应力增加，或使受拉构件转变为受压构件，从而导致构件整体失稳。

（4）施工临时支撑体系不够。在结构的安装过程中，由于结构并未完全形成一个设计要求的受力整体或其整体刚度较弱，因而需要设置一些临时支撑体系来维持结构或构件的整体稳定。若临时支撑体系不完善，轻则会使部分构件丧失整体稳定，重则造成整个结构的倒塌或倾覆。

（二）影响结构构件局部稳定性的主要原因

（1）构件局部稳定不满足要求。例如，构件工形、槽形截面翼缘的宽厚比和腹板的高厚比大于限值时，易发生局部失稳现象，在组合截面构件设计中尤应注意。

（2）局部受力部位加劲肋构造措施不合理。在构件的局部受力部位，如支座、较大集中荷载作用点，没有设支承加劲肋，使外力直接传给较薄的腹板而产生局部失稳。构件运输单元的两端以及较长构件的中间如没有设置横隔，难以保证截面的几何形状不变且易丧失局部稳定性。

（3）吊装时吊点位置选择不当。在吊装过程中，由于吊点位置选择不当会造成构件局部较大的压应力，从而导致局部失稳。所以钢结构在设计时，图纸应详细说明正确的起吊方法和吊点位置。

课堂案例

某窑炉厂有两跨21 m的厂房，在每一跨安装了两座水泥回转窑及其辅助设备。车间平面尺寸为42 m×168 m，其上安装相互分离的单坡平行弦钢屋架。屋架支承在装配式钢筋混凝土柱上，除第③轴线和第⑤轴线之间柱距为12 m外，其余柱距均为6 m。因此屋架4位于固定在支承于第③轴线和第⑤轴线柱的托架上，屋面为6 m×1.5 m装配式钢筋混凝土板，如图6-2所示。

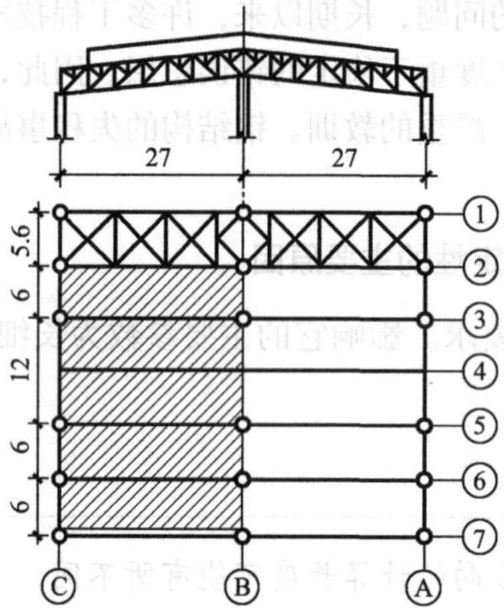

图6-2　窑炉车间厂房第一次发生事故的屋盖区段

按设计，Ⓑ轴线柱上的屋盖为简支，实际上，在中间支座上相毗邻的屋架用四个直径为19 mm的螺栓连接（即法兰盘的连接方式）。在第②~③轴线和第④~⑤轴线之间的屋架上安装曝气天窗。

事故发生在清晨。事故发生前两天，厂区连续下雨，Ⓑ—Ⓑ跨四榀屋架连同Ⓑ轴线的托架突然塌落，屋架2损坏。当检查结构时，在出事地点及相近车间区域内发现Ⓑ—Ⓑ跨的屋架3及屋架5和与其相连的Ⓑ轴线托架。Ⓑ轴线托架仍在原位，屋架3在下面，而屋架5的上弦杆挂在上面，支承在托架上的屋架4从托架上脱落。屋架6落在桥式吊车上，局部破坏。但尚未发现塌落屋架上的节点和构件有何破坏。

问题：

发生该起事故的原因是什么？

分析：

两个检查小组共同调查事故原因，但意见不一致：

经委检查小组认为，事故原因在于相邻屋架上的上弦杆在中间支座处用四个螺栓连接，使设计的非连续屋架变成连续屋架，从而造成下弦杆支座板和屋架支座斜杆上的压力过大，下弦杆内力符号变更成压杆并失去稳定性。屋盖的某些部位由水泥尘埃增加的荷载也加剧了这种趋势。

建委检查小组认为，事故原因在于第③轴线钢筋混凝土柱的牛腿被破坏（在此牛腿上支承着托架）。该牛腿的上配筋不合理，有部分钢筋被剪断；同时，柱3和柱5安装有纵向偏心。

根据两个检查小组的分析结果，对厂房屋盖进行了修复与加固，使之完全恢复到最初设计要求。但以后的事实证明，两个检查小组均没有找准事故的真正原因，即屋盖水泥尘埃超载。

三、钢结构的疲劳破坏

钢结构的疲劳破坏往往是在其循环应力反复作用下发生的。在钢结构的疲劳分析中，习惯把循环次数$N \leqslant 10^5$称为低周疲劳，而把$N > 10^5$称为高周疲劳。经常承受动力荷载的钢结构，如吊车梁、桥梁、近海结构等，在其工作期限内所经历的循环应力次数远超过10^5级。如果钢结构构件的实际循环应力特征和实际循环次数超过设计时所采取的参数，就很可能发生疲劳破坏。

此外，钢结构疲劳破坏的影响因素还有：

（1）所用钢材的抗疲劳性能差。

（2）结构或构件中的较大应力集中；《钢结构设计规范》（GB 50017—2003）中有关疲劳计算的8类结构形式或多或少都含有一定程度的应力集中。

（3）钢结构或构件加工制作缺陷，其中裂纹型缺陷，如焊缝及其热影响区的细裂纹、冲孔和剪切边硬化区的微裂纹等，对钢材的疲劳强度的影响比较大。另外，钢材的冷热加工、焊接工艺所产生的残余应力和残余变形等对钢材的疲劳强度的影响也较大。

课堂案例

某大桥中段50 m长的桥体像刀切一样地坠入江中。当时正值交通繁忙时间，多辆车掉进河里，其中包括一辆满载乘客的巴士，造成多人死亡。该桥桥长大于1 000 m，宽19.9 m。

事故原因调查团经过五个多月的各种试验和研究，于次年提交了事故报告。

用相同材料进行疲劳试验表明，该桥支撑材料的疲劳寿命仅为12年，即在12年后就会因疲劳而断裂。大型汽车在类似桥上反复行驶的试验结果也表明，这些支撑材料约在8.5年后开始损坏。而用这些材料制成的大桥，加上施工缺陷的影响，在建成后6～9年就有坍塌的可能。

实际上，该大桥的坍塌发生在建成后15年，而不是以上所说的12年或8.5年，一方面是由于桥墩上的覆盖物起着抗疲劳的作用，另一方面是由于桥墩里的六个支撑架并没有全部断裂，因此大桥的坍塌时间才得以推迟。

问题：

根据上述分析结果，事故原因是什么？

分析：

事故原因有以下两个方面。

（1）事故单位没有按图纸施工，在施工中偷工减料，采用疲劳性能很差的劣质钢材。这是事故的直接原因。

（2）该桥设计负载限量为32 t，建成后随着交通流量的逐年增加，经常超负荷运行，坍塌时负载为43.2 t，这也是导致大桥坍塌的重要原因。

四、钢结构的脆性断裂

钢结构的脆性断裂是指钢材或钢结构在低名义应力（低于钢材屈服强度或抗拉强度）情况下发生的突然断裂破坏。

脆性断裂是钢结构极限状态中最危险的破坏形式。由于脆性断裂具有突发性，往往会导致灾难性后果。因此，作为钢结构专业技术人员，应该高度重视脆性破坏的严重性，并加以防范。

钢结构脆性断裂事故产生的原因如下。

（1）材质缺陷。当钢材中碳、硫、磷、氧、氮、氢等元素的含量过高时，将会严重降低其塑性和韧性，脆性则相应增大。通常，碳导致可焊性差，硫、氧导致“热脆”，磷、氮导致“冷脆”，氢导致“氢脆”。另外，钢材的冶金缺陷，如偏析、非金属夹杂、裂纹以及分层等，也会大大降低钢材抗脆性断裂的能力。

（2）应力集中。钢结构由于孔洞、缺口、截面突变等缺陷不可避免，在荷载作用下，这些部位将产生局部高峰应力，而其余部位应力较低且分布不均匀的现象称为应力集中。通常把截面高峰应力与平均应力之比称为应力集中系数，以表明应力集中的严重程度。

（3）钢板厚度。随着钢结构向大型化发展，尤其是高层钢结构的兴起，构件钢板的厚度有增加的趋势。钢板厚度对脆性断裂有较大影响，通常钢板越厚，脆性破坏倾向越大。“层状撕裂”问题应引起高度重视。

（4）使用环境。当钢结构受到较大的动力荷载作用或者处于较低的环境温度下工作时，钢结构容易发生脆性破坏。

当温度在0℃以下时，随温度降低，钢材强度略有提高，而塑性和韧性降低，脆性增大。尤其是当温度下降到某一温度区间时，钢材的冲击韧性值急剧下降，出现低温脆断。

小提示

通常，又把钢结构在低温下的脆性破坏称为“低温冷脆”现象，产生的裂纹称为“冷裂纹”。因此，在低温下工作的钢结构，特别是受动力荷载作用的钢结构，钢材应具有负温冲击韧性的合格保证，以提高抗低温脆断的能力。

五、钢结构的锈蚀

（一）钢结构锈蚀类型

钢材由于和外界介质相互作用而产生的损坏过程称为腐蚀，又叫钢材锈蚀。钢材锈蚀分为化学腐蚀和电化学腐蚀两种。

（1）化学腐蚀是大气或工业废气中含的氧气、碳酸气、硫酸气或非电解质液体与钢材表面作用（氧化作用）产生氧化物引起的锈蚀。

（2）电化学腐蚀是由于钢材内部有其他金属杂质，具有不同电极电位，在与电解质或水、潮湿气体接触时，产生原电池作用，使钢材腐蚀。绝大多数钢材锈蚀是电化学腐蚀或化学腐蚀与电化学腐蚀同时作用形成的。

"铁锈"吸湿性强，吸收大量水分后体积膨胀，形成疏松结构，易被腐蚀性气体和液体渗入，使腐蚀继续扩展到内部。

小提示

钢材腐蚀速度与环境湿度、温度及有害介质浓度有关，在湿度大、温度高、有害介质浓度高的条件下，钢材腐蚀速度加快。

（二）钢结构锈蚀处理措施

钢结构防腐蚀方法很多，如使用耐蚀钢材、钢材表面氧化处理、表面用金属镀层保护和涂层涂料保护等。对已有腐蚀的钢结构进行腐蚀处理，采用涂层防腐蚀是可行的；涂层防腐蚀不仅效果好，而且涂料价廉、品种多、适用范围广、施工方便，基本不会增加结构质量，还可以给构件涂以各种色彩。涂层防腐蚀耐久性虽差一点，但在一定周期内注意维护是可耐久的，所以仍被广泛采用。

涂层（俗称"油漆"）能防止钢材腐蚀，是因为涂层有坚实的薄膜，使构件与周围腐蚀介质隔离，涂层有绝缘性，能够阻止离子活动。防腐蚀涂层要起作用，必须在涂刷前将钢材表面腐蚀性物质和涂膜破坏因素彻底除掉。

原有钢结构的涂层防腐蚀处理较新建钢结构复杂，很难用单一涂层材料和统一处理方法来解决，必须根据实际情况选择涂层材料，决定除锈和涂刷程序；根据锈蚀面积来决定是局部维护涂层还是全面维修涂层，一般锈蚀面积超过1/3的要全面重新做涂层。周期性的（一般视情况35年）全面涂层维修是十分必要的。

钢结构防锈蚀涂层处理包括旧漆膜处理、表面处理和涂层选择。

课堂案例

上海市某研究所食堂为17.5 m直径圆形砖墙加扶壁柱承重的单层建筑。檐口总高度为6.4 m，中部内环部分高4.5 m。屋盖采用17.5 m直径的悬索结构，主要由沿墙钢筋混凝土外环和型钢内环（直径为3 m）以及90根A7.5 mm的钢绞索组成，预制钢筋混凝土异形板搭接于钢绞索上。板缝内浇筑配筋混凝土，屋面铺油毡防水层，板底平板粉刷。屋盖平面与剖面示意图如图6-3所示。该工程于1960年建成交付使用。

1983年9月22日20时30分左右，值班人员突然听见一声巨响，随之大量尘垢随气流从食堂内涌出，此时屋盖已整体塌落。经检查，90根钢绞索全部沿周边折断，门窗大部分被震裂，但周围砖墙和圈梁均无塌陷损坏迹象。因倒塌发生在晚上，虽无人员伤亡，但经济损失严重。

问题：

发生该起事故的原因是什么？

分析：

该工程是一项实验性建筑，其目的是通过该工程探索大跨度悬索结构屋盖的应用技术，并通过试验获得必要的资料，积累施工经验。1965年，因该院内迁，停止了专门观察。20余年来该建筑物使用情况正常，除曾因油毡屋面局部渗漏做过一般性修补外，悬索部分因被油毡面层和平顶粉刷所掩蔽，未能发现其锈蚀情况，塌落前也未见任何异常迹象。

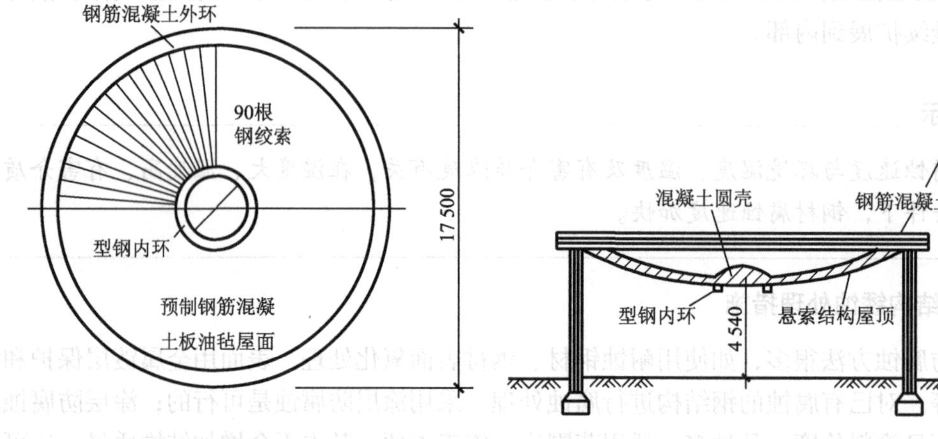

图6-3　屋盖平面与剖面示意图

屋盖塌落后，原上海市建委会同市某局组织设计、施工、科研等12个单位的工程技术人员进行了现场调查，原施工单位介绍了当时的施工情况。经综合分析认为，屋盖的塌落主要与钢绞索的锈蚀有关，而钢绞索的锈蚀除与屋面渗水有关外，另一主要原因是食堂的水蒸气上升，上部通风不良，因而加剧了钢绞索的大气电化学腐蚀和某些化学腐蚀（如盐类腐蚀）。由于长时间腐蚀，钢绞索断面减小，承载能力降低，当超过极限承载能力后断裂。

六、钢结构的其他类型事故

（一）钢结构材料事故

1. 钢结构材料事故产生的原因

钢结构材料事故是指由材料本身的原因引发的事故。材料事故可概括为两大类：裂缝事故和倒塌事故。裂缝事故多指出现在钢结构基本构件中的事故，倒塌事故则指由材质原因引起的结构局部倒塌和整体倒塌。

钢结构材料事故产生的原因如下。

（1）设计时选材不合理。

（2）钢材质量不合格。

（3）制作时工艺参数不合理，钢材与焊接材料不匹配。

（4）螺栓质量不合格。

（5）铆钉质量不合格。

（6）焊接材料质量不合格。

（7）安装时管理混乱，导致材料混用或随意替代。

2. 钢结构材料事故的处理措施

（1）复检各项指标。

① 钢材应符合《碳素结构钢》（GB/T 700—2006）和《低合金高强度结构钢》（GB/T

1591—2008）的相关规定。

② 焊接材料应符合《非合金钢及细晶粒钢焊条》（GB/T 5117—2012）、《热强钢焊条》（GB/T 5118—2012）等相关标准的规定。

③ 螺栓材料应符合《紧固件机械性能螺栓、螺钉和螺柱》（GB/T 3098.1—2010）、《钢结构用高强度大六角头螺栓、大六角螺母、垫圈技术条件》（GB/T 1231—2006）和《钢结构用扭剪型高强度螺栓连接》（GB/T 3632—2008）等有关规定。

（2）焊缝处理。对于焊缝裂纹，原则上要刨掉重焊（用碳弧气刨或风铲），但对承受静载的实腹梁翼缘和腹板处的焊缝裂纹，可采用在裂纹两端钻上止裂孔，并在两板之间加焊短斜板的方法处理，斜板厚度应大于裂纹长度。

（3）构件钢板夹层缺陷处理。钢板夹层是钢材最常见的缺陷之一，在构件加工前往往不易发现，当发现时已成半成品或成品，或者已用于结构投入使用。构件钢板夹层处理方法如下。

① 实腹梁、柱翼缘板夹层处理。当承受静载的实腹梁和实腹柱翼缘有夹层存在时，可按下述方法处理：

（a）在一半长度内，板夹层总长度（连续或间断）不超过200 mm，夹层深度不超过翼缘板断面高度1/5且不大于100 mm时，可不做处理继续使用。

（b）当夹层总长度超过200 mm，而夹层深度不超过翼缘断面高度1/5时，可将夹层表面铲成V形坡口予以焊合。

（c）当夹层深度未超过翼缘断面高度1/2时，可在夹层处钻孔，用高强螺栓拧合，此时应验算钻孔所削弱的截面；当夹层深度超过翼缘断面高度1/2时，应将夹层的一边翼缘板全部切除，另换新板。

② 桁架节点板夹层处理。对于屋盖结构承受静载或间接动载的桁架节点板，当夹层深度小于节点板高度的1/3时，应将夹层表面铲成V形坡口，做焊合处理；当允许在角钢和节点板上钻孔时，也可用高强螺栓拧合；当夹层深度等于或大于节点板高度的1/3时，应将节点板做拆换处理。

课堂案例

某车间为五跨单层厂房，全长759 m，宽159 m，屋盖共用钢屋架118榀，其中40榀屋架下弦角钢为∟160×14，其肢端普遍存在不同程度的裂缝，裂缝深2 ~ 5 mm，个别达20 mm，缝宽0.1 ~ 0.7 mm，长0.5 ~ 10 m不等。

经取样检验，该批角钢材质符合Q235F标准，估计裂缝是在钢材生产过程中形成的。由于现场缺乏严格的质量检验制度，管理混乱，因而将这批钢材用到了工程上。

问题：

对于该事件应该采取怎样的处理措施？

分析：

由于角钢裂缝造成截面削弱，强度与耐久性降低，因此必须采取加固措施处理。

在下弦两侧沿长度方向各加焊一根规格为∟90×56×6的不等边角钢。加固长度为：当端节间无裂缝时，仅加固到第二节点延伸至节点板一端，如图6-4（a）所示；当端节间下弦有裂缝时，则按全长加固，如图6-4（b）所示。加固角钢在屋架下弦节点板及下弦拼接板范围内，均采用连续焊缝焊接，其余部位采用间断焊缝与下弦焊接。若加固角钢与原下弦拼接角钢相碰，则在相碰部分切去14 mm，切除部分两端加工成弧形，并另在底部加焊一根规格为63×6（材质为Q235F）的角钢加强。若在屋架下弦节点及拼接板处有裂缝，均在底部加焊一根63×6角钢，加固角钢本身的拼接在端头适当削坡等强对接，但要求与原下弦角钢拼接错开不少于500 mm。所有下弦角钢裂缝部分用砂轮将表面打磨后，用直径3 mm焊条电焊封闭，以防锈蚀，焊条用E4303。

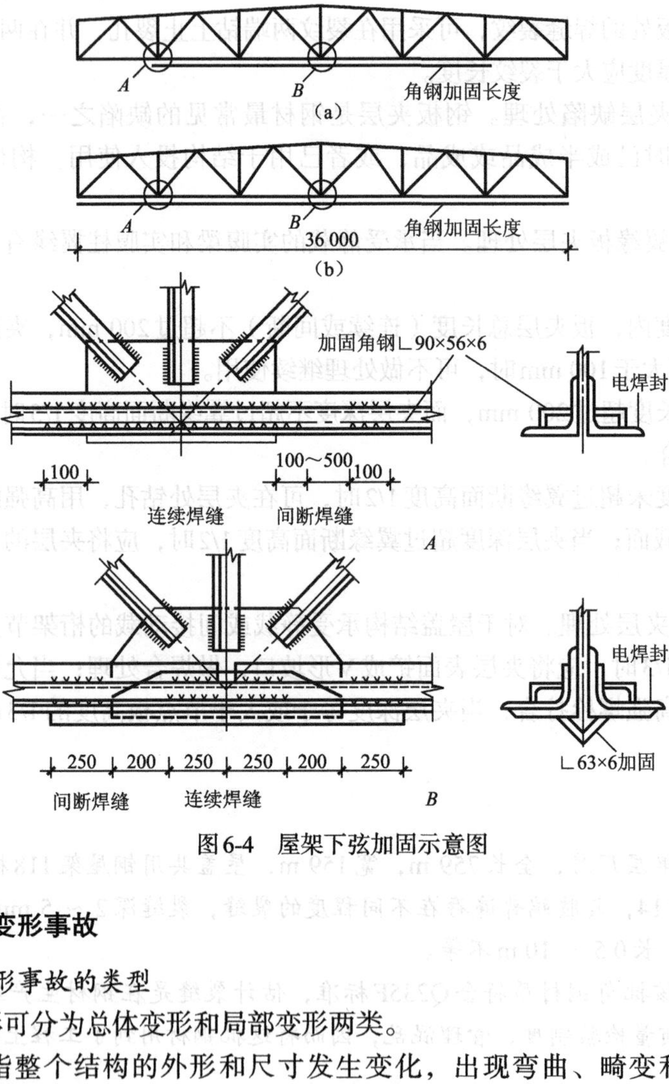

图6-4　屋架下弦加固示意图

（二）钢结构变形事故

1. 钢结构变形事故的类型

钢结构的变形可分为总体变形和局部变形两类。

总体变形是指整个结构的外形和尺寸发生变化，出现弯曲、畸变和扭曲等，如图6-5所示。

局部变形是指结构构件在局部区域内出现变形，如构件凹凸变形、板边折皱波浪变形、端面的角变位等，如图6-6所示。

总体变形与局部变形在实际的工程结构中有可能单独出现，但更多的是组合出现。无论何种变形都会影响到结构的美观，降低构件的刚度和稳定性，给连接和组装带来困难，尤其是附加应力的产生，将严重降低构件的承载力，影响到整体结构的安全。

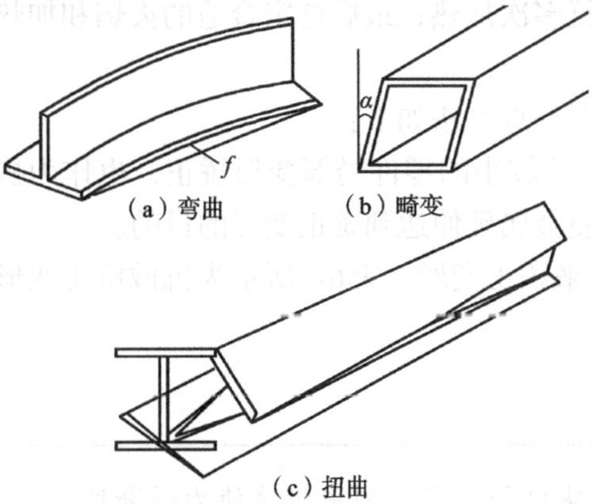

（a）弯曲　（b）畸变　（c）扭曲

图6-5　总体变形

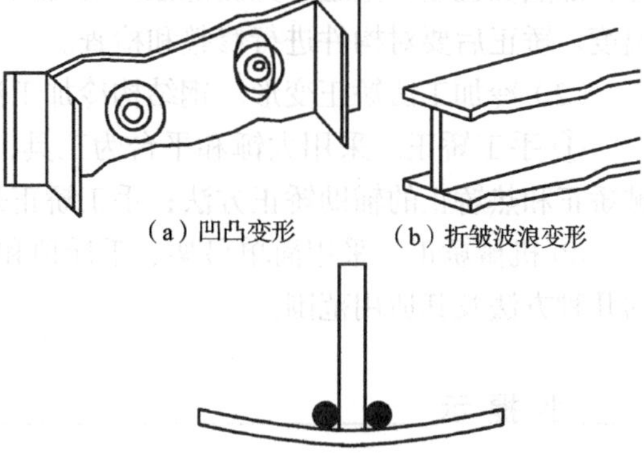

（a）凹凸变形　（b）折皱波浪变形　（c）角变位

图6-6　局部变形

2. 钢结构变形事故的原因

（1）原材料变形。钢厂出来的材料，少数可能受不平衡热过程作用或其他人为因素而存在一些变形，所以制作结构构件前应认真检查材料、矫正变形，不允许超出材料规定的变形范围。

（2）冷加工时变形。剪切钢板产生变形，一般为弯扭变形，窄板和厚板变形会大一点；刨削以后产生弯曲变形，薄板和窄板变形大一点。

（3）焊接、火焰切割变形。电焊参数选择不当、焊接顺序和焊接遍数不当，是产生焊接变形的主要原因。焊接变形有弯曲变形、扭曲变形、畸变、折皱和凹凸变形。

（4）制作、组装变形。制作操作台不平、加工工艺不当、组装场地不平、支撑不当、组装方法不正确等是钢结构制作中变形的主要原因。组装引起的变形有弯曲、扭曲和畸变。

（5）运输、堆放、安装变形。吊点位置不当，堆放场地不平和堆放方法错误，安装就位后临时支撑不足，尤其是强迫安装，均会使结构构件变形明显。

（6）使用过程中变形。长期高温的使用环境，使用荷载过大（超载），操作不当使结构遭到碰撞、冲击，都会导致结构构件变形。

3. 钢结构变形事故的处理

钢结构的变形处理，应根据变形的大小采取不同的处理方法。如果变形大小未超过容许破坏程度，可不做处理。钢结构构件的容许破坏程度，应针对不同材质通过使用情况的大量调查研究，积累资料，并按实际破坏情况进行必要的验算和试验工作后，综合分析拟定；当构件的变形不大时，可采用冷加工和热加工矫正；当变形较大，而又很难矫正时，应采用加固或调换新件进行修复。对变形构件应按构件的实际变形情况进行强度验算，截面上局部变形可按扣除变形部分的截面进行强度验算，强度不足时，也应采取加固措施。

（1）热加工法矫正变形。热加工法是采用乙炔气和氧气混合燃烧火焰为热源，对变形结构构件进行加热，使其产生新的变形，来抵消原有变形。正确使用火焰和温度是关键；加热方式有点状加热、线状加热（有直线、曲线、环线、平行线和网线加热）和三角形加热。

采取热加工矫正方法时，首先要了解变形情况，分析变形原因，测量变形大小，做到心中有数；其次确定矫正顺序，原则上是先整体变形矫正，后局部变形矫正，一般角变形先矫正，而凹凸变形放在后面矫正；再确定加热部位和方法，由几名工人同时加热，效果较佳，有些变形单靠热矫正有一定难度，可以借助辅助工具施以外力，对适当部位进行拉、压、撑、顶、打等，加热位置应尽量避开关键部位，避免同一位置反复多次加热；最后选定合适的火焰和加热温度。矫正后要对构件进行修整和检查。

（2）冷加工法矫正变形。钢结构冷加工法矫正变形处理方法如下：

① 手工矫正。采用大锤和平台为工具，适合于尺寸较小的零件局部变形矫正，也作为机械矫正和热矫正的辅助矫正方法；手工矫正是用锤击使金属延伸达到矫正变形的目的。

② 机械矫正。采用简单弓架、千斤顶和各种机械来矫正变形。表6-1所示为机械矫正变形的几种方法及其适用范围。

小提示

冷加工矫正方法必须保证杆件和板件无裂纹、缺口等损伤，利用机械使力逐渐增加，变形消失后应使压力保持一段时间。

表6-1　　机械矫正变形方法

矫正方法		示意图	适用范围
拉伸机矫正		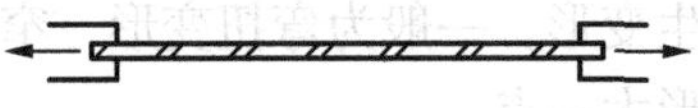	薄板凹凸及翘曲矫正，型材扭曲矫正，管材、线材、带材矫直
压力机矫正		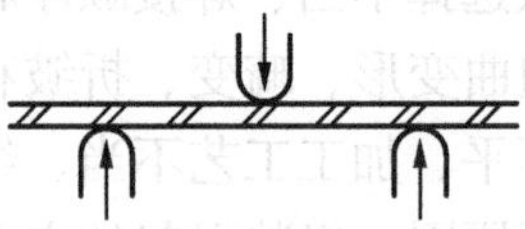	管材、型材、杆件的局部变形矫正
辊式机矫正	正辊	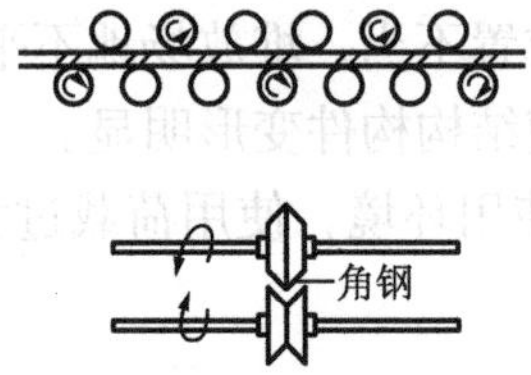	板材、管材矫正，角钢矫直
	斜辊	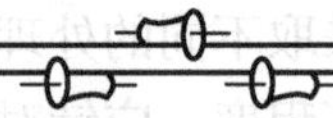	圆截面管材及棒材矫正
弓架矫正		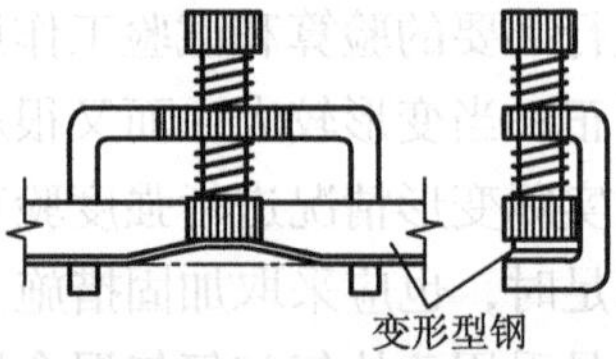	型钢弯曲变形（不长）矫正
千斤顶矫正		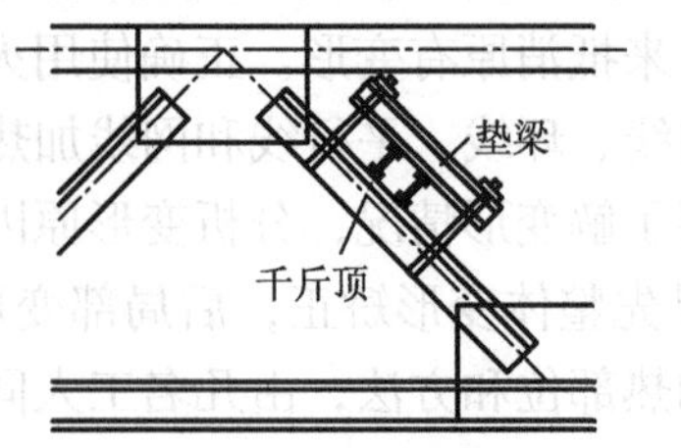	杆件局部弯曲变形矫正

课堂案例

某24 m焊接组合梁如图6-7所示，整体组装后，由于横向连接组装不当，在支点悬空，与其他三支点不在同一平面，产生翘形。

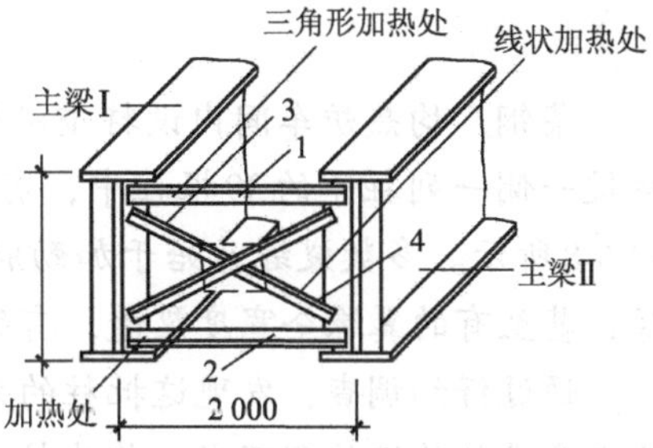

图6-7　组合梁翘型矫正

问题：

对于该事故应该如何处理？

分析：

用中性火焰线加热横联杆3、4角钢，稍等片刻后，用三角形法加热靠近主梁一侧的杆件1、2，使联杆3、4收缩，这样可使变形得到矫正。

矫正变形是解决钢结构构件变形的重要措施，但矫正本身可能产生新的变形，甚至带来裂纹和材质变化，所以防止和减小变形是更积极的措施。

（三）钢结构构件裂缝事故

1. 钢结构构件裂缝形成的原因

钢结构构件裂缝在钢结构制作、安装和使用阶段都会出现，原因大致有以下几种。

（1）构件材质差。

（2）荷载或安装、温度和不均匀沉降作用，产生的应力超过构件承载能力。

（3）金属可焊性差或焊接工艺不妥，在焊接残余应力下开裂。

（4）构件在动力荷载和反复荷载作用下疲劳损伤。

（5）构件遭受意外冲撞。

2. 钢结构构件裂缝的处理

（1）裂缝处理基本要求。在全面细致地对同批同类构件进行检查后，还要对裂缝附近构件的材质和制作条件进行综合分析，只有在钢材和连接材料都符合要求，且裂缝又是少数的情况下，才能对裂缝进行常规修复；如果裂缝产生原因属材料本身或裂缝较大且相当普遍，则必须对构件做全面分析，找出事故原因，慎重对待，要采用加固或更新构件方法处理，不能修补了事。

（2）较小裂缝处理。

① 用电钻在裂缝两端各钻一直径12 ~ 16 mm的圆孔（直径大致与钢材厚度相等），裂缝尖端必须落入孔中，减小裂缝处的应力集中。

② 沿裂缝边缘用气割或风铲加工成K形（厚板为X形）坡口。

③ 裂缝端部及缝侧金属预热到150 ℃ ~ 200 ℃，用焊条（Q235钢用E4316，16Mn钢用E5016）堵焊裂缝，堵焊后用砂轮打磨平整为佳。

除上述常规方法外，在铆接构件铆钉附近裂缝，可采用在其端部钻孔后，用高强螺栓封住。

（3）较大裂缝处理。如果裂缝较大，或出现网状、分叉裂纹区，甚至出现破裂时，应进行加固修复，一般采用拼接板或更换有缺陷部分。对局部破裂构件应采取加固修复措施，如起重机梁腹板局部破裂，可用两侧加拼接板以电焊或高强螺栓连接，拼接板的总厚度不得小于梁腹板的厚度，焊缝厚度与拼接板板厚相等。修复可按下列顺序进行：先割除已破坏的部分；再修理可保留的部分；最后用新制的插入件修补割去的破坏部分。

课堂案例

某钢厂均热炉车间内设特重级钳式起重机两台（20/30 t）。厂房建成使用10年左右，发现运锭一侧一列柱子的39根柱中，有26根（占67%）柱在起重机肢柱头部位出现严重裂缝，如图6-8所示。多数裂缝开始于加劲肋下端，然后向下、向左右展开，有的裂缝已延伸到柱的翼缘，甚至有的翼缘全宽度裂透，有的裂缝延伸至顶板，并使顶板开裂下陷。

通过仔细调查，发现这批柱的裂缝和损坏既普通又严重，其主要原因，首先是起重机肢柱头部分设计构造处理不当，作为柱头主要传力部件的加劲肋，设计得太短，仅有肩梁高的2/5，如图6-8所示，加上起重机肢柱头腹板较薄（16 mm），加劲肋下端又无封头板加强，使加劲肋下端腹板平面外刚度很低；其次是起重机梁轨道偏心约30 mm，起重机行走时，随轮压偏心力变化，使加劲肋下端频繁摆动，如图6-8所示虚线。其他原因如加劲肋端是截面突变处，又是焊接点火或灭火处，应力集中严重，成为裂缝源；再加上起重机自重大（达3 100 kN），运行又特别繁忙，产生裂缝后不断发展，导致柱头严重损坏。

问题：

对该事件中的裂缝应该怎样处理？

分析：

将所有破柱“柱头”（图6-8中“Ⓐ”部分）全部割除更换，更换时把顶板和垫板加厚，加劲肋加长。经过处理后使用7年左右，经多次检查，没有发现异常。

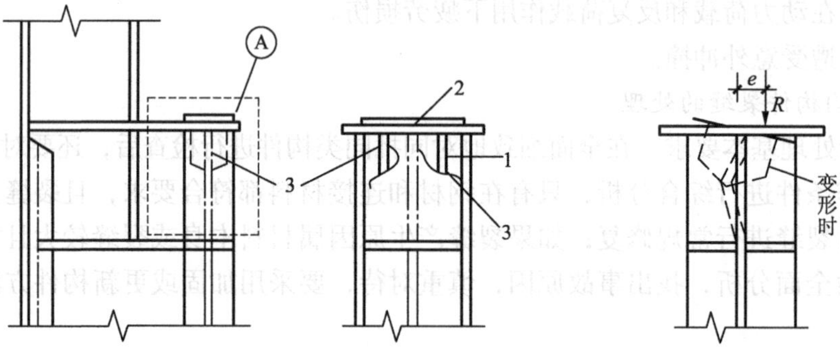

（a）起重机肢柱头裂缝　　（b）Ⓐ处放大

图6-8　钢柱起重机肢柱头裂缝损坏

1—加劲肋；2—顶板；3—裂缝

（四）钢结构火灾事故

1. 火灾对钢结构的危害

钢结构作为一种结构体系，既有优点，也存在不容忽视的缺点。除耐腐蚀性差外，耐火性差也是钢结构的一大缺点。一旦发生火灾，钢结构很容易遭受破坏而倒塌。最为典型的案例为美国纽约世贸中心大楼在2001年“9·11”事件中的轰然倒塌。

2. 钢结构的防火方法

就目前应用情况看，钢结构防火方法的选择是以构件的耐火极限要求为依据的，并且防火涂料是最为流行的做法。

钢构件防火方法如下：

（1）紧贴包裹法。一般采用防火涂料紧贴钢结构的外露表面，将钢构件包裹起来，如图6-9（a）所示。

（2）空心包裹法。一般采用防火板、石膏板、蛭石板、硅酸钙盖板、珍珠岩板将钢构件包裹起来，如图6-9（b）所示。

（3）实心包裹法。一般采用混凝土，将钢结构浇筑在其中，如图6-9（c）所示。

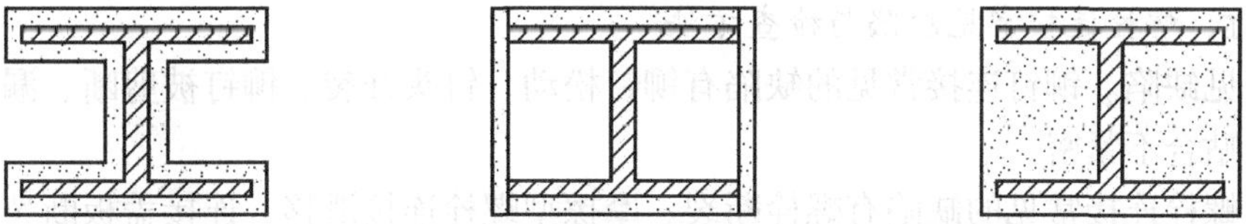

（a）紧贴包裹法　　（b）空心包裹法　　（c）实心包裹法

图6-9　钢构件的防火方法

课堂案例

纽约世贸中心大楼由两幢110层方形塔楼及四幢裙房组成。塔楼地下6层，地上110层。楼层平面的外轮廓尺寸为63.5 m×63.5 m，服务性核心区的平面尺寸为42 m×42 m，标准层高为3.66 m。两座塔楼都采用框筒体系，外圈为密柱深梁框筒，由240根钢柱组成，柱距1.02 m；内部核心区为47根钢柱形成的框架，用以承担重力荷载。框筒柱采用450 mm×450 mm方管，从上到下，外形尺寸不变，靠改变壁厚来适应不同的受力条件。总用钢量为192 000 t，为了增强框筒的竖向抗剪强度，减少框筒的剪力滞后效应，利用每隔32层所布置的设备楼层，沿框筒各设置了一道7 m高的钢板圈梁。结构动力特性分析表明，其基本周期为10 s，极大风速下结构顶点的侧移值为1.02 m。自1973年建成的统计分析表明，阵风作用下的结构顶点侧移最大值为0.46 m，表明结构顶点侧移角仅为1/890，它足以说明框筒体系抗侧力的高效性能。

问题：

大楼倒塌的原因是什么？

分析：

大楼倒塌的原因是综合性的。因为单一的水平撞击或者大楼发生常规性火灾都不可能造成整个结构垮塌。

（1）内因。钢结构作为一种结构体系，尤其在超高层建筑中有无与伦比的优势，但耐火性能差是自身致命的缺陷。试验表明：低碳钢在200 ℃以下钢材性能变化不大；在200 ℃以上，随温度升高弹性模量降低，强度下降，变形增大；500 ℃时弹性模量为常温的50%；700 ℃时基本失去承载能力。当时，撞击北楼的波音767飞机装载51 t燃油，撞击南楼的波音757飞机装载35 t燃油。尽管世贸中心大楼的钢结构采用了防火涂料等防护物，但在如此罕见的熊熊大火面前也无能为力。在爆炸、断电、消防系统失灵、火势无法及时扑灭的情况下，高温使其软化，最终导致结构塌落。

（2）外因。飞机撞击大楼，就形成的水平冲击力而言，属不可抗力。本次撞击大楼的波音757飞机起飞质量104 t，波音767飞机起飞质量156 t，飞行速度约1 000 km/h。在如此巨大的冲击下，大楼虽然晃动近1 m但未立即倾倒，无论内部还是外部并无严重塌落，这充分证明大楼原结构的设计和施工没有问题。

另外，世贸中心大楼采用外筒结构体系，该体系存在剪力滞后效应，且外柱截面仅为450 mm × 450 mm，厚度仅为7.5 ~ 12.5 mm，因此抵抗水平撞击的能力较差。若采用截面及厚度较大的巨型钢柱、钢—混凝土组合柱或采用约翰·考克大厦的巨型外交叉支撑，也许飞机在撞击时会在大楼的外部发生爆炸，不会进入楼内引发火灾，灾难也许能够避免。

（五）铆钉、螺栓连接缺陷事故

1. 铆钉、螺栓连接常见缺陷与检查方法

（1）常见缺陷。铆钉连接常见的缺陷有铆钉松动、钉头开裂、铆钉被剪断、漏铆以及个别铆钉连接处贴合不紧密。

高强度螺栓连接常见的缺陷有螺栓断裂、摩擦型螺栓连接滑移、连接盖板断裂、构件母材断裂。

（2）检查方法。铆钉与螺栓连接检查，着重检查铆钉和螺栓是否在使用阶段切断、松动和掉头，同时也要检查建造时留下的缺陷。

① 铆钉检查采用目测或敲击，常用方法是两者相结合，所用工具有手锤、塞尺、弦线和10倍以上的放大镜。

② 螺栓质量缺陷检查除了目测和敲击外，尚需用扳手测试，对于高强度螺栓要用测力扳手等工具测试。

③ 要正确判断铆钉和螺栓是否松动或断裂，需要有一定的实践经验，故对重要的结构检查，至少换人重复检查1 ~ 2次，并做好记录。

2. 铆钉、螺栓连接缺陷处理

（1）铆钉连接缺陷处理措施。

① 处理原则。发现铆钉松动、钉头开裂、铆钉被剪断、漏铆等应及时更换、补铆，或用高强螺栓更换（应计算做等强代换），不得采用焊补、加热再铆方法处理有缺陷的铆钉。

② 铆钉更换。

（a）更换铆钉时，应首先更换损坏严重的铆钉，为避免因风铲振动而削弱邻近的铆钉连接，局部更换时宜用气割割除铆钉头，但施工时，应注意不能烧伤主体金属，也可锯除或钻去有缺陷的铆钉。

（b）取出铆钉杆后，应仔细检查钉孔并予以清理。若发现有错孔、椭圆孔、孔壁倾斜等情况，当用铆钉或精制螺栓修复时，上述钉孔缺陷必须消除。为消除钉孔缺陷，应按直径增大一级予以扩钻，用直径较大级的铆钉重铆，精制螺栓的直径应根据清孔和扩孔后的孔径决定。

（c）需扩孔时，若铆钉间距、行距及边距均符合扩孔后铆钉或螺栓直径的现行规范规定时，扩孔的数量不受限制，否则扩孔的数量宜控制在50%范围内。如发现个别铆钉连接处贴合不紧，可用防腐蚀的合成树脂填充缝隙。

（d）当在负荷状况下更换铆钉时，应根据具体情况分批更换。

小提示

在更换过程中，铆钉的应力不得超过其强度。一般不允许同时去掉占总数10%以上的铆钉，铆钉总数在10个以下时，仅允许一个一个地更换。

（2）螺栓连接缺陷处理措施。

① 紧固后的螺栓伸出螺母处的长度不一致的处理。此缺陷即使不影响连接承载力，至少也影响螺栓的外观质量和连接的结构尺寸，故应做适当处理。处理时，应首先判明其发生的原因，根据不同情况采取相应的处理方法。

② 螺栓孔移位，无法穿过螺栓的处理。对普通螺栓，可用机械扩钻孔法调整位移，禁止用气割扩孔。对高强度螺栓，应先采用不同规格的孔量规分次进行检查：第一次用比孔公称直径小1.0 mm的量规检查，应通过每组孔数的85%；第二次用比螺栓公称直径大0.2 ~ 0.3 mm的量规检查，应全部通过。对二次不能通过的孔应经主管设计同意后，采用扩孔或补焊后重新钻孔来处理。

③ 摩擦型高强度螺栓连接滑移处理。对于承受静载结构，如连接滑移是因螺栓漏拧或扭紧不足造成的，可采用补拧并在盖板周边加焊的方法来处理；对于承受动载结构，应使连接在卸荷状态下更换接头板和全部高强度螺栓，原母材连接处表面重做接触面处理。

对于连接处盖板或构件母材断裂，必须在卸荷情况下进行加固或更换。

④ 高强度螺栓断裂处理。如此缺陷是个别断裂，一般仅做个别替换处理，并加强检查；如螺栓断裂发生在拧紧后的一段时期，则断裂与材质密切有关，称高强度螺栓延迟（滞后）断裂，这类断裂是材质问题，应拆换同一批号全部螺栓。拆换螺栓要严格遵守单个拆换和对重要受力部位按先加固（或卸荷）后拆换的原则进行。

课堂案例

某公司的喷漆机库扩建工程，机库大厅东西长51 m，南北宽81.5 m，东西两面开口，屋顶高33.9 m。机库屋盖为钢结构，由两榀双层桁架组成宽4 m、高10 m的空间边桁架，与中间焊接空心球网架连接成整体。平面桁架采用交叉腹杆，上、下弦采用钢板焊成H形截面，型钢杆件之间的连接均采用摩擦型大六角头高强螺栓，双角钢组成的支撑杆件连接采用螺栓加焊形式，共用10.9级、M22高强度螺栓39 000套，螺栓采用20MnTiB。

钢桁架于2004年4月下旬开始试拼接，5月上旬进行高强度螺栓试拧。在高强度螺栓安装前和拼接过程中，建设单位项目工程师曾多次提出终拧扭矩值采用偏大，势必加大螺栓预拉力，对长期使用安全不利，但未引起施工单位的重视，也未对原取扭矩值进行分析、复核和予以纠正。直至6月4日设计单位在建设单位再次提出上述看法后，才正式通知施工单位将原采用的扭矩系数0.13改为0.122，原预拉力损失值取设计预拉力的10%降为5%，相应的终拧扭矩值由原采用的629 N · m改为560 N · m，解决了应控制的终拧扭矩值。

但当采用560 N · m终拧扭矩值施工时，M22、$l=60$ mm的高强度螺栓终拧时仍然多次出现断裂。为查明原因，首先测试了$l=60$ mm高强度螺栓的机械强度和硬度，未发现问题。6月12日，设计、施工、建设、厂家再次对现场操作过程进行全面检查，当用复位法检查终拧扭矩值时，发现许多螺栓终拧扭矩值超过560 N · m，暴露出已施工螺栓超拧的严重问题。

经调查发现原因有以下几点。

（1）施工前未进行电动扳手的标定。

（2）扭矩系数取值偏大。

（3）重复采用预拉力损失值。

问题：

应该如何处理施工螺栓超拧的问题？

分析：

应该采取如下措施：

（1）凡以前终拧扭矩值采用629 N·m、560 N·m的高强度螺栓，不论受力大小，一律拆除更换。

（2）可以采用摩擦型和扭剪型高强度螺栓代换，但同一节点上不得混用两种型号的螺栓。

（3）对新进场的高强度螺栓，在使用或代换前，必须做扭矩系数和标准偏差、紧固轴力以及变异参数的检验，合格后方准使用。

（4）所有高强度螺栓在完成终拧和终拧检查后，方允许安装中间部分焊接空心球节点网架。

学习单元三　钢结构的加固

知识目标

（1）了解钢结构加固的基本要求。

（2）了解钢结构加固施工的注意事项。

（3）掌握钢结构加固的方法。

（4）掌握火灾后钢结构加固方法。

技能目标

通过对钢结构加固基本要求和施工注意事项的了解，能够掌握钢结构加固的方法。

基础知识

一、钢结构加固的基本要求

（1）钢结构的加固设计应综合考虑其经济效益，应不损伤原结构，以避免不必要的拆除或更换。

（2）钢结构加固设计应与实际施工方法紧密结合，并应采取有效措施保证新增截面、构件和部件与原结构连接可靠，形成整体共同工作，应避免对未加固部分或构件造成不利影响。

（3）钢结构的加固应根据可靠性鉴定所评定的可靠性等级和结论进行。通过鉴定评定其承载力（包括强度、稳定性、疲劳等）、变形、几何偏差等，不满足或严重不满足现行钢结构设计规范的规定时，必须进行加固方可继续使用。

（4）加固后钢结构的安全等级应根据结构破坏后果的严重程度、结构的重要性（等级）和加固后建筑物功能是否改变、结构使用年限确定。

（5）对于高温、腐蚀、冷脆、振动、地基不均匀沉降等原因造成的结构损坏，应先提出其相应的处理对策后再进行加固。

（6）对于可能出现倾斜、失稳或倒塌等不安全因素的钢结构，在加固之前，应采取相应的临时安全措施，以防止事故的发生。

（7）钢结构在加固施工过程中，若发现原结构或相关工程隐蔽部位有未预估到的损伤或严重缺陷时，应立即停止施工，会同加固设计者采取有效措施进行处理后方能继续施工。

二、钢结构加固施工注意事项

（1）表面的清除。加固施工时，必须清除原有结构表面的灰尘，刮除油漆、锈迹，以利于施工。加固完毕后，应重新涂刷油漆。

（2）结构的稳定性。加固施工时，必须保证结构的稳定，应事先检查各连接点是否牢固。必要时，可先加固连接点或增设临时支撑。

（3）缺陷、损伤的处理。对结构上的缺陷、损伤（如位移、变形、挠曲等）一般应首先予以修复，然后再进行加固。加固时，应先装配好全部加固零件。如用焊接连接，则应先两端后中间以点焊固定。

（4）负荷状态下焊接加固。在负荷状态下用焊接连接加固时应注意以下几个方面：

① 采用焊接加固的环境温度应在0 ℃以上，最好在大于或等于10 ℃的环境下施焊。

② 应慎重选择焊接参数（如电流、电压、焊条直径、焊接速度等），尽可能减小焊接时输入的热能量，避免由于焊接输入的热量过大，而使结构构件丧失过多的承载能力。

③ 先加固最薄弱的部位和应力较高的杆件。

④ 确定合理的焊接顺序，以使焊接应力尽可能减小，并能促使构件卸荷。如在实腹梁中宜先加固下翼缘，然后再加固上翼缘；在桁架结构中应先加固下弦再加固上弦等。

⑤ 凡能立即起到补强作用，并对原构件强度影响较小的部位先施焊，如加固桁架的腹杆时，应先焊杆件两端节点的焊缝，然后再焊中段焊缝，并且在腹杆的悬出肢（应力较小处）上施焊。

三、钢结构加固的方法

钢结构加固的常用方法有结构卸荷加固法、改变结构计算简图加固法和加大构件截面加固法等。

（一）结构卸荷加固法

1. 柱子

柱子卸荷加固法指采用设置临时支柱卸去屋架和起重机梁的荷载的方法。临时支柱也可立于厂房外面，这样不影响厂房内的生产。当仅需加固上段柱时，也可利用起重机桥架支托屋架使上段柱卸荷。

当下段柱需要加固甚至截断拆换时，一般采用托梁换柱的方法。采用托梁换柱的方法时应对两侧相邻柱进行承载力验算。当需要加固柱子基础时，可采用托柱换基的方法。

2. 托架

托架的卸荷可以采用屋架的卸荷方法，也可利用起重机梁作为支点使托架卸荷。当起重机梁制动系统中辅助桁架的强度较大时，可在其上设临时支座来支托托架。利用杠杆原理，以起重机梁作为支点，外加配重使托架卸荷的方法也是一种可取的方法。通过控制吊重，可以较精确地计算出托架卸荷的数量。利用起重机梁和辅助桁架卸荷时，应验算其强度。

小提示

尤其应注意，当利用杠杆原理卸荷时，作为支点的起重机梁所受的荷载除外加吊重外，还应叠加上托架被卸掉的荷载。

3. 梁式结构

梁式结构如屋架，可以在屋架下弦节点下增设临时支柱或组成撑杆式结构，张紧其拉杆，对屋架进行改变应力卸荷。由于屋架从两个支点变为多个支点，所以需进行验算，特别应注意应力符号改变的杆件。当个别杆件（如中间斜杆）由于临时支点反力的作用，其承载能力不能满足要求时，应在卸荷前予以加固。验算时可将临时支座的反力作为外力作用在屋架上，然后对屋架进行内力分析。临时支座反力可近似地按支座的负荷面积求得，并在施工时通过千斤顶的读数加以控制，使其符合计算中采用的数值。

小提示

临时支撑节点处的局部受力情况也应进行核算，应注意，该处的构造处理不要妨碍加固施工。施工时尚应根据下弦支撑的布置情况，采取临时措施，防止支撑点在平面外失稳。

4. 工作平台

工作平台卸荷加固一般采用临时支柱进行卸荷。

（二）改变结构计算简图加固法

改变结构计算简图加固法是指采用改变荷载分布状况、传力路径、节点性质和边界条件，增设附加杆件和支撑，施加预应力，考虑空间协同工作等措施对结构进行加固的方法。

改变结构计算简图的加固方法，包括增加结构或构件的刚度、改变受弯构件截面内力、改变桁架杆件内力、与其他结构共同工作形成混合结构，以改善受力情况。

（三）加大构件截面加固法

采用加大构件截面的方法加固钢结构时，会对结构基本单元——构件甚至结构的受力工作性能产生较大的影响，因而应根据构件缺陷、损伤状况、加固要求考虑施工可能，经过设计比较选择最有利的截面形式。

加固可能是在负荷、部分卸荷或全部卸荷状况下进行的。加固前后结构几何特性和受力状况会有很大不同，因而需要根据结构加固期间及前后，分阶段考虑结构的截面几何特性、损伤状况、支承条件和作用其上的荷载及其不利组合，确定计算简图，进行受力分析，以期找出结构的可能最不利受力，设计截面加固，以确保安全可靠。对于超静定结构，尚应考虑因截面加大、构件刚度改变使体系内力重新分布的可能。

使用加大构件截面加固法时应注意以下事项。

（1）采用的补强方法应能适应原有构件的几何形状或已发生的变形情况，以利于施工。

（2）注意加固时的净空限制，要使补强零件不与其他杆件或者构件相碰。

（3）补强方法应考虑补强后的构件便于油漆和维护，避免形成易于积聚灰尘的坑槽而引起锈蚀。

（4）焊接补强时应采取措施，尽量减小焊接变形。

（5）应尽可能使被补强构件的重心轴位置不变，以减少偏心所产生的弯矩。当偏心较大时，应按压弯或拉弯构件复核补强后的截面。

（6）应尽量减少补强施工工作量。不论原有结构是铆接结构还是焊接结构，只要其钢材具有良好的可焊性，便可根据具体情况尽可能采用焊接方法补强。当采用焊接补强时，应尽量减少焊接工作量和注意合理的焊接顺序，以降低焊接应力，并尽量避免仰焊。对铆接结构，应以少动原有铆钉为基本原则。

（7）当受压构件或受弯构件的受压翼缘破损和变形严重时，为避免矫正变形或拆除受损部分，可在杆件周围包以钢筋混凝土，形成劲性钢筋混凝土的组合结构。为保证两者共同工作，应在外包钢筋混凝土部位焊接能传递剪力的零件。

四、火灾后的钢结构加固

火灾损伤钢结构的修复加固工作，首先是进行结构变形的复原，然后进行承载力不足的加固。

钢结构火灾变形的复原一般采用千斤顶复原法，具体步骤为：

（1）测定钢结构的变形量，确定复原程度。

（2）确定千斤顶作用位置及千斤顶数量。

（3）安装千斤顶。

（4）操作千斤顶，将钢结构变形顶升复位。

（5）进行承载力加固，加固结束后再拆除千斤顶。

课堂案例

大冶钢厂二炼钢主厂房在大修将近结束时，决定将轴线钢屋架南端的钢托架除锈涂油，在拆除围护砖墙后，发现10 m跨度的钢托架严重锈蚀，下弦为10 mm厚的双肢角钢，局部只剩下2 mm厚，有2根斜腹板锈蚀更为严重，8 mm厚的双肢角钢局部只剩下1 mm厚，厂房岌岌可危。欲撤掉屋面结构更换新托架至少要1个月，但生产不允许停顿。根据实际情况，决定卸荷加固托架。

问题：

对本案例中的钢托架应该如何加固？

分析：

托架加固较简单，关键是顶升屋架，使托架卸荷。屋架顶升方案如图6-10所示，具体做法如下。

（1）利用厂房生产用的50 t起重机，在其南端放置钢托梁。起重机纵向中心线应与轴线屋架中心线重合，起重机需加焊临时车挡固定，其他生产起重机不得与其相碰。50 t起重机下部的10 m钢起重机梁下设3个临时支撑点，顶升加固后立即拆除。

（2）钢托梁上支设小立柱和50 t千斤顶。千斤顶的纵横中心要同小立柱、托梁的纵横中心相对应。

（3）在轴线钢屋架南端头焊上顶升专用的新支座。新支座的加劲板不得与屋架下弦接触，因为下弦角钢及连接焊缝均处于负荷受力状态。

（4）在顶升屋架时，要注意观测钢托架上弦，当托架上弦基本成一条直线时，即可停止顶升。

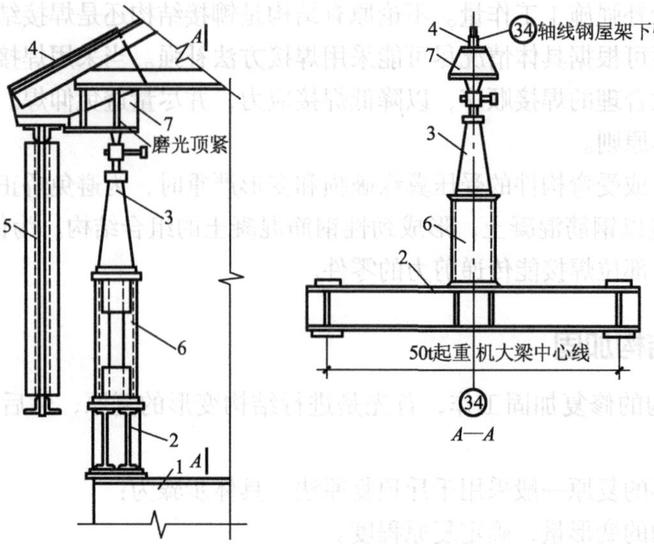

图6-10　屋架顶升

1—生产用50 t起重机；2—钢托梁；3—50 t千斤顶；4—欲顶升的屋架；
5—待加固的钢托架；6—支千斤顶的小立柱；7—顶升专用新支座；

学习案例

有一工字形截面实腹柱，如图6-11所示，原设计荷载为轴向压力1 350 kN（设计值），跨中有一水平集中荷载207.5 kN（设计值），在跨中产生弯矩700 kN · m，钢材Q235。现使用条件改变，增加了轴心压力850 kN（设计值），因此需要加固柱子截面。

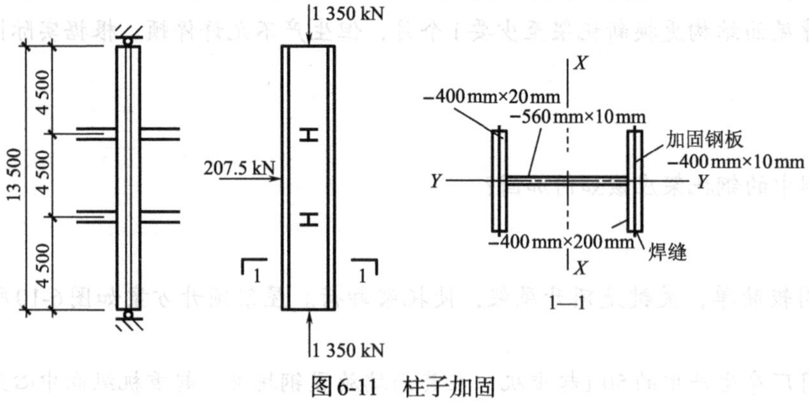

图6-11　柱子加固

想一想

对本案例中的实腹柱截面应该如何加固？

案例分析

经分析决定采用在原翼缘板上加焊钢板的方法加固。加固时把横向集中荷载卸掉，则柱仅受轴压力，按轴压柱计算原柱中应力小于60%钢材设计强度，故可不再用支撑卸荷载。采用钢板补强翼缘板，所需钢板面积可按新增轴力850 kN初步估算。

$$\Delta A=\frac{N}{k\cdot f}=\frac{850\times10^3}{0.9\times215}=4\ 393\ (\mathrm{mm}^2)$$

由于加固验算中将引入折减系数k，会减小原柱截面的承载能力，所减小的承载能力也要由新增补的钢板来担当，故上述计算的面积ΔA必须扩大。扩大多少合适，往往要经过试算确定。本例经过推算，把ΔA扩大一倍左右可使承载力满足要求，故决定采用两块400 mm×10 mm钢板分别焊于两翼缘外侧。

经过对加固后柱截面进行几何特性、强度、整体稳定性的验算后，发现平面外稳定性不够，应加大加固用钢板，或增设柱侧向支撑点在中部，或改加固钢板为型钢等。

知识拓展

钢构件组装工程质量控制要点

1．组装应按工艺方法的组装次序进行。当有隐蔽焊缝时，必须先施焊，经检验合格方可覆盖。当复杂部位不易施焊时，亦须按工序次序分别先后组装和施焊。严禁不按次序组装和强力组对。

2．为减少大件组装焊接的变形，一般应先采取小件组焊，经矫正后，再组装大部件。胎具及装出的首个成品必须经过严格检验，方可大批进行组装工作。

3．组装前，连接表面及焊缝每边30 ~ 50 mm范围内的铁锈、毛刺和油污及潮气等必须清除干净，并露出金属光泽。

4．应根据金属结构的实际情况，选用或制作相应的装配胎具（如组装平台、铁凳、胎架等）和工（夹）具，应尽量避免在结构上焊接临时固定件、支撑件。工夹具及吊耳必须焊接固定在构件上时，材质与焊接材料应与该构件相同，用后需除掉时，不得用锤强力打击，应用气割去掉。对于残留痕迹应进行打磨、修整。

5．除工艺要求外板叠上所有螺栓孔、铆钉孔等应采用量规检查，其通过率应符合规定。

用比孔的直径小1.0 mm量规检查，应通过每组孔数的85%；用比螺栓公称直径大0.2 ~ 0.3 mm的量规检查应全部通过；量规不能通过的孔，应经施工图编制单位同意后，方可扩钻或补焊后重新钻孔。扩钻后的孔径不得大于原设计孔径2.0 mm；补孔应制订焊补工艺方案并经过审查批准，用与母材强度相应的焊条补焊，不得用钢块填塞，处理后应做出记录。

学习情境小结

本学习情境主要介绍了钢结构的缺陷、钢结构常见事故及其影响因素。通过本学习情境学习，要熟悉钢结构可能存在的缺陷及其影响因素，重点理解和掌握常见钢结构事故的破坏形式、特点及其产生的原因。

学 习 检 测

1．填空题

（1）目前，建筑结构用钢主要有________和________两种。

（2）硫会降低钢材的塑性、冲击韧性、疲劳强度和抗锈蚀性，要求含量______。

(3) 在低碳钢中添加________用以改善钢材性能的某些合金元素，如________、________、________、________等，就可得到低合金钢。

(4) ________是指钢材在循环应力多次反复作用下，裂纹生成、扩展以致断裂破坏的现象。

(5) 钢结构脆性断裂事故产生的原因有________、________、________。

(6) 钢结构的变形可分为________和________两类。

2. 简答题

(1) 简述钢结构的物理性能。

(2) 钢结构焊接时可能会产生哪些缺陷?

(3) 钢结构在运输、安装和使用维护中可能会产生哪些缺陷?

(4) 钢结构失效的主要原因是什么?

(5) 影响钢结构构件局部稳定性的主要原因有哪些?

(6) 钢结构疲劳破坏的影响因素有哪些?

(7) 如何处理钢结构变形事故?

(8) 钢结构加固施工过程中有哪些注意事项?

学习情境七

装饰装修工程事故分析与处理

情境导入

某学校综合楼，外墙为水刷石饰面。两个作业班同时施工，一个班负责施工南面和东面，另一个班负责北面和西面。墙面施工完成后，整个墙面显得混浊。西面和北面墙面污染严重，南面与东面良好。

案例导航

该事故中墙面污染的原因有以下两方面。

1.最后刷洗墙面时，没有用草酸稀释液清洗，致使整个墙面混浊。

2.西、北两面施工时正值刮西北风，应停止施工，但担心施工进度落后于另一作业班组，施工时又没有采取防风措施，造成灰尘污染。

如何分析和处理装饰装修工程事故？如何预防装饰装修工程事故的发生？需要掌握的相关知识有：

1.抹灰工程事故分析与处理；

2.地面工程事故分析与处理；

3.饰面板（砖）工程事故分析与处理；

4.裱糊与软包工程事故分析与处理；

5.门窗工程事故分析与处理。

学习单元一　抹灰工程事故分析与处理

知识目标

（1）了解常见的抹灰工程事故及产生原因。

（2）掌握常见的抹灰工程事故的处理措施。

技能目标

（1）能够掌握内墙面抹灰事故的产生及处理措施。

（2）能够掌握外墙水泥砂浆抹灰事故的原因及预防措施。

（3）能够掌握水刷石饰面的质量通病及预防措施。

（4）能够掌握干黏石饰面容易出现的质量缺陷及原因。

基础知识

一、内墙抹灰事故

（一）内墙面抹灰层空鼓、裂缝

1. 原因分析

（1）配电箱、消防箱等背面的抹灰层薄，又没有防裂措施。

（2）基层面没有清扫、冲洗干净，对光滑面层未做“毛化处理”。

（3）抹灰砂浆配合比计量不准确，导致有的抹灰砂浆和易性和保水性差，硬化时收缩性大，黏结强度低。

（4）一次抹灰厚度超过15 mm，出现坠裂或收缩不匀裂缝。

2. 处理措施

（1）将起鼓范围内的抹灰铲除并清理干净，在其四周向里铲出15° 的倾角。当基体为砖砌体时，应刮掉砖缝10 ~ 15 mm深，使新灰能嵌入缝内，与砖墙结合牢固。

（2）基体表面（含四周铲口）洒水湿润，要求水洒足而均匀，但也不要过量。

（3）按原抹灰层的分层厚度分层补抹底灰。

（4）待第二遍抹灰层干到六七成（一般约为14 h）时抹罩面层，罩面层应与原抹灰面相平，并在接缝处用排笔压实抹光。

（二）墙面起泡、开花

1. 原因分析

（1）石灰膏熟化不透，过火灰没有滤净，抹灰后没有完全熟化的石灰颗粒继续熟化，体积膨胀，造成表面麻点和开花。

（2）抹完罩面灰后，砂浆没有收水就开始压光，从而产生起泡现象。

（3）底子灰过分干燥，抹罩面灰后水分很快就被底层吸收，压光时易出现抹子纹。

2. 处理措施

（1）石灰膏熟化时间不少于30 d，最好提前两周化成石灰膏，淋灰时用小于3 mm × 3 mm筛子过滤。

（2）对已开花的墙面，一般待未熟化的石灰颗粒完全熟化后再处理。处理方法为挖去开花处松散表面，重新用腻子刮平后喷浆。

（3）在抹灰砂浆收水后终凝前进行压光。抹纸筋石灰罩面时，必须待底子灰五六成干后再进行。

（4）底层过干应浇水湿润，再刷一层薄薄的纯水泥浆后进行罩面。罩面压光时，如面层灰太干不易压光，应洒水后再压光，以防止出现抹纹现象。

（三）墙体与门窗框交接处抹灰层空鼓

墙体与门窗框交接处抹灰层空鼓缺陷处理措施如下。

（1）门洞每侧墙体内预埋木砖不少于3块，预埋位置正确，木砖尺寸应与标准砖相同，并经过防腐处理。

（2）门窗框塞缝宜采用混合砂浆，砂浆不宜太稀，塞缝前先浇水润湿，缝隙过大时应分层多次填塞。

（3）不同基层材料交汇处宜铺钉钢筋网，每边搭接长度应大于100 mm。

（四）抹灰面不平，阴阳角不正、不垂直

1. 原因分析

（1）工具不齐全，缺乏直尺、刮尺等必要的工具进行检查。

（2）施工过程中交底不够详细、检查不严、管理不善。

（3）操作工艺水平低，不懂抹灰的操作技巧。

2. 处理措施

（1）用吊线检查阳角垂直度，用阴角器检查阴角方正与否及其偏差。

（2）详细检查墙面的平整度和垂直度，剔除凸出部分，补平凹洼处。

二、外墙水泥砂浆抹灰事故

（一）建筑物外表面起霜

1. 原因分析

（1）配制的混凝土或砂浆中的水泥含碱量高，在水泥的硬化过程中析出大量的$Ca(OH)_2$，随着混凝土或砂浆中的水分蒸发，逐渐沿毛细孔向外迁移，将溶于水中的$Ca(OH)_2$带出，与空气中的CO_2接触并发生反应，生成不溶于水的白色沉淀物$CaCO_3$，留存于建筑物外表面。

（2）水泥水化反应时生成部分NaOH和KOH，它们与水泥中的$CaSO_4$等盐类反应，生成$NaSO_4$和K_2SO_4，两者是溶于水的盐类，随着水分迁移到建筑物表面，当水分蒸发后，在建筑物表面留下白色粉状晶体。

（3）冬期施工时使用Na_2SO_4或NaCl做早强剂或防冻剂，增加了可溶性盐类，也就增加了建筑物表面析出白霜的可能性。

（4）某些地区用盐碱土烧制的砖，经雨淋日晒，水分迁移蒸发，将其内部可溶性盐带出，在建筑物外表面形成一种白色结晶。

（5）由于砖、混凝土和砂浆等存在着大量的孔隙，且具有渗透性，外界介质（尤其是空气中的水分）进入其内部后，由于蒸发也会带出来一部分物质，加剧了白霜的产生。

2. 预防措施

（1）选用含碱量低的建筑材料，如砖和水泥；不使用碱金属氧化物含量高的外加剂，且应严格控制用量，如使用Na_2SO_4，应控制在水泥用量的1%以内。

（2）配制混凝土或砂浆时掺加适量活性硅质掺合料，如粉煤灰、硅灰等。

（3）提高基材的抗渗性，配制混凝土、砂浆时使用减水剂降低用水量，从而降低其孔隙率，提高抗渗性能。

（4）在基层表面喷防水剂，用以封填混凝土或砂浆表面的孔隙。

（5）混凝土、砂浆等都是亲水材料，可用有机硅憎水剂处理其表面，使水分无法渗入基础内部，这样也可阻止其起霜。

（二）雨水污染墙面事故

1. 原因分析

（1）外墙面的窗台、阳台、压顶、雨篷以及突出外墙面的腰线等装修施工不符合规范要求：上面做好流水坡度，下面做好滴水槽（线）。

（2）外墙面施工的平整度差或为毛面易积尘土，雨后（尤其是小雨后）易发生雨水顺墙面流淌、污染墙面的现象。

2. 预防措施

（1）外墙装饰线凡突出墙面60 mm以内者（如窗套、压顶、腰线等），上面应做流水坡度，下面做滴水线（鹰嘴），窗楣部分必须做滴水槽；凡突出60 mm以上者（挑檐、雨篷等），上面应做流水坡度，下面做滴水槽，滴水槽必须下木条成型（见图7-1），且两端应留出30 mm做断水处理。

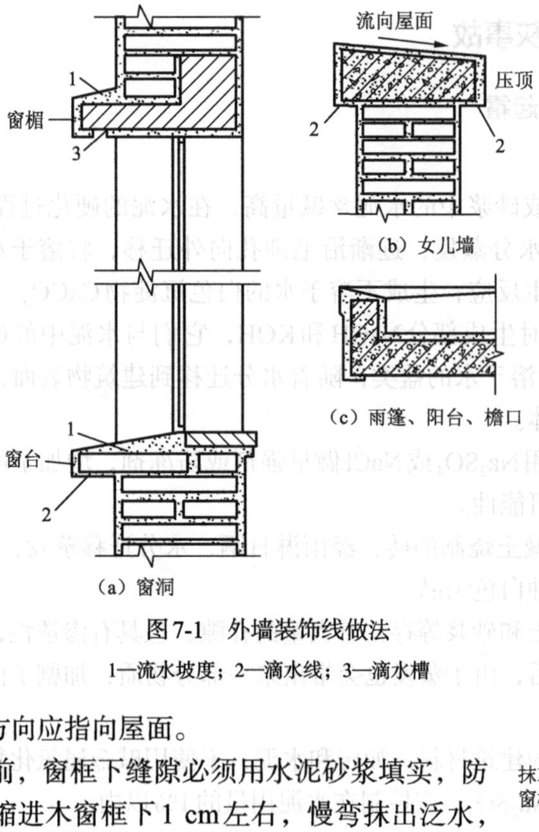

图7-1　外墙装饰线做法

1—流水坡度；2—滴水线；3—滴水槽

（2）压顶流水坡度方向应指向屋面。

（3）外墙窗台抹灰前，窗框下缝隙必须用水泥砂浆填实，防止雨水渗漏；抹灰面应缩进木窗框下1 cm左右，慢弯抹出泛水，如图7-2所示。当为钢、铝合金窗时，窗台处抹灰应低于窗框下1 cm。

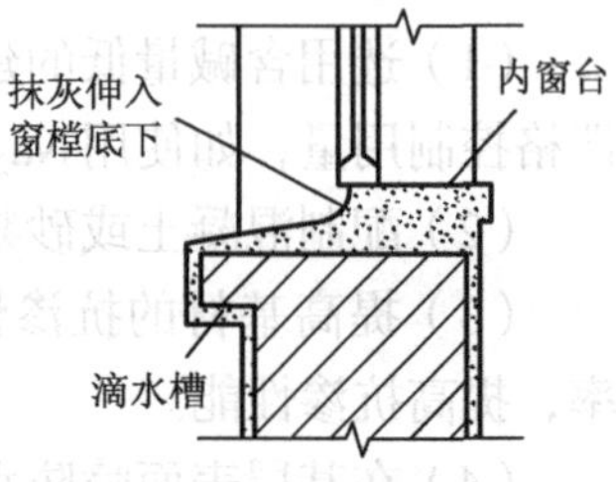

图7-2　外墙窗台抹灰做法

（4）室外窗台应低于室内窗台，窗框与窗台交接处除认真做好处理外，应做不小于5%的外流水坡度，严禁倒坡。

（三）分格缝不直不平，缺棱、错缝

1. 原因分析

没有拉通线统一在底灰上弹水平和垂直分格线；木分格条浸水不透，使用时变形；粘贴分格条和起条时操作不当，造成缝口两边缺棱角或错缝。

2. 预防措施

（1）柱子等短向分格缝，对每个柱子要统一找标高，拉通线弹出水平分格线，柱子侧面要用水平尺引过去，保证平整度；窗心墙竖向分层分格缝，几个层段应统一吊线分块。

（2）分格条使用前要在水中泡透。水平分格条一般应粘在水平线下面，竖向分格条一般应粘在垂直线左侧，以便于检查其准确度，防止发生错缝、不平现象。分格条两侧抹八字形水泥砂浆固定时，在水平线处应先抹下侧一面，当天抹罩面灰压光后就可起出分格条，两侧可抹成45°；当时不罩面的，应抹陡一些，成60°坡，待水泥砂浆达到一定强度后才能起出。面层压光时应将分格条上水泥砂浆清刷干净，以免起条时损坏墙面。

三、水刷石饰面事故

水刷石饰面是一项传统装饰工艺，操作技术要求较高。常见的质量通病有空鼓，石子不均匀及部分脱落，阴阳角不垂直，饰面不清晰及颜色不均匀等。

（一）颜色不均匀

水刷石饰面工程颜色不均匀缺陷预防措施如下。

（1）冬期施工，应尽量避免掺NaCl和CaO。

（2）避免在刮大风天气施工，以免造成大面污染或出现花斑。

（3）应选用耐碱、耐光的矿物颜料，要特别注意掺量，并与水泥拌和均匀。

（4）同一墙面所用的石子应为同一批石子，且颗粒坚硬、均匀，色泽一致，不含杂质。使用前应过筛、冲洗、晾干，并盖好堆放，避免污染。

（5）抹水泥石子浆前，干燥底灰面层应事先浇水湿润。

（二）空鼓

水刷石饰面工程空鼓缺陷预防措施如下。

（1）加强施工管理。在抹面层水泥石子浆前，应在底子灰上薄薄满刮一道纯水泥浆黏结层，然后抹面层水泥石子浆，随刮随抹，不能间隔，否则纯水泥浆凝固后，就起不到黏结作用，从而增大面层空鼓的可能性。

小提示

> 刮纯水泥浆以在底灰干到六七成时为宜，如底层已干燥，应适当浇水湿润。

（2）夏季应避免在日光暴晒下抹灰。罩面成活后第二天应浇水养护，并不少于7 d。

（3）做好准备，清扫干净基层表面，堵严孔眼，混凝土墙面应剔平凸块，蜂窝、凹洼、缺棱掉角和板缝处应先刷一道108胶：水＝1：4的胶水溶液，再用1：3水泥砂浆修补。加气混凝土墙面缺棱掉角和板缝处，宜先刷掺水泥质量20%的108胶素水泥浆一道，再用1：1.6混合砂浆修补抹平。

（4）窗台处是墙体最薄弱之处，易产生裂缝或空鼓，除设计上应考虑加强地基刚度外，宜先在结构沉降稳定后进行抹灰，并加强抹灰的养护，减少砂浆收缩。

（5）表面较光滑的混凝土墙面和加气混凝土墙面，抹底灰前宜先涂刷一道108胶素水泥浆，以增加黏结力。

（6）基层墙面应在施工前一天浇水，要浇透、浇匀。抹上底子灰后，用刮杠刮平，并搓抹压实。

（7）大面积墙面抹灰，为了不显接槎和减少抹灰层收缩开裂，宜设分格缝。

四、干黏石饰面事故

干黏石容易出现的质量缺陷有色泽不均，阳角黑边，露浆、漏黏，石粒黏结不牢固、分布不均匀等。

（一）色泽不均

（1）石粒干枯前，没有筛尽石粉、尘土等杂物，石粒大小粒径差异太大，没有用水冲洗致使饰面混浊。

（2）石粒（彩色）拌和时，没有按比例掺和均匀。

（3）干黏石施工完后（待黏结牢固），没有用水冲洗干黏石，进行清洁。

（二）阳角黑边

（1）棱角两侧，没有先粘大面再粘小面石粒。

（2）粘石时，已发现阳角处形成无石黑边，没有及时补粘小石粒消除黑边。

（三）露浆、漏粘

（1）黏结层砂浆厚度与石粒大小不匹配。

（2）底层不平，产生滑坠；局部打拍过分，产生翻浆。

（四）棱角不通顺

（1）对黏石面没有预先找直找平找方，或没有边黏石边找边。

（2）起分格条时用力过大，将格条两侧石子带起，造成缺棱掉角。

（五）接槎痕迹

（1）接槎处灰太干，或新灰粘在接槎处。

（2）面层抹灰完成后，没有及时黏石，面层干固，降低了黏结力。

（3）在分格内没有连续黏石，不是一次完成。

（4）分格不合理，不便于黏石，留下接槎。

课堂案例

某住宅楼内墙采用轻集料混凝土小砌块。投入使用不久，内墙抹灰层出现多处裂缝。住户意见很大，投诉开发商。为了查清原因，施工单位从施工日志中查出了问题。

问题：

产生裂缝的原因是什么？

分析：

经调查分析，原因有以下几点。

（1）该地区处于中等湿度（年平均相对湿度为50%～75%），混凝土小砌块相对含水率大于40%（砌筑前被雨水淋湿），相对含水率超标。小砌块上墙后，墙体内部收缩应力造成面层裂缝。

（2）在浇筑混凝土柱时，预留伸入墙体拉结筋长度小于500 mm，填充墙与梁柱交接部位，虽然钉挂了金属网，但搭接宽度小于100 mm。

（3）没有选用专用砌筑水泥砂浆。

（4）对空鼓和开裂处进行剥离返工时，发现墙体与现浇混凝土梁之间的顶部填充不密实。

学习单元二　地面工程事故分析与处理

知识目标

（1）了解常见的地面工程事故及产生原因。

（2）掌握常见的地面工程事故的处理措施。

技能目标

（1）能够掌握板块楼地面接缝高低差大、接缝宽窄不一和空鼓的产生及处理措施。

（2）能够掌握楼地面起砂与麻面、空鼓、返潮、倒泛水或积水的原因及处理措施。

基础知识

一、板块楼地面工程事故

（一）接缝高低差大，拼缝宽窄不一

1. 原因分析

（1）板块本身几何尺寸不一，有厚薄、宽窄、窜角、翘曲等缺陷，事先挑选不严，铺设后在接缝处易产生不平和缝宽窄不匀现象。

（2）各房间内水平高线不统一，使与楼道相接的门口处出现地面高低偏差。

（3）分格弹线马虎，分格线本身存在尺寸误差。

（4）地面铺贴时，黏结层砂浆稠度较大，若不进行试铺，一次成活，造成板块铺贴后走线较大，容易造成接缝不平、缝宽窄不匀。

2. 处理措施

（1）如使用板块的几何尺寸及平整度误差超过规定，必须更换合格的板块。

（2）已铺好的地面有局部沉降的板块，使接缝产生高低差时，可将沉降的板块掀起，凿除黏结层，扫刷干净，冲水润湿后晾干。

（3）已铺好的板缝宽窄不一，但数量不多，可用与面层相同颜色的水泥浆将缝隙抹平、抹密实。

（二）空鼓

1. 原因分析

（1）基层清理不干净或浇水湿润不够，水泥素浆结合层涂刷不均匀或涂刷时间过长，致使风干硬结，造成面层和垫层都出现空鼓。

（2）垫层砂浆应为干硬性砂浆，如果加水较多或一次铺得太厚，砸不密实，容易造成面层空鼓。

（3）板块背面浮灰没有刷净和用水湿润，有的进口石材背面贴有塑料网，铺贴前没有撕掉，影响黏结效果；操作质量差，锤击不当。

2. 处理措施

（1）局部板块松动时，将松动、空鼓的板块画好标记，由里向外逐块揭开，凿除结合层，扫刷干净，浇水冲洗湿润，按要求逐块修补好。

（2）由于底层基土不密实，造成地面板块空鼓时，要查明软弱层的范围，然后进行处理。

二、水泥和混凝土楼地面工程事故

（一）楼地面起砂与麻面

1. 原因分析

（1）水泥砂浆拌合物的水灰比过大，即砂浆稠度过大。

（2）压光工序安排不适当，以及底层过干或过湿等，造成地面压光时间过早或过迟。

（3）养护不当。

（4）水泥地面在尚未达到足够强度时就上人走动或进行下道工序施工，使地表面遭受摩擦等作用，容易导致地面起砂。这种情况在气温低时尤为显著。

2. 处理措施

（1）使用劣质水泥等造成大面积酥松，必须返工，铲除后扫刷干净，用水冲洗湿润。

（2）表面局部脱皮、露砂、酥松的处理方法：用钢丝板刷刷除楼地面酥松层，扫刷干净灰砂，用水冲洗，保持清洁、湿润。

小提示

当起砂层厚度小于2 mm时，用聚合物水泥浆（108胶：水：水泥＝1：4：8）满涂一遍，然后用水泥砂浆（水泥：细砂＝1：1）铺满刮平，收水后用木抹子拍实搓平。初凝后，用木抹子用力均匀地抹平，终凝前用钢抹子抹光，养护28 d后方可使用。

（二）楼地面空鼓

1. 原因分析

（1）垫层（或基层）表面清理不干净，有浮灰、浆膜或其他污物。

（2）面层施工时，垫层（或基层）表面不浇水湿润或浇水不足，过于干燥。铺设砂浆后，由于垫层迅速吸收水分，致使砂浆失水过快而强度不高，面层与垫层黏结不牢；另外，干燥的垫层（或基层）未经冲洗，表面的粉尘难于扫除，对面层砂浆起到一定的隔离作用。

（3）垫层（或基层）表面有积水，在铺设面层后，积水部分水灰比突然增大，影响面层与垫层之间的黏结，易使面层空鼓。

（4）为了增强面层与垫层（或垫层与基层）之间的黏结力，需涂刷水泥浆结合层。操作中存在的问题是，如刷浆过早，铺设面层时，所刷的水泥浆已风干硬结，不但没有黏结力，反而起了隔离层的作用。或采用先撒干水泥面后浇水（或先浇水后撒干水泥面）的扫浆方法。由于干水泥面不易撒匀，浇水也有多有少，容易造成干灰层、积水坑，成为日后面层出现空鼓的潜在隐患。

2. 处理措施

（1）大面积起鼓和脱壳，应全面凿除，按施工方法重做面层并达到规定要求。

（2）用小锤敲击检查空鼓、脱壳的范围，用粉笔画清界限，用切割机沿线割开，并掌握切割深度。凿除空鼓层，从凿开的空鼓处检查、分析空鼓原因，刮除基层面的积灰层或基层面的酥松层，扫刷、冲洗、晾干。在面层施工前，先涂刷一遍水泥浆，随即用搅拌均匀的与原面层相同的砂浆或混凝土，一次铺足，用刮尺来回刮平。如果为混凝土面层，则必须用平板振动器振实。新、旧面层接合处细致拍实抹平，在收水后抹光，初凝时压抹第二次，终凝前以全面压光、无抹痕为标准。隔24 h喷洒水养护7 d，或在终凝压光后喷涂养护液养护。

（三）楼地面返潮

1. 原因分析

（1）地面季节性潮湿一般发生在我国南方的梅雨季节，雨水多，温度高，湿度大。温度较高的潮湿空气（相对湿度在90%左右）遇到温度较低的地面时，易在地表面产生冷凝水。地面表面温度越低（一般温差在2 ℃左右）、地面越光滑，返潮现象越严重。有时除了地面返潮外，光滑的墙面也会结露、淌水。这种返潮现象带有明显的季节性，一旦天气转晴，返潮现象即可消除。

（2）地面常年性潮湿主要是由于地面的垫层、面层不密实，又未设置防水层，地面下地基土中的水通过毛细管作用上升以及汽态水向上渗透，使地面面层材料受潮所致。

2. 处理措施

（1）地面标高低的处理方法。可沿建筑外墙面周围挖一条沟，深度低于地面500 mm以上，使积水及时排除，保持室内地面干燥。

（2）在地面上铺一层塑料薄膜，薄膜与薄膜的搭接不少于80 mm，上面再浇40 mm厚、强度等级大于C20的细石混凝土面层，辊压密实，表面加1 ∶ 2水泥砂浆，抹压平整、光洁。

（3）在返潮的地面上铺设一层有保湿、吸水作用的块料面层。

（四）楼地面倒泛水或积水

1. 原因分析

（1）阳台（外走廊）、浴厕间的地面一般应比室内地面低20 ~ 50 mm，但有时因图纸设计成一样平，施工时又疏忽，造成地面积水外流。

（2）施工前，地面标高抄平弹线不准确，施工时未按规定的泛水坡度冲筋、刮平。

（3）浴厕间地漏安装过高，以致形成地漏四周积水。

（4）土建施工与管道安装施工不协调，或中途变更管线走向，使土建施工时预留的地漏位置不符合安装要求，管道安装时另行凿洞，造成泛水方向不对。

2. 处理措施

（1）厨房、厕所、浴室地面倒泛水时，要凿除原有地面面层，从地漏的上表面标高高出5 mm拉线找规矩，确保地面水都流向地漏。基层面必须扫刷冲洗干净并晾干，刷一遍水泥浆，然后用搅拌均匀的水泥砂浆（水泥：砂＝1 ∶ 2.5）铺地面，每间都要一次铺足，按标准刮平，收水后拍实抹平，初凝后用木抹子拍实搓光。

小提示

隔24 h后浇水养护。检查找平层、找坡层，不得有积水的凹坑、脱壳裂缝和起砂等缺陷。施工中要保护好一切排水孔，防止水泥浆流入孔中，堵塞管道。

（2）外走廊、阳台的排水孔高于排水面而积水，或排水管的内径小，容易堵塞时，可凿除原排水管扩孔和降低标高。更换排水管的内径要大于50 mm，排水管要向外倾斜5 mm，最好接入雨水管。

课堂案例

某建筑按业主要求，铺设大理石板材，工期要求较紧，临时召集部分农民工进行职业上岗培训后参与铺设。竣工交付使用前，出现空鼓、接缝不平，板材开裂质量缺陷。业主以农民工技术素质差为由拒付工程款，施工单位则认为主要是业主要求的工期太紧造成的。

问题：

大理石板材出现空鼓、接缝不平、板材开裂现象的原因是什么？

分析：

出现上述现象的原因有几下几点。

（1）为了赶工期，本应涂刷水泥素浆结合层，后改用大面积撒干水泥，洒水扫浆，造成水灰比失衡，拌和不均匀，失去黏结作用。

（2）基层不平，本应用细石混凝土找平后，再铺设干性水泥砂浆，因赶工期，省去了前道工序，造成局部干缩、开裂。

（3）分段铺设板材，对前段铺设的板材，一直没有洒水养护，砂浆硬化过程中缺水，造成干缩、开裂。

（4）没有认真进行产品保护，养护期间，人员在面层上扛重物，行走频繁。

学习单元三　饰面板（砖）工程事故分析与处理

知识目标

（1）了解常见的饰面板（砖）工程事故及产生原因。

（2）掌握常见的饰面板（砖）工程事故的处理措施。

技能目标

（1）能够掌握花岗石、大理石墙面板块常年水斑、饰面不平整接缝不顺直、板块开裂边角缺损、空鼓脱落的产生及处理措施。

（2）能够掌握室外面砖（外墙砖）墙面渗漏、饰面色泽不均匀的原因及预防措施。

（3）能够掌握室外玻璃锦砖墙面渗漏、找平层剥离破坏的原因及处理措施。

基础知识

一、花岗石、大理石墙面事故

（一）板块常年水斑

1. 原因分析

（1）水斑是花岗石饰面特有的现象，花岗石结晶相对较粗，不如大理石密致，其吸水率为0.2% ~ 1.7%，抗渗性能差，所以花岗石板块安装前，如不做专门的防碱处理，其危害难以避免。

（2）镶贴砂浆析出的$Ca(OH)_2$是钙酸盐系列水泥水化的必然产物，如果花岗石板块背面不做防碱处理，镶贴砂浆析出的$Ca(OH)_2$就会跟随多余的拌合用水，沿石材的毛细孔游离入侵板块。拌合用水越多，移动到砂浆表面的$Ca(OH)_2$就越多。水分蒸发后，$Ca(OH)_2$就积存在板块里面。

（3）对花岗石饰面，目前我国仍多采用传统的密缝安装法，形成“瞎缝”。相关规范规定，花岗石的接缝宽度（如设计无要求时）为1 mm，室外接缝可“干接”，用水泥浆填抹，接缝不能防水，因此干接缝的水斑最为严重。

（4）外墙饰面无压顶板块或压接不合理（如压顶板块不压竖向板块），雨水就会从板缝侵入。

（5）饰面与地面连接部位无防水措施，地面水（或潮湿）沿墙体或砂浆层侵入石材板块内。

2. 处理措施

室外花岗石墙面一旦出现水斑，由于可溶性碱（或盐）物质沿毛细孔已渗透到石材里面（已泄出板面者可以清除），很难清除，故应着重预防。水斑发生之后，应尽快对墙体、板缝、板面等进行全面防水处理，阻止水分继续入侵，使水斑不再扩大。

（二）饰面不平整，接缝不顺直

1. 原因分析

（1）板块外形尺寸偏差大。加工设备落后或生产工艺不合理，以及操作人为因素多，导致石材制作加工精度差，质量很难保证。

（2）弯曲面或弧形平面板块，在施工现场用手提切割机加工，尺寸偏差失控。其常见缺陷是板块厚薄不一、板面凹凸不平、板角不方正、板块尺寸超过允许偏差。

（3）施工无准备。对板块来料未做检查、挑选、试拼，板块编排无专项设计，施工标线不准确或间隔过大。

（4）干缝（或密缝）安装，无法利用板缝宽度适当调整板块加工制作偏差，导致面积较大的墙面板缝积累偏差过大。

（5）操作不当。采用粘贴法施工的墙面，基层找抹不平整；采用灌浆法（挂贴法）施工的墙面凹凸过大，灌浆困难，板块支撑固定不牢，或一次灌浆过高，侧压力大，挤压板块外移。

2. 处理措施

花岗石墙面如果出现饰面不平整、接缝不顺直的情况，很难处理，返工费用又高，因而应重在预防。若接缝不顺直的情况不严重，可沿缝拉通线（大面积墙面宜用水平仪、经纬仪）找顺、找直，采用适当加大板缝宽度的办法，用粉线沿缝弹出加大板缝后的板缝边线，沿线贴上分色胶纸带，再打浅色防水密封胶，可掩盖原来接缝的缺陷。

（三）板块开裂，边角缺损

1. 原因分析

（1）板块材质局部风化脆弱，或在加工运输过程中造成隐伤，安装前未进行检查和修补。

（2）计划不周或施工无序，在饰面安装后又在墙上开凿孔洞，导致饰面出现犬牙和裂缝。

（3）墙、柱上下部位，板缝未留空隙，结构受压变形；或大面积墙面不设变形缝，受环境温度变化，板块受到挤压；轻质墙体未做加强处理，致使干缩、开裂。

（4）花岗石板镶贴在外墙面或紧贴厨房、厕所、浴室等潮气较大的房间时，安装粗糙，板缝灌浆不严，侵蚀气体或湿空气侵入板缝，使连接件遭到锈蚀，产生膨胀，给花岗石板一种向外的推力。

2. 处理措施

因缝格设置不当造成挤压破裂的饰面，应在适当部位开设变形缝。板块开裂、边角缺损不严重的，可用环氧树脂及石材胶进行修补。

（四）空鼓脱落

1. 原因分析

（1）基体（或基层）、板块底面未清理干净，残存灰尘或脏污物，未用界面处理剂处理基体表面。

（2）粘贴（或灌浆）砂浆不饱满，或砂浆太稀、强度低、黏结力差、干缩量大，砂浆养护不良。传统的镶贴砂浆为1 ∶ 2（或1 ∶ 2.5）水泥砂浆，用料比较单一（水泥和砂），采用体积比等，无黏结强度的定量要求和检验，因而黏结力较差。

（3）板块现场钻孔不当，太靠边或钻伤板边；或用铁丝绑扎固定板块，日久锈蚀。

（4）石材防护剂涂刷不当，或使用不合格的石材防护剂，板背变光滑，削弱了板块与镶贴砂浆的黏结力。

（5）板缝不能放水，雨水入侵，板块背面的黏结层、基体（或基层）发生冻融循环、干湿循环，又由于水分入侵，诱发析盐，水分蒸发后，盐结晶体积膨胀，又会削弱砂浆的黏结力。

2. 处理措施

（1）用粘贴法、灌浆法安装的石材板块，若板块空鼓松脱，可请专业队伍采用改性环氧树脂压力灌浆，黏合固定，此方法可靠，补疤又较小，但是，当空鼓不相贯通时，需多钻几个注浆孔，又由于钻孔的振动，可能使空鼓范围扩大。因此，应钻完所有孔眼后，才能注浆。

（2）用粘贴法、灌浆法安装板块，也可采用不锈钢胀锚螺栓（加垫片）将板块重新固定于墙上。最好使用敲击式（长螺杆）内螺纹锚栓，胀锚螺栓必须锚固在砖或混凝土基体上，螺栓直径、数量应通过计算确定。

（3）上述两步修补措施，均应对饰面喷涂有机硅憎水剂（或其他无色护面涂剂）予以保护。

二、室外面砖（外墙砖）墙面事故

（一）墙面渗漏

1. 原因分析

（1）设计图纸缺乏细部大样，说明不详，外墙面横竖凹凸线条多，立面变化大，疏水不利。

（2）墙体因温差、干缩产生裂缝，尤其是房屋顶层墙体和轻质墙体。砌体灰缝不饱满，加之烧结普通砖属多孔材料，因此，墙体本身的防水性能是有限的，有些地区的房屋墙体要用侧砖砌筑；砂浆饱满度普遍较差，防水性能更差。此外，空斗砖墙、空心砌块、轻质砖等墙体的防水能力也较差。

（3）饰面砖通常是靠板块背面满刮水泥砂浆（或水泥浆）粘贴上墙的，它靠手工挤压板块，黏结砂浆不易全部位挤满，尤其板块的四个周边（特别是四个角）砂浆不易饱满，以致留下渗水空隙和通路。

（4）有些饰面层要求砖缝疏密相间，即由若干板块密缝拼成小方形图案，再由横竖宽缝连接组成大方形图案（即“组合式”）。其密缝粘贴的板块形成“瞎缝”，板块接缝无法勾缝（只能擦缝），因此，“组合式”的面层最容易渗漏。

（5）卫生间室内瓷砖传统的施工方法虽然采用密缝法粘贴、擦缝，但它无大凹缝，有利于疏水。条形饰面砖勾缝处是一凹槽，于疏水不利，容易滞水，且滞水从缺陷部位渗漏入墙。

（6）外墙找平层一次成活，由于一次涂抹过厚，造成抹灰层下坠、空鼓、开裂、砂眼、接槎不严实、表面不平整等缺陷，成为藏水空隙、渗水通道。有些工程墙体表面凹凸不平，抹灰层超厚。另外，楼层圈梁（或框架梁）凸出墙面或墙体表面凹凸不平，以及框架结构的填充墙墙顶与梁底之间填塞不紧密等，也会发生抹灰裂缝，造成滞水、藏水、渗水。

（7）不少工程用普通水泥加水的净浆作勾缝材料，不仅会增多$Ca(OH)_2$等水溶性成分，而且硬化后的收缩率也大。净浆硬化以后，经过时间变化，很容易在板缝部位产生裂纹或在净浆与面砖之间产生缝隙。

2. 处理措施

对发生渗漏的外墙面可喷涂有机硅憎水剂（或其他无色护面涂剂）。有机硅憎水剂是乳白色水性液体，pH为4 ~ 5，无腐蚀性，不燃烧，不污染环境；72 h吸水率为5% ± 1%；常温下建筑物表面涂刷24 h即可阻断雨水浸入；它不封闭毛细管，可把墙体内的水分逐渐排出，即保持其“呼吸性”（水蒸气透水性），且室外雨水又不能渗入，只能形成水珠滚落，保持了建筑饰面的完整和美观。

（二）饰面色泽不匀

1. 原因分析

（1）同一编号（同色号）不同炉批产品的成色有较为明显的差异，如果发生混批，就会出现影响观感的色差。

（2）不重视板缝的设计和施工。板缝粘贴宽窄不一，勾缝深浅不一或使用不同品种、批号的水泥勾缝（预留口或返工部位最为多见）。

（3）用稀盐酸清洗墙面，板缝砂浆表面被酸腐蚀，留下伤疤。

（4）“金属釉”的釉面砖（即“金光砖”）反光率好，如果粘贴的平整度差，反射的光泽凌乱，加上距离远近、视线角度、阳光强弱、周围环境不同，观感（装饰效果）会有所差异，甚至得到相反效果。

小提示

同一炉批产品如不能满足整幢建筑物的需要，则应分别按不同立面需要的数量订货，保证同一立面不出现影响观感的色差；相邻立面可采用不同炉批产品，但应是同一颜色编号的产品，以免出现过大的色差。

2. 预防措施

（1）订货前应先有装饰设计预算。

（2）运输、保管过程中谨防混杂。

（3）后封口的卷扬机进料口、大型设备预留口，应预留足够数量的同一炉批饰面砖；精心施工，避免返工。预留口或返工部位勾缝砂浆应使用原批水泥。

（4）保证勾缝质量，不仅是防水、防脱落的要求，也是饰面工程外表观感的要求，因此必须十分重视板缝的施工质量。

（5）“金属釉”的饰面砖应特别注意板块外观质量检验，重视粘贴的平整度和垂直度，并先做样板墙，经远近、视角、阴晴天气观察检查色差情况，以及与周围环境是否相衬，满意后方可大面积粘贴。

三、室外陶瓷锦砖墙面事故

（一）墙面渗漏

陶瓷锦砖墙面渗漏的主要原因如下。

（1）墙面空鼓开裂，一部分是由于找平层质量问题；另一部分是由于砖墙温度变化或构造措施失当，以及轻质砖墙未做加强处理等。

（2）门窗周边渗漏问题，常见的质量通病是窗台排水坡度不足，其原因是锦砖单块尺寸小，切割困难。窗框安装若不考虑与大墙面锦砖的水平砖缝相配合，有时窗台下边缘线会与大墙锦砖的水平砖缝发生矛盾。若要保证窗台排水坡度，锦砖就得切割；锦砖若要保持整块，则排水坡度无保证。合适的窗下框标高应留有足够的高度，使窗台能有20%左右的排水坡度；窗台下边缘线又能与大墙锦砖水平砖缝线“两线合一”。如果窗下框安装标高太低，则窗台排水坡度不足，窗台锦砖面层甚至高出窗下框的上平线。

处理措施与“室外面砖（外墙砖）墙面中的处理措施”相同。

（二）找平层剥离破坏

1. 原因分析

（1）基体未清理干净或表面太光滑。

（2）基体材料强度低（如轻质墙体），或因基体自身干缩变形开裂（轻质墙体尤其多见），导致找平层黏结不牢。

（3）基体构造措施不当或失效，例如，砖墙漏放拉结钢筋，填充墙填塞不紧，致使接槎部位变形开裂，找平层局部空鼓。

（4）施工粗糙，墙体表面垂直度、平整度偏差大，使找平层总厚度超过20 mm；或施工操作中一次抹灰过厚，抹灰层下坠，空鼓开裂。

（5）水泥安定性不合格，或水泥砂浆强度低（如大量掺入黏土、石灰膏）。由于找平层是一薄层，养护要求较高（立面养护有诸多不便），若使用矿渣水泥、火山灰质水泥、粉煤灰水泥等，早期强度低，加上干缩量较大，问题更多。

（6）抹灰前基体未洒水湿润，或找平层砂浆无湿润养护，找平层砂浆不能正常水化。墙面湿润后水迹未干即行抹灰，界面间隔着一层水膜或稀浆。

（7）夏季太阳直射，墙上的水分容易蒸发，若遇湿度小、风速大的环境，水分蒸发更快，导致找平层砂浆严重失水，不能正常水化，砂浆强度大幅度降低，找平层与基体形成“两张皮”。

2. 预防措施

（1）黏土砖、混凝土等墙体必须清理干净，无油污脏迹，无残留脱模剂等。抹找平层前必须提前湿润，抹灰时墙面应无水迹流淌，表干里湿。

（2）砖墙基体应用水湿透后，用外墙饰面砖工程设计要求的找平砂浆打底，木抹子搓平，隔天浇水养护。

（3）混凝土基体可用界面处理剂处理基体表面，待界面剂稍收浆时（表干后），即可按工程设计要求的砂浆打底，木抹子搓平，隔天浇水养护；或用聚合物（如乙烯—乙酸乙烯共聚物）水泥砂浆或商品干粉砂浆做结合层，以提高界面间的黏结力。

（4）当基体的抗拉强度不能保证外墙饰面砖的黏结强度时，应进行加强处理；加气混凝土、轻质砌块及轻质墙板等墙体干缩量大，且抗拉强度低，不宜采用外墙饰面砖饰面。如果采用，则必须对基体进行加强，可采用在外墙面满钉金属网片或满贴化纤（或玻璃）等方法加固处理。

（5）水泥砂浆的抹灰层，应在湿润条件下养护不少于7 d。冬期施工，抹灰砂浆应采取保温措施。涂抹时，砂浆的温度不宜低于5 ℃。砂浆抹灰层硬化初期不得受冻。气温低于5 ℃时，室外抹灰所用的砂浆可掺入混凝土防冻剂，其掺量应由试验确定。

（6）找平层采用强度等级不低于42.5级的硅酸盐水泥、普通硅酸盐水泥，其安定性和强度必须经复检合格。水泥砂浆配合比应符合设计要求，稠度为50 ~ 70 mm。

3. 处理措施

（1）找平层施工14 d后，用小锤全面轻击检查，将空鼓部位画上记号。用手提电锯切去空鼓部位，剔除空鼓的抹灰层；再检查有无在切割、剔除过程中新出现的空鼓。在修补部位涂刷界面处理剂，分层修补，湿润养护。

（2）在拆除外墙脚手架前，全面检查；在使用期间，定期检查饰面有无空鼓部位。

课堂案例

某城市四星级宾馆，装修时朝南向的正立面外墙安装红色大理石板饰面。一年以后，发现墙面大理石褪色加剧，隐约可见黑影，极大地影响了装饰效果。门庭处大理石脱落。

问题：

外墙大理石脱落的原因是什么？

分析：

外墙大理石脱落的原因有以下几点。

（1）大理石主要成分为$CaCO_3$，用于室外，受日晒雨淋侵蚀，表面会很快失去光泽。

（2）连接件和挂钩采用的是铁制品，又没有进行防锈处理，加之局部灌浆不实，基层受潮，使铁锈侵入大理石面板，逐渐渗透到表面，出现黑影。

（3）铁锈膨胀、脱落，降低了砂浆的黏结力，造成面材脱落。

学习单元四　裱糊与软包工程事故分析与处理

知识目标

（1）了解常见的裱糊工程事故及其原因。
（2）了解常见的软包工程事故及其原因。

技能目标

（1）能够分析裱糊工程中出现的变色、表面不平整、翘边、离缝或亏纸、花饰不对称等事故的原因。

（2）能够分析软包工程中出现的边框翘曲、开裂、变形、面料下垂和皱褶、面料开裂、安装不平不直、面料发霉变色等事故的原因。

基础知识

一、裱糊工程事故

（一）变色

裱糊工程壁纸变色缺陷原因分析如下：

（1）壁纸暴露在强烈的阳光下，被照射变色。

（2）壁纸受基层碱性侵蚀，造成脱色或变色。

（3）壁纸存储期间被污染而导致变色。

（4）基层潮湿或环境湿度大，胶黏剂干燥缓慢，促使霉菌生长，引起变色。

（二）表面不平整

裱糊工程壁纸表面不平整缺陷原因分析如下。

（1）基层粘有杂物。

（2）粘贴壁纸漏刷胶或涂胶厚薄不均，铺压不密实，出现曲纹，使壁纸失去平整。

（3）基层不平整，对凹凸部位没有进行批刮腻子，或嵌批腻子后没有进行打磨。

（三）翘边

裱糊工程翘边缺陷原因分析如下：

（1）胶黏剂黏结力小，特别是阴角处，第二张壁纸粘贴在第一张壁纸面上，容易翘边。

（2）基层不干净，或表面粗糙，或太干或潮湿，使胶黏剂与基层连接不牢。

（3）阳角处包角壁纸的搭接宽度应小于20 mm（见图7-3），阴角搭接宽度没有控制在23 mm（见图7-4），黏结强度小于壁纸表面张力，容易翘边。

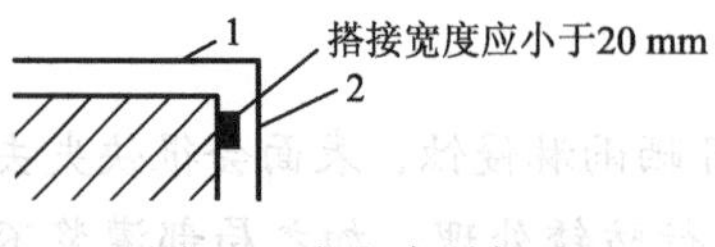

图7-3　包阳角处翘边

1—壁纸；2—翘边处

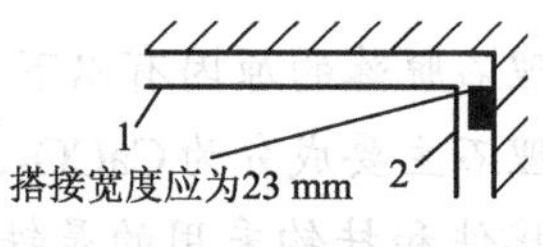

图7-4　包阴角处翘边

1—壁纸；2—翘边处

（四）离缝或亏纸

相邻壁纸间缝隙超过允许范围，称为离缝；壁纸的上口与挂镜线（无挂镜线时应弹出水平线）、下口与踢脚线连接处露底，称为亏纸。

裱糊工程壁纸离缝或亏纸缺陷原因分析如下。

（1）裁割尺寸偏小，裱糊后不是上亏就是下亏，或上下都亏。

（2）搭接缝裁割壁纸，不是一刀裁割到底，裁割时多次改变刀刃方向，或钢尺偏移，造成缝间距偏差超过允许范围。

（3）裱糊后续壁纸与前一张壁纸拼缝时，没连接准就进行赶压，用力过大，使壁纸伸张，干燥后回缩，产生离缝或亏纸。

（五）花饰不对称

裱糊工程壁纸花饰不对称缺陷原因分析如下。

（1）裱糊前，对裱糊墙面没有进行对称规划，忽视了门窗口两边、对称柱子、对称的墙面，采取连续裱糊。

（2）在同一张壁纸上印有正花与反花、阴花与阳花，裱糊前未仔细区别，盲目裱糊，使相邻壁纸花饰不对称。

除上述原因之外，裱糊工程常见的质量缺陷还有壁纸不垂直、壁纸搭缝、壁纸空鼓、壁纸死褶和壁纸反光等。

二、软包工程事故

（一）边框翘曲、开裂、变形

边框翘曲、开裂、变形缺陷的原因分析如下。

（1）使用了劣质木材。

（2）木材的含水率太高。

（二）面料下垂、皱褶

面料下垂、皱褶缺陷的原因是绷压不严密，经过一段时间后，软包面料因失去张力，造成下垂及皱褶。

（三）面料开裂

面料开裂缺陷的主要原因是单块软包上的面料进行了拼接，拼接处容易开裂。

（四）安装不平不直

安装不平不直缺陷原因分析如下。

（1）安装前，没有吊垂线和拉水平通线。

（2）边框的高度、宽度超出允许偏差范围（允许偏差为3 mm）。

（3）对角线长度超出允许偏差范围（允许偏差为3 mm）。

（五）面料发霉变色

面料发霉变色缺陷原因分析如下。

（1）基层潮湿。

（2）衬板没有进行封闭处理，吸潮。

课堂案例

某宾馆15层标准间全部采用软包饰面，进行竣工验收时，观感质量不尽如人意，整体协调及美观方面欠佳。

问题：

案例中软包饰面观感欠佳的原因是什么？

分析：

分析出软包饰面观感欠佳的原因是：

（1）安装软包时，面料局部被轻微污染。

（2）面料图案不够清晰，清漆涂饰的木制边框出现刷痕，纹理显露差。

（3）同一房间使用的软包面料有细微色差，不是采用同一品种。

（4）软包边框与边框的垂直接缝不吻合，不顺直。

（5）软包表面略有凹凸。

学习单元五　门窗工程事故分析与处理

知识目标

（1）了解常见的门窗工程事故。

（2）掌握常见的门窗安装事故的产生原因与预防措施。

技能目标

（1）能够掌握木门窗安装中产生的门窗框翘曲、门窗框不方正、门窗框松动、门窗扇开启不灵的原因及预防措施。

（2）能够掌握金属门窗安装中产生的钢门窗翘曲变形、钢门窗开启受阻、铝合金门窗材质不合格、铝合金门窗立口不正的原因及预防措施。

（3）能够掌握塑料门窗安装中产生的塑料门窗固定片安装不当、塑料门窗与洞口固定不当的原因及预防措施。

基础知识

一、木门窗安装事故

（一）门窗框翘曲

1. 原因分析

（1）其中一根立梃不垂直。

（2）两根立梃向相反的两个方向倾斜。

2. 预防措施

（1）安装门窗时要用线坠吊直，按规程进行操作。安装完毕要进行复查。

（2）门框安完以后，可先把立梃的下角清刷干净，用水泥砂浆将其筑牢，以加强门框的稳定性。但应控制砂浆的厚度，上面留出抹面的余量。

（3）注意成品保护，避免框因车撞、物碰而位移。

（4）安扇前对门、窗框要进行检查，发现问题及时处理。

（二）门窗框不方正（窜角）

1. 原因分析

（1）框在安装过程中，卡方不准或根本没有卡方，框的两个对角线不一样长。

（2）框的上、下宽度不一致，安装时框的一根立梃垂直，并与冒头保持方正；而另一根（装合页的一边）却不垂直，与冒头不呈90°。

2. 预防措施

（1）安装前应检查框的每一个角的榫眼结合是否牢固。如果松动或脱开，应用钉子将其加固好以后再进行安装。

（2）检查门框两根立梃上锯口线的尺寸是否一致，如果不一致，则要重新画线。

（3）框的立梃垂吊好后要卡方，两个对角线的长度相等时再加钉固定。

（4）框固定好后，再进行一次检查，看是否有出入，并注意将框的下角用垫木垫实。

（三）门窗框松动

1. 原因分析

（1）预留木砖间距过大，半砖墙或轻质隔墙使用普通木砖，与墙体结合不牢，经受振动，逐渐与墙体脱离。

（2）预留门窗洞口尺寸过大，使门窗框与墙体间的空隙较大，这种情况往往用加木垫的方法处理，使钉子钉进木砖的长度减少，降低了锚固能力，而且木垫容易劈裂。

（3）门窗口塞灰不严，或所塞灰浆稠度大，硬化后收缩，使墙体、门窗和灰缝三者之间产生空隙，也易造成门窗框松动。

2. 预防措施

（1）木砖的数量应按图纸或有关规定设置，一般不超过10皮砖一块，半砖墙或轻质隔墙应在木砖位置砌入混凝土块。

（2）较大的门窗框或硬木门窗框要用铁掳子与墙体结合。

（3）门窗洞口每边空隙不应超过20 mm；如超过20 mm，钉子要加长，并在木砖与门窗框之间加木垫，保证钉子钉进木砖50 mm。

（4）门窗框与木砖结合时，每一木砖要钉100 mm钉子2个，而且上下要错开，不要钉在一条水平线上。垫木必须通过钉子钉牢，不应垫在钉子的上边或下边。

（5）门窗框与洞口之间的缝隙超过30 mm时，应灌细石混凝土；不足30 mm的应塞灰，要分层进行，待前次灰浆硬化后再塞第二次灰，以免收缩过大，并严禁在缝隙内塞嵌水泥袋纸或其他材料。

（四）门窗扇开启不灵

1. 原因分析

（1）门窗扇上、下两块合页的轴不在一条垂直线上，致使门窗扇开关费力。

（2）门窗扇安装时，预留的缝隙过小；门窗扇在使用中吸收空气中的水分，体积膨胀；或刷油漆过厚，缝隙变小，造成开关不灵。

2. 预防措施

（1）验扇前应检查框的立梃是否垂直。如有偏差，待修整后再安装。

（2）保证合页的进出、深浅一致，使上下合页轴保持在一条垂直线上。

（3）选用五金要配套，螺钉安装要平直。

（4）安装门窗扇时，扇与扇、扇与框之间要留适当的缝隙。

（五）门扇自行开关

1. 原因分析

（1）门框安装倾斜，往开启方向倾斜，扇就自行打开；往关闭方向倾斜，扇就自行关闭。

（2）合页安装倾斜，门扇上下两块合页的轴不在一条垂直线上。

2. 预防措施

（1）安装门扇前，先检查门框是否垂直，如发现里外倾斜应进行调整，修理合格后再安装门扇。

（2）安装合页时应使合页槽的位置一致，深浅合适，上下合页的轴线在一条垂直线上。

二、金属门窗安装事故

（一）钢门窗翘曲变形

1. 原因分析

（1）钢门窗制作质量粗糙，本身翘曲不平。

（2）搬运、装卸不认真。例如，用杠棒穿入窗芯挑抬，或人员、车辆在钢门窗上踩压，造成局部变形。

（3）施工时在窗芯或框子上搭架子或脚手板，致使窗棂产生弯曲。

2. 预防措施

（1）钢门窗安装以前，必须逐樘进行检查，如果有翘曲、变形或脱焊的钢门窗，则应进行调直校正或补焊好后再行安装。

（2）搬运钢窗时，不准用杠棒穿入窗芯挑抬，要做到轻搬轻放，运输或堆放时应竖直放置。

（3）在工程施工时，不准把脚手架横杆搭设在钢窗上，也不得把架板穿搭在窗芯上。

（二）钢门窗开启受阻

1. 原因分析

（1）有遮阳板的钢窗，混凝土遮阳板下沉或弯曲，抹灰后阻碍窗扇开启。

（2）窗套抹灰过厚，抵住窗上的合页。

（3）钢窗安装倾斜、歪扭。

2. 预防措施

（1）有混凝土遮阳板的钢窗，在浇筑混凝土支模板时，底模板应高出窗框20 mm。

（2）安装钢窗时，先用木楔在窗框四角受力部位临时塞住，然后用水平尺和线坠验校水平和垂直度，使钢窗横平竖直，高低进出一致，试验开关灵活，没有阻滞回弹现象，再将铁脚置于预留孔内，用水泥砂浆填实固定。

（3）洞口尺寸要留准确，钢窗四周灰缝应一致，抹灰时不得抹去框边位置，边框及合页应全部露出。

（三）铝合金门窗材质不合格

1. 原因分析

（1）没有铝合金门窗设计图纸，或者设计图纸上未注明门窗采用图集的名称、编号、规格。

（2）用户盲目选用劣质廉价的铝合金型材。

（3）铝合金型材的厚度过薄，使用了小于铝合金门窗型材的标准厚度的铝合金。

（4）铝合金型材的硬度（强度代表值）过低，氧化膜厚度过薄，小于10 mm。

2. 预防措施

（1）设计单位应根据使用功能、地区气候特点确定风压强度、空气渗透、雨水渗透性能指标，选择相应的图集代号及型材规格。

（2）对所使用的铝合金型材应事先进行型材厚度、氧化膜厚度和硬度检验，合格后方准使用。

（3）建设单位不能因片面降低成本而采用小于设计厚度的型材。

（四）铝合金门窗立口不正

1. 原因分析

（1）操作人员工作马虎，安装铝合金门窗框时未认真吊线找直、找正。

（2）门窗框安装时临时固定不牢靠，被碰撞倾斜后，在正式锚固前未加检验、修整。

（3）墙上洞口本身倾斜，安装铝合金门窗框时按洞口墙厚分中，而使门窗框也随之倾斜。

2. 预防措施

（1）安装铝合金门窗框前，应根据设计要求在洞口上弹出立口的安装线，照线立口。

（2）在铝合金门窗框正式锚固前，应检查门窗口是否垂直，如发现问题应及时修正后，才能与洞口正式锚固。

三、塑料门窗安装事故

（一）塑料门窗固定片安装不当

1. 原因分析

（1）操作人员不了解塑料门窗安装的特点，随意操作。

（2）安装前未进行认真的技术交底。

2. 预防措施

（1）安装固定片前，应先采用直径3.2 mm的钻头钻孔，然后将十字槽盘头自攻螺钉M4×20拧入。

（2）固定片与窗角、中竖框、中横框的距离应为150 ~ 200 mm，固定片之间的距离l应小于或等于600 mm，如图7-5所示。

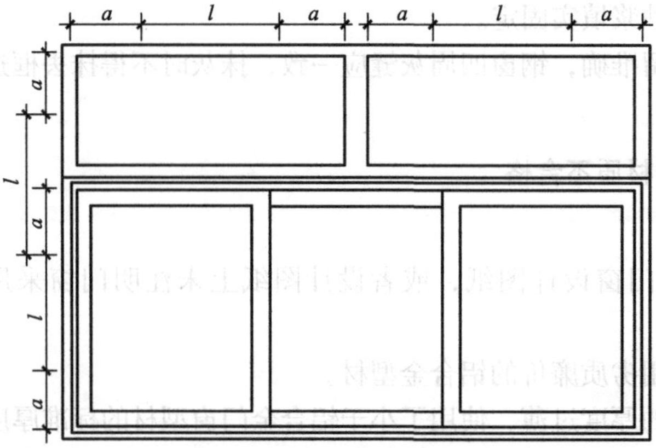

图7-5 固定片安装位置

a—端头（或中框）距固定片的距离；*l*—固定片之间的间距

（二）塑料门窗与洞口固定不当

1. 原因分析

（1）操作人员技术素质差，不了解塑料门窗安装技术规范的有关规定。

（2）施工时工人图方便、省事，不按有关规定操作。

2. 预防措施

（1）当塑料门窗与墙体固定时，应先固定上框，后固定边框。

（2）混凝土墙洞口应采用射钉或塑料膨胀螺钉固定。

（3）砖墙洞口应采用塑料膨胀螺钉或水泥钉固定。

课堂案例

某美食城内外装饰施工正逢冬季，为保持室内温度，以利于其他专业工种施工，外墙铝合金窗提前安装完毕。因赶工期忽视了安装质量和成品保护，出现了窗框翘曲变形、开关不灵活、窗框腐蚀、铝合金窗污染等问题。

问题：

案例中铝合金窗出现窗框翘曲、腐蚀等缺陷的原因是什么？

分析：

经调查分析，铝合金窗出现窗框翘曲、腐蚀等缺陷的原因是：

（1）窗框与墙体间隙太小，无法嵌填隔离、密封材料，用水泥砂浆抹灰，且直接接触窗框，致使窗框被水泥砂浆腐蚀。

（2）不注意成品保护，提前撕掉窗框保护胶带，又没有采取其他保护措施，导致窗框被砂浆、灰尘沾污。

（3）型材系列选得偏小，壁厚小于1.2 mm，强度不足，产生翘曲变形。

学习案例

某厂房车间为多层框架结构，二层楼面面积为1 450 m^2，楼层地面在完工后两个月进行检查，发现已有80%脱壳和裂缝。

事故原因分析：

（1）粗、细集料中的泥灰，水泥中的游离物质（如粉煤灰、未熟化的粉尘），浮结在找平层面和散落在找平层上的灰尘等有害物质，形成泥灰粉尘的隔离层，是造成裂缝、脱壳的重要原因。

（2）基层面没有认真刮除石灰疙瘩，没有扫刷冲洗干净，干燥的结构层面浇水湿润不够，没有按规定先刷水泥浆，也没有设置分隔缝。这是形成面层脱壳的基本原因。

想一想

对本案例中楼层地面的脱壳和裂缝应该采取什么处理措施？

案例分析

对案例中楼层地面的脱壳和裂缝应采取的处理措施如下。

（1）严格把好材料质量关，选用普通水泥，强度为42.5级；选用洁净的中砂，含泥量不大于2%。搅拌砂浆严格按配合比计量，砂浆搅拌均匀，随拌随用，拌好的砂浆放置时间不超过3 h。

（2）设置分隔缝。凡是预制板端头都留分割缝，纵向缝留在预制板平行缝中，间距控制在6 m左右，缝宽为20 mm。

（3）在每一块预制板中，一次铺足搅拌均匀的水泥砂浆，砂浆强度等级不小于M15，稠度不小于35 mm。用长刮尺来回刮平拍实。设专人负责沿分割缝边拍平、拍实。收水后，用木抹子由边沿向中间搓平，再由内向外搓平，用力要均匀。后退操作，将砂眼、脚印等消除后，再用靠尺检查平整度。初凝后，即用钢抹子抹压出浆并抹平。把洼坑、砂眼抹平抹实。终凝前，进行第三遍压光，全面抹平抹光，成为无抹痕的光滑表面。轻轻起出分格条，缝内灌注沥青砂浆。

（4）全部铲除原地面面层，刮除泥灰，用水冲洗并用钢丝板刷刷洗干净。

（5）铺浆前1 h，在基层面涂刷纯水泥砂浆一遍。

（6）养护。面层压光后隔24 h喷、洒水湿养护7 d，铺锯末覆盖，保持湿润，防止踩踏或过早堆放重物。

知识拓展

涂饰工程质量控制要点

1．水性涂料涂饰工程质量控制要点

（1）水性涂料涂饰工程所用涂料的品种、型号和性能应符合设计要求。

（2）水性涂料涂饰工程的颜色、图案应符合设计要求。

（3）水性涂料涂饰工程应涂饰均匀、黏结牢固，不得漏涂、透底、起皮和掉粉。

（4）水性涂料涂饰工程的基层处理应符合规范要求。

2．溶剂型涂料涂饰工程质量控制要点

（1）溶剂型涂料涂饰工程所选用涂料的品种、型号和性能应符合设计要求。

（2）溶剂型涂料涂饰工程的颜色、光泽、图案应符合设计要求。

（3）溶剂型涂料涂饰工程应涂饰均匀、黏结牢固，不得漏涂、透底、起皮和反锈。

（4）溶剂型涂料涂饰工程的基层处理应符合规范要求。

3．美术涂饰工程质量控制要点

（1）美术涂饰工程所用材料的品种、型号和性能应符合设计要求。

（2）美术涂饰工程应涂饰均匀、黏结牢固，不得漏涂、透底、起皮、掉粉和反锈。

（3）美术涂饰工程的基层处理应符合规范要求。

（4）美术涂饰的套色、花纹和图案应符合设计要求。

学习情境小结

本学习情境主要介绍了装饰装修工程的主要质量问题，并对其成因进行了简单分析，同时对不同类型事故的预防处理方法进行了介绍。通过本学习情境的学习，可以基本掌握装饰装修工程事故的判断、事故原因分析和相应的处理方法。

学习检测

1. 填空题

（1）石灰膏熟化时间不少于，最好提前2周化成石灰膏，淋灰时用小于________筛子过滤。

（2）不同基层材料交汇处宜铺钉钢筋网，每边搭接长度应大于________。

（3）冬期施工时使用________做早强剂或防冻剂，增加了可溶性盐类，也就增加了建筑物表面析出白霜的可能性。

（4）配制混凝土或砂浆时掺加适量活性硅质掺合料，如________、________等。

（5）对发生渗漏的外墙面可喷涂________。

2. 简答题

（1）墙体与门窗框交接处抹灰层空鼓如何处理？

（2）雨水污染墙面的原因有哪些？有何预防措施？

（3）干黏石容易出现的质量缺陷有哪些？

（4）如何预防水刷石工程颜色不均匀缺陷？

（5）楼地面空鼓的原因有哪些？该如何处理？

（6）室外玻璃锦砖墙面找平层玻璃破坏的原因是什么？

（7）木门窗框不方正的原因有哪些？该如何预防？

学习情境八

防水工程事故分析与处理

情境导入

某单层单跨（跨距18 m）装配车间，屋面结构为1.5 m×6 m预应力大型屋面板。其设计要求为屋面板上设120 mm厚沥青膨胀珍珠岩保温层、20 mm厚水泥砂浆找平层、二毡三油一砂卷材防水层。保温层、找平层分别于8月中旬、下旬完成施工，9月中旬开始铺贴第一层卷材，第一层卷材铺贴2 d后，发现20%的卷材起鼓，找平层也出现不同程度鼓裂。

案例导航

1. 卷材与基层黏结不牢，空隙处有水分和气体，受到炎热太阳光照射，气体急剧膨胀，形成鼓泡。

2. 保温层施工用料没有采取机械搅拌，有沥青团；现浇时遇雨又没有采取防雨措施；保温层材料含水率较高，又是采用封闭式现浇保温层，气体水分受到热源膨胀，造成找平层不同程度的鼓裂。

3. 铺贴卷材贴压不实、黏结不牢，使卷材与基材之间出现少量鼓泡。

如何分析和处理防水工程事故？如何预防防水工程事故的发生？需要掌握的相关知识有：

1. 屋面防水渗漏事故分析与处理；
2. 地下室防水渗漏事故分析与处理；
3. 厨房、厕浴间渗漏事故分析与处理；
4. 建筑墙面防水工程事故分析与处理。

学习单元一　屋面防水渗漏事故分析与处理

知识目标

（1）了解常见的屋面防水渗漏事故。

（2）掌握常见的屋面防水渗漏事故的原因及处理措施。

技能目标

（1）能够掌握卷材防水层起鼓、开裂、流淌、破损、卷材屋面大面积积水的原因及处理措施。

（2）能够掌握刚性防水屋面开裂引起渗漏、细石混凝土防水层表面起砂脱皮的原因及预防措施。

（3）能够掌握涂膜防水层开裂、气泡、鼓泡、老化的原因及处理措施。

基础知识

一、常见卷材防水屋面渗漏事故

（一）卷材防水层起鼓

1. 原因分析

（1）材料起鼓。屋面保温、找坡层材料含水率过大，产生水汽，引起卷材起鼓。

（2）空气起鼓。在卷材防水层施工中，由于铺贴时压实不紧，残留的空气未全部赶出而产生起鼓现象。

（3）含水起鼓。卷材起鼓一般在施工后不久产生（在高温季节），鼓包由小到大逐渐发展，小的直径约数十毫米，大的可达200～300 mm。在卷材防水层中，黏结不实的部位窝有水分，当其受到太阳照射或人工热源影响后，内部体积膨胀，造成起鼓，形成大小不等的鼓包。鼓包内呈蜂窝状，并有冷凝水珠。

（4）溶剂挥发起鼓。合成高分子防水卷材施工时，胶黏剂未充分干燥就急于铺贴卷材，溶剂残留在卷材内部，当溶剂挥发时就产生了起鼓现象。

2. 处理措施

处理卷材防水层起鼓时必须将鼓泡内气体排出，较大鼓泡应割开、晾干，基层必须达到干燥要求。铺贴卷材应与基层结合牢固，周边密封严密。

卷材防水层起鼓修复应符合下列规定。

（1）对直径不大于300 mm的鼓泡修复，可采用割破鼓泡或钻眼的方法，排出泡内气体，使卷材复平。在鼓泡范围面层上部铺贴一层卷材或铺设带有胎体增强材料防水层时，其外露边缘应封严。

（2）对直径在300 mm以上的鼓泡修复，可按斜十字形将鼓泡切割，翻开晾干，清除原有胶粘材料，将切割翻开部分的防水层卷材重新分片，按屋面流水方向粘贴，并在面上增铺贴一层卷材（边长比开刀范围大100 mm），将切割翻开部分卷材的上片压贴，粘牢封严。

小提示

当采取割除起鼓部位卷材重新铺贴时，应分片与周边搭接密实，并在面上增铺贴一层卷材（大于割除范围四边100 mm），粘牢贴实。

（二）卷材防水层开裂

1. 原因分析

（1）产生无规则裂缝。

① 女儿墙与屋面交接处、穿过防水层管道的周围等部位，因温度变化影响混凝土、砂浆干缩变形，产生通缝或环向裂缝。

② 屋面面积较大，分格缝设置不合理。

③ 找平层强度低、质量差。

④ 防水层老化、脆裂。

（2）产生轴裂。

① 温度冷热变化，使屋面板发生胀缩变形。

② 屋面板在结构允许范围内的挠曲变形引起板端的角变位。

③ 混凝土屋面板本身的干缩。

④ 结构下沉引起屋面变形。

⑤ 起重机等设备振动引起屋面变形。

2. 处理措施

（1）单边点粘宽度不小于100 mm的卷材隔离层。面层用宽度大于300 mm的卷材铺贴覆盖，与原防水层有效黏结宽度不应小于100 mm。嵌填密封材料前，应先清除缝内杂物及裂缝两侧面层浮灰，并喷、涂基层处理剂。

（2）采用密封材料修复裂缝时，应清除裂缝处宽约50 mm范围内的卷材，沿缝剔成宽20 ~ 40 mm、深为宽度的50% ~ 70%的缝槽。清理干净后，喷、涂基层处理剂并设置背衬材料，缝内嵌填密封材料且超出缝两侧不应小于30 mm，高出屋面不应小于3 mm，表面应呈弧形。

采用防水涂料修复裂缝时，应沿裂缝清理面层浮灰、杂物，铺设两层带有胎体增强材料的涂膜防水层，其宽度不应小于300 mm，宜在裂缝与防水层之间设置宽度为100 mm的隔离层，接缝处应用涂料多遍涂刷封严。

小提示

无规则裂缝的位置、形状、长度各不相同，宜沿裂缝铺贴宽度不小于250 mm的卷材或铺设带有胎体增强材料的涂膜防水层。修复前，应将裂缝处面层浮灰和杂物清除干净，满粘满涂，贴实封严。

（三）卷材防水层流淌

1. 原因分析

（1）玛琋脂的耐热度偏低。

（2）使用了未加脱蜡处理的高蜡沥青。

（3）屋面坡度大，却采用了平行屋脊的铺贴方法。

（4）黏结层过厚，厚度超过了2 mm。

2. 处理措施

（1）全部重铺法。当表层油毡多处严重皱褶，隆起50 mm以上，接头脱开150 mm以上时，应将表层油毡整张揭去，重新铺上新油毡。

（2）局部铲除法。该法用于天沟处及屋架端坡已流淌、皱褶成团的局部油毡，先铲除表层皱褶成团的油毡，保留平整部分，将留下油毡边缘揭开约150 mm，刮去油毡下的沥青，在铲除部分贴新油毡，并将上部老油毡盖贴上，撒上绿豆砂即可。

（3）切割法。该方法常用于处理屋面泛水和坡端油毡因流淌而耸肩、脱空部位，其做法是将脱空油毡切开，刮去油毡下积存的沥青胶和内部冷凝水汽，晒干后，将下部油毡先用沥青胶粘材料贴平，再补贴一层新油毡，并将上部老油毡盖贴上，撒上绿豆砂即可。

（四）防水层破损

1. 原因分析

（1）操作人员穿带钉的硬底鞋，在铺好的卷材屋面上行走、作业，易将卷材刺穿。

（2）在进行卷材防水层施工时，对于厚度较薄的合成高分子卷材，常因基层清理不干净，夹带砂粒或石屑，铺贴防水卷材后，在滚压或操作人员行走时，碰到下部硬点尖棱，将卷材扎破。

（3）在防水层上铺设刚性保护层、施工架空隔热层，以及工具不慎掉落等，致使防水层局部损坏。

（4）在卷材防水层施工完后，在上面行走运输车辆、搭设脚手架、搅拌砂浆和混凝土、堆放脚手架工具或砖等材料，将防水层损坏。

2. 处理措施

发现卷材防水层被刺穿、扎破，应立即修补，以免扎破处出现渗漏。修补工作应视破损情况和损坏面积而定，一般采用相同材料在上部覆盖粘贴。如果破坏面积较大，则应铲除破损部分，重新修补。

（五）卷材屋面大面积积水

1. 原因分析

（1）卷材搭接缝未清洗干净。

（2）卷材与基层、卷材与卷材间的胶黏剂品种选材不当，材性不相容。

（3）胶黏剂涂刷过厚或未等溶剂挥发就进行黏合。

（4）找平层强度过低或表面有油污、浮皮或起砂。

（5）未认真进行排气、辊压。

（6）铺设卷材时的基层含水率过高。

2. 处理措施

卷材屋面大面积积水的处理方法有周边加固法、栽钉处理法和搭接缝密封法等。

除以上事故外，卷材防水屋面渗漏事故还有卷材防水层剥离、卷材防水层脱缝、山墙女儿墙部位漏水、天沟排水不畅、变形缝漏水、块体保护层拱起、伸出屋面管道根部渗漏、泛水部脱落、落水口周围渗漏等质量事故。

课堂案例

某屋面防水工程，卷材铺设正逢夏季（气温30 ℃～32 ℃），卷材铺设5 d后，发现局部卷材被拉裂。经检验，找平层采用体积比1 ∶ 2.5（水泥 ∶ 砂）水泥砂浆，二次抹压成活，找平层厚度符合规范要求，设置的分格缝缝距为10 m。

问题：

发生屋面拉裂事故的原因是什么？

分析：

案例中屋面拉裂的原因有以下两点。

（1）分格缝纵横缝缝距太大（不宜大于6 m），找平层干缩裂缝很难集中于分格缝中，分格缝钢筋未断开，局部裂缝拉裂卷材。

（2）找平层抹完2 d后开始铺贴卷材，铺贴时间过早。水泥砂浆硬化初期收缩量大，未待稳定。养护时间太短，砂浆早期失水，加速水泥砂浆找平层开裂。

二、刚性防水屋面渗漏事故

（一）刚性屋面开裂引起渗漏

1. 原因分析

（1）温度裂缝。温度裂缝是由于大气温度、太阳辐射、雨、雪以及车间热源作用等的影响，在施工中温度分隔缝设置不合理或处理不当而产生的。温度裂缝一般都是有规则的、通长的，裂缝分布与间距比较均匀。

（2）施工裂缝。施工裂缝通常是一些不规则、长度不等的断续裂缝。混凝土配合比设计不当、浇筑时振捣不密实、压光不好以及早期干燥脱水、后期养护不当等，都会产生施工裂缝。也有一些是因水泥收缩而产生龟裂。

（3）结构裂缝。通常发生在屋面板的接缝或大梁的位置上，一般宽度较大，并穿过防水层而上下贯通。结构变形、基础不均匀沉降、混凝土收缩徐变等，都可以引起结构裂缝。

2. 处理措施

（1）对于稳定裂缝，可用环氧胶黏剂、胶泥、砂浆进行修补，也可用预热熔化的聚氯乙烯油膏或薄质石油沥青涂料覆盖修补，裂缝较大时加贴玻璃丝布。

（2）对于不稳定裂缝，可沿裂缝涂刷石灰乳化沥青涂料。裂缝较大时，须将裂缝口凿成V形，刷冷底子油，用沥青胶黏材料做一布二油。

（二）细石混凝土防水层表面起砂、脱皮

1. 原因分析

（1）由于混凝土密实度差、强度低，受大自然的风化、碳化、冻融循环等影响而出现起砂、脱皮。

（2）施工操作不认真，未用平板振捣器将细石混凝土振捣密实。

（3）压光时，在细石混凝土表面撒干水泥或水泥砂混合物，使防水层表面形成一层薄薄的硬壳，由于硬壳与细石混凝土干缩不一致，从而出现表面起砂、脱皮。

（4）细石混凝土的配合比、水灰比、砂率、灰砂比等不符合规范规定。

（5）混凝土养护不及时，水泥水化不充分，而且因混凝土表面水分蒸发很快，形成毛细管渗水通道，降低了防水效果。

（6）使用了质量不合格的水泥。

（7）施工马虎，振捣后没有及时用滚筒进行表面滚压，混凝土收水后未进行二次压光。

（8）混凝土强度等级低于C20。

2. 处理措施

（1）涂膜封闭法。先将防水层上严重酥松、起砂部分铲除、修补，然后将屋面清扫干净，涂刷基层处理剂，上面涂刷2 ~ 3 mm厚的涂膜防水层，将细石混凝土中的毛细孔渗水通道封闭。

（2）铺贴卷材法。清除表面的脱皮部分，在细石混凝土防水层上空铺或条铺卷材。但屋面四周800 mm范围内要满粘牢固，必要时可采用机械固定法进行卷材固定。

除以上事故外，刚性防水屋面渗漏事故还有节点处理不当引起渗漏、刚性屋面檐口爬水引起渗漏、屋面局部积水引起渗漏等。

课堂案例

某单层仓库，建筑面积1 200 m^2，无保温层的装配式钢筋混凝土屋盖，刚性防水屋面。使用半年后，发现屋面有少许渗漏后，把该仓库改为金属加工车间，渗漏加剧。检查发现，防水层多处出现规则或不规则裂缝。

问题：

仓库渗漏的原因是什么？

分析：

经分析，仓库渗漏的原因有以下几点。

（1）渗漏加剧。该建筑原为仓库，后改为生产车间，又装有4台振动机械设备，对刚性防水屋面极为不利。

（2）分格缝留置错误。结构屋面板的支承端部分漏留分格缝，纵横分格缝大于6 m。分格缝面积大于36 m^2。

（3）防水层温差、混凝土干缩、徐变、振动等因素，均可造成防水层开裂。

三、涂膜防水屋面渗漏事故

（一）涂膜防水层开裂

1. 原因分析

当屋面基层变形较大，特别是在软土地基地区，由于不均匀沉降引起屋面变形，防水层开裂。另外，涂膜防水层厚度较薄，所选用的防水涂料延伸率和抗裂性较差，也会因为气温变化、构件胀缩、找平层开裂而将涂料防水层拉裂。

2. 处理措施

对于在涂膜防水层上出现的轴向裂缝，可先用密封材料嵌填缝隙，再将裂缝两侧的涂膜表面清洗干净，干铺一层宽200 mm的胎体增强材料，在胎体增强材料上涂刷同类型的涂料两遍，然后再按原来涂膜防水层的做法进行涂刷（或加筋涂刷），宽度以300 mm为宜。在新加的这层涂膜条两侧搭接缝处，可用涂料进行多遍涂刷，将缝口封严，如图8-1所示。

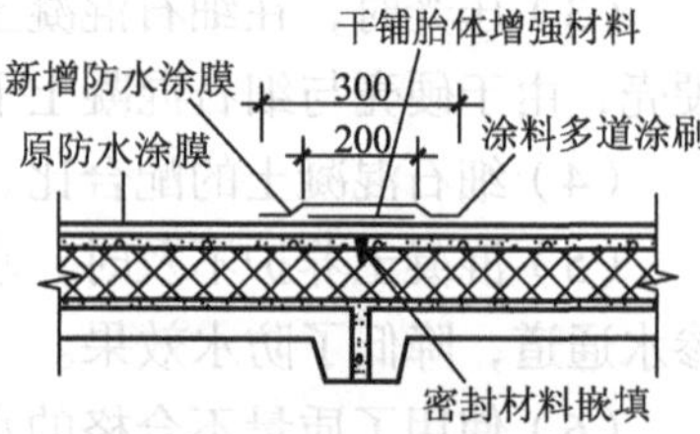

图8-1 轴向裂缝处理

（二）涂膜防水层气泡

1. 原因分析

一些水乳型防水涂料在倾倒、搅拌及涂刷过程中，常常会裹入一些微小气泡。当这些气泡随涂料涂刷后，在干燥过程中会自行破裂，在防水层上形成无数的针眼，严重时就会出现屋面渗漏。

2. 处理措施

应根据所用涂料的品种，提前做好准备，待涂料中气泡消除后，在已有气泡的防水层上再涂刷一次涂料。要按单方向涂刷，不要来回涂刷，避免产生小气泡，总厚度要控制在2 mm以上。

（三）涂膜防水层鼓泡

1. 原因分析

（1）冬季低温施工，仅涂膜表干但没有实干就涂刷下一遍涂料，在高温季节就容易出现鼓泡。

（2）每道涂料涂刷太厚，表层干燥结膜，而内部水分不能溢出，也容易产生鼓泡。

（3）找平层含水率过高，尤其在夏季高温条件下施工时，涂层表面干燥结膜快，找平层中的水分受热蒸发。当涂膜与基层还没有黏结牢固时，即造成鼓泡。

2. 处理措施

当涂膜防水层上的鼓泡较小，且数量很少，不影响防水质量时，可以不做处理。对于一些中小型鼓泡，可用针刺法将鼓泡内的气体放出，再用防水涂料将针孔封严。如果鼓泡直径较大，则应将其切开，在找平层上重新涂刷涂料。新旧涂膜搭接处应增铺胎体增强材料，并用涂料多道涂刷封严，如图8-2所示。

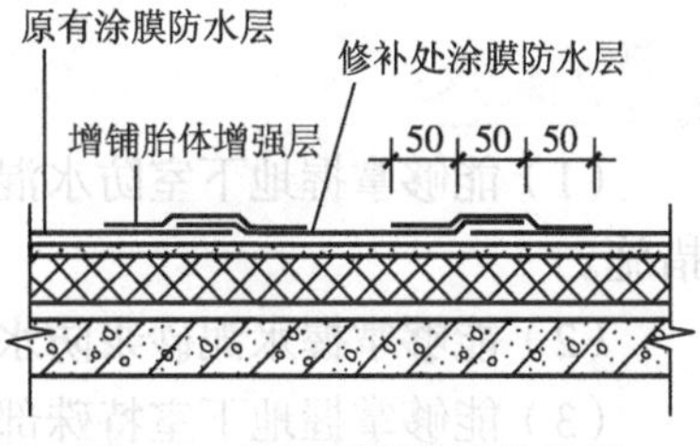

图8-2 新旧涂膜搭接处处理

（四）涂膜防水层老化

1. 原因分析

（1）防水层涂膜厚度过薄。

（2）使用了已变质的防水涂料。

（3）防水涂料材质低劣，达不到国家规定的质量标准。

2. 处理措施

涂膜防水层老化，已失去了防水功能，因此应将其清除干净，重新涂刷涂膜防水层。

除以上所述事故外，涂膜防水层屋面渗漏事故还包括涂膜防水层露筋、防水层破损、防水层屋面积水等。

课堂案例

某单位新建的办公大楼为六层砖砌体结构。屋面采用涂膜防水，屋面为现浇钢筋混凝土板，六楼为会议厅。考虑到夏日炎热，分别设置了保温层（隔热层）、找平层、涂膜防水层。竣工交付使用不久，就发生了晴天吊顶潮湿、遇雨更为严重的情况。一年后，外墙面抹灰层脱落。检查发现，屋面略有积水，防水层无渗漏。

问题：

吊顶脱落、积水、渗漏的原因是什么？

分析：

发生该事故的原因有以下几点。

（1）屋面积水是找平层不平所致，材料找坡，坡度小于2%。

（2）搅拌保温材料时，拌制不符合配合比要求，加大了用水量；保温层完工后，没有采取防雨措施，又没有及时做找平层。找平层做好后，保温层积水不易挥发，渗漏是保温层内存水受压所致。

（3）保温层内部积水的原因：女儿墙根部，冬季被积水冻胀，产生外根部裂缝，抹灰脱落，遇雨时由外向内渗漏。

学习单元二　地下室防水渗漏事故分析与处理

知识目标

（1）了解地下室防水渗漏的处理原则。

（2）掌握常见的地下室防水渗漏事故的原因及处理措施。

技能目标

（1）能够掌握地下室防水混凝土裂缝渗漏、表面蜂窝麻面渗漏、施工缝渗漏的原因及处理措施。

（2）能够掌握水泥砂浆防水层渗漏事故类型及处理措施。

（3）能够掌握地下室特殊部位渗漏事故的处理措施。

（4）能够掌握地下室卷材防水层渗漏的原因及处理措施。

基础知识

一、地下室防水渗漏的处理原则

（1）找出准确的渗漏部位，并在设计、材料、施工、各种自然条件变化等方面，找出造成地下室渗漏的原因。

（2）根据具体情况，选择适合的防水堵漏材料，做好最后漏水点的封堵工作。

（3）要切断水源，尽量使堵漏工作在无水状态下进行（当然有的堵漏材料可以带水作业）。

（4）要做好渗漏水的疏导工作，疏导的原则是把大漏变小漏、线漏变点漏、片漏变孔漏，最后用灌浆材料封孔。

（5）在渗漏水状况下进行修堵时，必须尽量减小渗漏水面积，使漏水集中于一点或几点，以减小其他部位的渗水压力，确保修堵工作顺利进行。

（6）地下室渗漏大都是在有水压力情况下出现的，因此修堵时应采取有效措施，防止水压力将刚刚施工的材料冲坏。

二、地下室防水混凝土结构渗漏事故

（一）防水混凝土裂缝渗漏

1. 原因分析

（1）设计考虑不周。建筑物发生不均匀沉降，使混凝土墙、板断裂而出现渗漏。

（2）混凝土中碱含量过多。

（3）施工时混凝土拌和不均匀、水泥品种选择不当或混用，产生裂缝。

（4）混凝土结构缺乏足够的刚度，在土的侧压力及水压作用下产生变形而出现裂缝。

（5）混凝土成型后，由于养护不当、成品保护得不好等原因引起裂缝，产生渗漏。

2. 处理措施

（1）较小的裂缝。水压较小的裂缝可采用速凝材料直接堵漏。修堵时，应沿裂缝剔出深度不小于30 mm、宽度不小于15 mm的U形沟槽。用水冲刷干净，用水泥胶浆等速凝材料填塞，挤压密实，使速凝材料与槽壁紧密黏结，其表面低于板面不应小于15 mm。经检查无渗漏后，用素浆、砂浆沿沟槽抹平、扫毛，并用掺外加剂的水泥砂浆分层抹压做防水层。

（2）局部较深的裂缝。局部较深的裂缝且水压较大的急流漏水，可采用注浆堵漏。

（3）较大裂缝。可在剔出的沟槽底部沿裂缝放置线绳，用水泥砂浆等速凝材料填塞并挤压密实。抽出线绳，使漏水顺绳流出后进行修堵。

小提示

裂缝较长时，可分段堵塞，段间留20 mm空隙，每段用胶浆等速凝材料压紧，空隙用包有胶浆的钉子塞住，待胶浆快要凝固时将钉子转动拔出。钉孔采用孔洞漏水直接堵塞的方法堵住。堵漏完毕，应用掺外加剂的水泥砂浆分层抹压，做好防水层。

（4）大裂缝急流漏水。较大的裂缝急流漏水，可在剔出的沟槽底部每隔500 ～ 1 000 mm扣一个带有圆孔的半圆铁片，把胶管插入圆孔内，按裂缝渗漏水直接堵塞法分段堵塞。

（二）防水混凝土表面蜂窝、麻面渗漏

混凝土表面出现蜂窝、麻面渗漏，应先将酥松、起壳部分剔除，堵住漏水，排除地面积水，清除污物，然后按以下方法处理。

（1）混凝土表面蜂窝、麻面，剔凿深度不应小于15 mm，清理并用水冲刷干净。表面涂刷混凝土界面剂后，应用掺外加剂的水泥砂浆分层抹压至与板面齐平。

（2）混凝土表面深度大于10 mm的凹凸不平处，剔成慢坡形，表面凿毛，用水冲刷干净。面层涂刷混凝土界面剂后，应用掺外加剂的水泥砂浆分层抹压至与板面齐平。

（3）混凝土蜂窝孔洞，维修时应剔除松散石子，将蜂窝孔洞周边剔成斜坡并凿毛，用水冲刷干净。表面涂刷混凝土界面剂后，用比原强度等级高一级的细石混凝土或补偿收缩混凝土填补捣实，养护后，应用掺外加剂的水泥砂浆分层抹压至板面找平，抹压密实。

（三）防水混凝土施工缝渗漏

1. 原因分析

（1）下料方法不当，集料集中于施工缝处。

（2）新浇筑混凝土时，未在接头处先铺一层水泥砂浆，造成新旧浇筑的混凝土不能紧密结合，或者在接头处出现蜂窝。

（3）新旧混凝土接头部位产生收缩，使施工缝开裂。

（4）留设施工缝的位置不当，如将施工缝留设在底板上，或在混凝土墙上留垂直施工缝。

（5）钢筋过密，内外模板间距狭窄，混凝土未按要求振捣，尤其是新旧混凝土接头处不易振捣密实。

（6）在支模、绑钢筋过程中，锯屑、铁钉、砖块等掉入接头部位，新浇筑混凝土时未将这些杂物清除，而在接头处形成夹心层。

2. 处理措施

（1）尚未渗漏的施工缝。沿缝剔成V形槽，用水冲刷后，用水泥素浆打底，再以1 ：2水泥砂浆分层抹平压实，如图8-3（a）所示。

（2）混凝土自身原因形成的施工缝。当混凝土存在自身缺陷，施工缝的新旧混凝土结合不密实而出现大量渗漏时可用氰凝灌浆堵漏法，即用图8-3（b）所示的灌浆工艺进行压力灌注氰凝浆液，待灌实后用快硬水泥砂浆将灌浆口封闭。

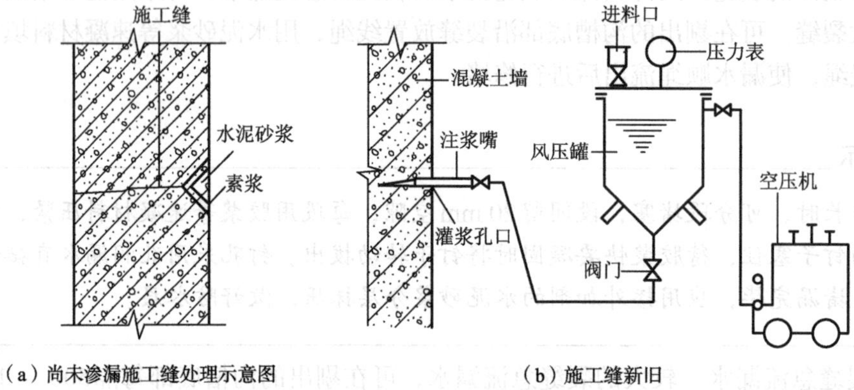

图8-3 防水混凝土施工缝渗漏处理措施

（3）已经渗漏的施工缝。当水压较小时，可按照“直接堵漏法”进行堵漏；如果水压较大，则可按照“下线堵漏法”或“下钉堵漏法”进行堵漏；若遇急流漏水，则可按照“下半圆铁片法”进行堵漏。

（4）使用膨胀止水条处理。

小提示

为了使膨胀止水条与混凝土表面黏结密合，除了采用自黏结固定外，尚宜在适当距离内用水泥钉加固。膨胀止水条接头尺寸应大于50 mm。

课堂案例

某市影剧院工程，一层地下室为停车库，采用自防水钢筋混凝土。该结构用作承重和防水。当主体封顶后，地下室积水深度达300 mm，抽水排干，发现渗水多从底板部位和止水带下部渗出。后经过补漏处理，仍有渗漏。

问题：

影剧院地下室渗漏的原因是什么？

分析：

经分析，影剧院地下室渗漏的原因有以下几点。

（1）根据施工日志记载，施工前没有进行技术交底。施工工人对变形缝的作用都不甚了解，更不懂得止水带的作用，操作马虎。对止水带的接头没有进行密封黏结。

（2）变形缝的填缝用材不当，没有采用高弹性密封膏嵌填。封缝也没有采用抗拉强度、延伸率高的高分子卷材。

（3）底板部位和转角处的止水带下面，钢筋过密，振捣不实，形成空隙。

（4）使用泵送混凝土时，施工现场发生多起因泵送混凝土而使管道堵塞的事故，临时加大用水量，水灰比过大，导致混凝土收缩加剧，出现开裂。

（5）在处理渗漏时，使用的聚合物水泥砂浆抗拉强度低。

三、水泥砂浆防水层渗漏事故

水泥砂浆防水层渗漏事故类型及其处理措施如下。

（一）防水层空鼓、裂缝渗漏水

防水层空鼓、裂缝渗漏水时，剔除空鼓处水泥砂浆，沿裂缝剔成凹槽。混凝土裂缝采用速凝材料堵漏。砖砌体结构应剔除酥松部分并清除污物，采用下管引水的方法堵漏。经检查无渗漏后，重新抹防水层补平。

（二）阴阳角处渗漏

防水层阴阳角处渗漏水，采用速凝材料堵漏。阴阳角的防水层应抹成圆角，抹压应密实。

（三）局部渗漏

防水层局部渗漏水，剔除渗漏部分并查出漏水点，按防水混凝土的要求进行堵漏。经检查无渗漏水后，重新铺抹防水层补平。

课堂案例

某建筑工程考虑结构刚度强，埋深不大，对抗渗要求相对较低，决定采用水泥砂浆防水层。施工完毕后，经观察和用小锤轻击检查，发现水泥砂浆防水层各层之间黏结不牢固，有空鼓。

问题：

该工程水泥砂浆防水层空鼓的原因是什么？

分析：

经分析，该工程水泥砂浆防水层空鼓的原因有以下几点：

（1）材料品质。虽然选用了普通硅酸盐水泥，但其强度等级低于32.5级。混凝土的聚合物为氯丁胶乳，虽方便施工，抗折、抗压、抗震，但收缩性大，加之施工工艺不当，加剧了收缩。

（2）基层质量。基层表面有积水，产生的孔洞和缝隙虽然做了填补处理，却没有使用同一品种水泥砂浆。

（3）施工工艺不当。操作工人对多层抹灰的作用，不甚了解。第一层刮抹素灰层时，只是片面知道增加防水层的黏结力，仅刮抹两遍，用力不均，基层表面的孔隙没有被完全填实，留下了局部渗水隐患。素灰层与砂浆层的施工，前后间隔时间太长；素灰层干燥，水泥得不到充分水化，造成防水层之间、防水层与基层之间黏结不牢固，产生空鼓。

四、地下室特殊部位渗漏事故

地下室特殊部位渗漏事故处理措施如下。

（一）变形缝渗漏处理

（1）埋入式止水带变形缝渗漏水，宜在变形缝两侧使基面洁净、干燥，重新埋入止水带。

（2）后埋式止水带（片）变形缝渗漏水，应全部剔除覆盖层混凝土及止水带（片），按防水混凝土裂缝渗漏水的堵修要求进行，并更换止水带。

（3）粘贴式胶片变形缝渗漏水，应将混凝土和水泥砂浆覆盖层及粘贴的胶片全部剔除，处理方法同上。

（二）管道穿墙（地）部位渗漏

（1）常温管道穿墙（地）部位渗漏水，沿管道周边剔成环形沟槽，用水冲刷干净，宜用速凝材料堵塞严实，经检查无渗漏后，表面分层抹压，掺外加剂水泥砂浆与基面嵌平；亦可用密封材料嵌缝，管道外250 mm范围内涂刷涂膜防水层。

（2）热力管道穿透内墙部位渗漏水，可采用埋设预制半圆套管的方法，将穿管孔剔凿扩大，在管道与套管的空隙处用石灰麻刀或石棉水泥等填充料嵌填，套管外的空隙处应用速凝材料堵塞。

（3）热力管道穿透外墙部位渗漏水，应先将地下水位降至管道标高以下，宜采用设置橡胶止水套的方法，并做好嵌缝、密封处理。

五、地下室卷材防水层渗漏

（一）原因分析

（1）在地下室结构的墙面与底板转角部位，卷材未能按转角轮廓铺贴严实，后浇或后砌主体结构时，此处卷材遭到破坏。

（2）所使用的卷材韧性不好，转角包贴时出现裂纹，不能保证防水层的整体严密性。

（3）拐角处未按有关要求增设附加层。

（二）处理措施

应针对具体情况，将拐角部位粘贴不实或遭到破坏的卷材撕开，灌入热玛琋脂，用喷灯烘烤后，将卷材逐层搭接补好。

课堂案例

某城镇兴建一栋住宅楼，地下室为砖体结构。为了降低成本，防水层采用纸胎防水卷材。交付使用半年后，多处发现渗漏。

问题：

住宅楼地下室渗漏的原因是什么？

分析：

地下建筑工程防水层按规范要求，严禁使用纸胎防水卷材。纸胎防水卷材胎基吸油率小，难以被沥青浸透；长期被水浸泡，容易膨胀、腐烂，失去防水作用；加之强度低，延伸率小，地下结构不均匀沉降，容易被撕裂。

学习单元三　厨房、厕浴间渗漏事故分析与处理

知识目标

（1）了解厨房、厕浴间常见的渗漏事故。
（2）掌握厨房、厕浴间常见的渗漏事故的原因及处理措施。

技能目标

（1）能够掌握厨房、厕浴间穿楼板管道渗漏事故的原因及处理措施。
（2）能够掌握厨房、厕浴间墙面渗漏事故的处理措施。
（3）能够掌握厨房、厕浴间墙根部渗漏事故的处理措施。
（4）能够掌握卫生洁具与给排水管连接处渗漏的处理措施。

基础知识

一、厨房、厕浴间穿楼板管道渗漏事故

（一）原因分析

（1）厨房、厕浴间的管道，一般都是土建完工后方可进行安装。但管道孔洞常因预留不合适，安装施工时会随便开凿；安装完管道后，孔洞没有用混凝土认真填补密实，形成渗水通道；地面稍有水，这些薄弱处就会发生渗漏。

（2）暖气立管在通过楼板处不设置套管，当管子发生冷热变化、胀缩变形时，管壁就与楼板混凝土脱开、开裂，形成渗水通道。

（3）穿过楼板的管道受振动影响，也会使管壁与混凝土脱开，出现裂缝。

（二）处理措施

（1）穿楼管道的根部积水渗漏，应沿管根部轻轻地剔凿出宽度和深度均不小于10 mm的沟槽，清理浮灰、杂物后，槽内嵌填密封材料，并在管道与地面交接部位涂刷管道高度及地面水平宽度均不小于100 mm、厚度不小于1 mm的无色或浅色合成高分子防水涂料。

（2）因穿楼管道的套管损坏而引起的渗漏水，应更换套管；对所设套管要封口，并高出楼地面20 mm以上；套管根部要密封。如仍渗漏，可按上述方法进行修缮。

二、厨房、厕浴间墙面渗漏事故

厨房、厕浴间墙面渗漏的处理措施如下。

（1）涂膜防水层局部损坏时，应清除损坏部位，修整基层，补做涂膜防水层。涂刷范围应大于剔除周边50 ~ 80 mm。裂缝大于2 mm时，必须批嵌裂缝，然后涂刷防水涂料。

（2）墙面粉刷起壳、剥落、酥松等损坏部位应凿除并清理干净后，用1：2防水砂浆修补。

（3）穿过墙面管道根部渗漏，宜在管道根部用合成高分子防水涂料涂刷两遍。管道根部空隙较大且渗漏较为严重时，应按管道穿过楼地面部位渗漏维修的规定处理。

（4）墙面防水层高度不够引起的渗漏，处理时应符合下列规定。

① 维修后的防水层高度应为：淋浴间防水高度不应小于1 800 mm，浴盆临墙防水高度不应小于800 mm。

② 在增加防水层高度时，应先处理加高部位的基层，新旧防水层之间搭接宽度不应小于80 mm。

（5）浴盆、洗脸盆与墙面交接处渗漏水，应用密封材料嵌缝密封处理。

三、厨房、厕浴间墙根部渗漏事故

厨房、厕浴间墙根部渗漏的处理措施如下。

（1）堵漏灵嵌填法处理。沿渗水部位的楼板和墙面交接处，用凿子凿出一条截面为倒梯形或矩形的沟槽，深20 mm左右，宽10 ~ 20 mm，清除槽内浮渣，并用水清洗干净后，将堵漏灵块料砸入槽内，再用浆料抹平，如图8-4所示。

（2）地面填补法处理。用于厨房、厕浴间地面向地漏方向倒坡，或地漏边沿高出地面，积水不能沿地面流入地漏的情况。处理时，最好将原地面面层拆除，并找好坡度重新铺抹。如倒坡轻微，地漏高出地面较小，可在原地面上找好坡度，加铺砂浆和铺贴地面材料，使地面水能流入地漏中，如图8-5所示。

（3）贴缝法处理。当墙根部裂缝较小，渗水不严重时，可采用贴缝法进行处理。具体处理方法是在裂缝部位涂刷防水涂料，并加贴胎体增强材料将缝隙密封，如图8-6所示。

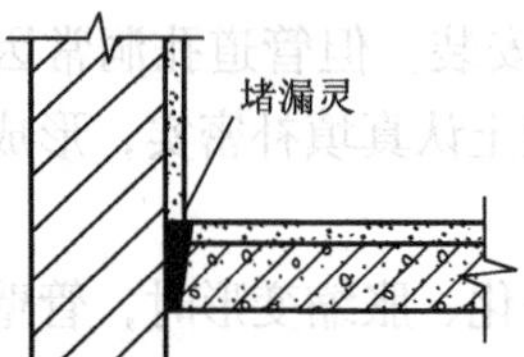

图8-4　堵漏灵嵌填法

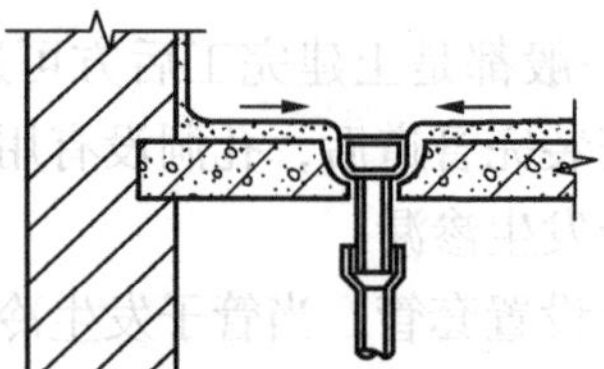

图8-5　地面填补法

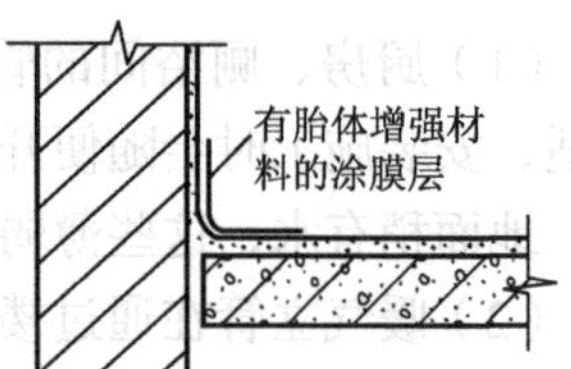

图8-6　贴缝法

四、卫生洁具与排水管连接处渗漏事故

卫生洁具与给排水管连接处渗漏的处理措施如下。

（1）便器与排水管连接处漏水引起楼地面渗漏时，宜凿开地面，拆下便器重装。重新安装时，应用防水砂浆或防水涂料做好便池底部的防水层。

（2）卫生洁具更换、安装、修复完成，经检查无渗漏水后方可进行其他修复工序。

课堂案例

某地一建筑，框架剪力墙结构，裙楼3层，主楼22层。填充为轻质墙，外墙饰面选用涂料。工程投入使用不到两年，室内发霉，局部渗漏。

问题：

该建筑外墙发生渗漏的原因是什么？

分析：

经分析，该建筑外墙发生渗漏的原因有以下几方面。

（1）外墙抹灰装饰前，施工人员对框架结构与填充墙之间的缝隙进行填充处理，并在部分交接处加上了一层宽度为300 mm的点焊网。钢筋混凝土结构与填充墙温差收缩率不一致，使漏加点焊网部位出现了开裂。

（2）外墙打底砂浆，局部厚度大于20 mm，却一遍成活，引起干缩开裂。

（3）外墙面分格缝采用分格条是木制的，取出后，缝内嵌实柔性防水材料不密实，导致渗漏。

学习单元四　建筑墙面防水工程事故分析与处理

知识目标

（1）了解常见的建筑墙面防水工程事故。

（2）掌握常见的建筑墙面防水工程渗漏事故的原因及处理措施。

技能目标

（1）能够掌握混凝土墙体渗漏事故的处理措施。

（2）能够掌握砖砌墙面大面积渗漏、外粉刷分格缝渗漏事故的处理措施。

（3）能够掌握檐口、女儿墙渗漏事故的类型处理措施。

（4）能够掌握施工孔洞、管线处渗漏事故的原因及处理措施。

基础知识

一、混凝土墙体渗漏事故

（一）预制混凝土墙板结构墙体渗漏

对于墙板接缝处的排水槽、滴水线、挡水台、披水坡等部位的渗漏，应将损坏部分及周围酥松部分剔除，用钢丝刷清理，用水洗刷干净。基层干燥后，涂刷基层处理剂一道，用聚合物水泥砂浆补修粘牢。防水砂浆勾抹缝隙，新旧缝隙接头处应黏结牢固，横平竖直，厚薄均匀，不得有空、漏现象。

（二）现浇混凝土墙板结构墙体渗漏

现浇混凝土墙板结构墙体渗漏的处理措施如下。

（1）现浇混凝土施工缝渗漏，可在外墙面喷涂无色透明或与墙面相似色防水剂或防水涂料，厚度不应小于1 mm。

（2）墙体外挂模板穿墙套管孔渗漏，宜采用外墙外侧维修的方法，如图8-7所示；亦可采用外墙内侧维修的方法，如图8-8所示。

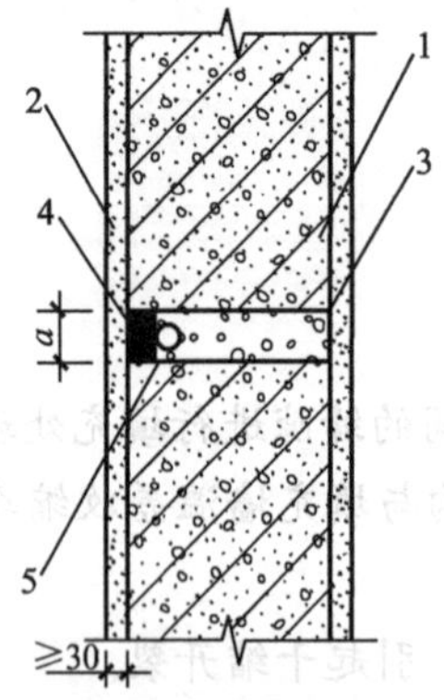

图 8-7　外挂模板穿墙套管孔渗漏外墙外侧维修

1—现浇混凝土墙体；2—外墙面；3—外挂模板穿墙套管孔内用C20细石混凝土填嵌密实；4—密封材料；5—背衬材料；*a*—外挂模板穿墙套管孔直径

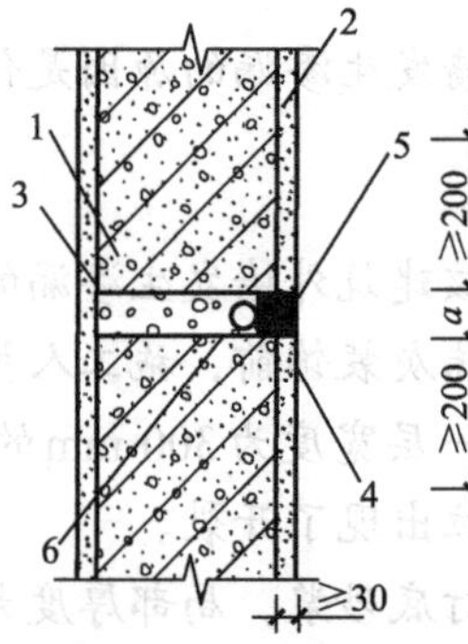

图 8-8　外挂模板穿墙套管孔渗漏外墙内侧维修

1—现浇混凝土墙体；2—内墙面；3—外挂模板穿墙套管孔内用C20细石混凝土填嵌密实；4—密封材料；5—合成高分子涂膜；6—背衬材料；*a*—外挂模板穿墙套管孔直径

二、砖砌墙体渗漏事故

（一）墙面大面积渗漏

墙面大面积渗漏的处理措施如下。

（1）当墙面大面积渗漏时，对于清水墙面灰缝渗漏，剔除并清理渗漏部位的灰缝，剔除深度为15 ~ 20 mm，浇水湿润后，用聚合物水泥砂浆勾缝。勾缝应密实，不留孔隙，接槎平整，渗漏部位外墙应喷涂无色或与墙面相似色防水剂两遍。

（2）墙面层风化、碱蚀、局部损坏时，应剔除风化、碱蚀、损坏部分及其周围100 ~ 200 mm的面层，清理干净，浇水湿润，刷基层处理剂，用1 ∶ 2.5聚合物水泥砂浆抹面两遍，粉刷层应平整、牢固。

（3）当墙面（或饰面层）坚实完好，防水层起皮、脱落、风化时，应清除墙面污垢、浮灰，用水冲刷，干燥后，在损坏部位及其周围150 mm范围内喷涂无色或与墙面相似色防水剂或防水涂料两遍。损坏面积较大时，可整片墙面喷涂防水涂料。

（二）外粉刷分格缝渗漏

外粉刷分格缝渗漏的处理措施：清除缝内的浮灰、杂物，满涂基层处理剂，干燥后嵌填密封材料。密封材料与缝壁应粘牢封严，表面刮平。

三、檐口、女儿墙渗漏事故

（一）事故类型

（1）女儿墙顶部开裂。主要是女儿墙顶部的水泥砂浆粉刷层，由于风吹日晒、温度变化的影响、砂浆干缩等，使压顶上的砂浆开裂，雨水沿裂缝渗入墙体的竖缝中（一般砖砌体的竖缝灰浆不饱满），再经冻融循环，墙体上也产生了竖向裂缝，成为渗水通道，造成房屋渗漏。

（2）墙体上沿屋面板部位的水平裂缝。钢筋混凝土与砌体的热胀变形不一致，圈梁在外界温度影响下会产生纵向和横向变形，在圈梁与砌体的结合面上形成水平推力，从而产生剪应力和拉应力。当剪应力超过黏结面的抗剪强度时，圈梁与砌体间就出现水平裂缝，雨水沿水平裂缝进入室内而渗漏。

（二）处理措施

（1）压顶处理法。此方法适用于女儿墙压顶砂浆面层开裂的情况。可在压顶上部铺贴高弹性卷材或者涂刷防水涂料，将裂缝部位封闭，阻止雨水由顶部裂缝浸入墙体内。

（2）拆除重砌法。此方法适用于墙体上的水平裂缝十分严重，且裂缝宽度较大，不仅造成墙体严重渗漏，而且危及使用安全的情况。将裂缝上部的女儿墙全部拆除，清洗干净后，重新砌筑女儿墙。

（3）涂刷防水层法。此方法适用于墙体上的水平裂缝较小，无明显的错动痕迹，且不影响正常使用的情况。用压力灌浆的方法将缝隙用膨胀水泥浆灌填密实，外部涂刷“万可涂”等憎水材料。

四、施工孔洞、管线处渗漏事故

（一）原因分析

建筑施工时，龙门架等垂直运输设备要留设外墙进出口、起重设备的缆风绳和脚手架附墙件的穿墙孔、脚手眼，各种水电及电话线、天线等安装时要留管洞等。由于最后修补时，不重视这些孔洞的处理，或马虎行事，内部嵌填不密实，形成漏水通道，雨水常沿这些通道进入室内，造成渗漏。

（二）处理措施

渗漏严重时，将后补的砖块拆下，重新补砌严实。如外墙上的穿墙管道、孔眼渗漏，可根据具体情况，用密封材料嵌填封严。

课堂案例

某学院综合楼工程，框架结构，八层。该工程被列为新型墙体应用技术推广示范工程。填充墙使用的是陶粒混凝土空心砌块。陶粒混凝土空心砌块，干密度小（$550 \sim 750\ kg/m^3$），保温隔热性能好，与抹灰层黏结牢固，是近年来兴起的一种新型建筑材料，得到了广泛应用。该工程竣工还没有正式验收前，发现内外墙面多处出现裂缝，引起渗漏。

问题：

该综合楼内外墙面发生多处渗漏的原因是什么？

分析：

经分析，该综合楼内外墙面发生多处渗漏的原因有以下两方面。

（1）外墙面无规则裂缝产生的原因：墙体材料、基层、面层、外墙饰面（面砖）等材料，均属脆性材料，彼此膨胀系数、弹性模量不同。在相同的温度和外力作用下，变形不同，产生裂缝渗漏。

（2）内墙有规则裂缝均出现在两种不同材料的结合处，是由陶粒混凝土空心砌块强度低、收缩性大引起的。

学习案例

某办公楼卫生间为80 mm厚、C20钢筋混凝土现浇板，锦砖铺贴地面，瓷砖墙裙高1.5 m，蹲式大便器。使用后不久，卫生间楼面四周的外墙潮湿，顺排水处存水弯向下漏水，地面积水比较严重，导致下层房间无法使用，被迫长期锁门。

经调查分析，事故发生的原因有以下两点。

（1）该办公楼卫生间楼板为现浇钢筋混凝土平板，与此毗邻的房间均为预应力空心楼板，现浇板与预制板都支撑在墙上。施工时，瓷砖墙裙与锦砖楼面交接部位出现砂浆铺抹不密实，楼面积水沿存在的缝隙和砖的毛细孔产生渗漏。在使用初期，由于砂浆和砖墙均比较干燥，少量的渗水由砂浆和砖体吸收，短时期内不会出现渗漏现象。使用一段时间后，砂浆和砖墙吸水达到饱和，再有积水即可快速渗透楼板，从而造成楼板渗漏、滴水现象。

（2）施工时，大便器存水弯的排水口与铸铁管的承口衔接处的杂物、尘渣清理不干净，密封材料难以填充密实，大便器与存水弯之间连接不牢，密封材料嵌填不实，造成了顺排水管滴水现象。

想一想

对于该渗漏事故应该采取哪些处理措施？

案例分析

对该渗漏事故应该采取的处理措施有以下几点。

（1）为避免楼面面层在墙根处开裂，防止积水吸附至墙内造成渗水，在浇筑钢筋混凝土楼板时，振捣一定要密实，靠墙根转角处应抹成半径为10 mm的圆角。墙面贴瓷砖、地面铺贴锦砖时，底面砂浆一定要饱满，勾缝一定要密实，楼面应按规定进行找坡，坡面均要向着地漏。

（2）墙面出现反碱粉酥的部位，首先应凿除并清理干净，然后再用灰砂比为1 ∶ 2.5的防水砂浆进行修补。

（3）大便器与排水管存水弯间的密封材料一定要填实，其连接处的渗漏，必须拆开重新施工，并严格遵守施工验收规范，高水箱冲洗管与大便器间的皮碗要用铜丝绑扎牢固。

（4）为提高卫生间楼地面的抗渗能力，在铺贴瓷砖和锦砖的水泥砂浆中，应当加入适量的防水剂，其防渗效果更好。

知识拓展

卫生间防水质量控制要点

1. *基层防水技术措施*

卫生间现浇板时，根据设计的卫生间墙位置，在板上认真做一道上返60 mm高、宽度60 mm的混凝土止水带，与现浇板同时施工，并预留好各种管洞。水管应安装套管。对管道四周及混凝土翻边处用柔性防水材料进行重点处理，以提高结构防水性能。

2. *面层施工*

住宅楼卫生间地面应比室内地面低2 ~ 3 cm，面层施工时不得破坏防水层，地面做好排水坡度，地面砖镶贴密实。与管道连接处和坐便器交接处及墙角四周都不得留有缝隙，给、排水管与套管之间采用密封油膏封堵。

3. *做好墙面跟部防水*

卫生间的墙面上也要做大约30 cm高的防水处理，防止积水浸透墙面。

4. 做三遍闭水实验

成功经验说明，卫生间施工要做三遍闭水试验，第一次在基层施工完毕完成时；第二次在柔性防水层完工时；第三次在面层施工完毕时，每次闭水时间24 h，注水高度10 cm。

学习情境小结

本学习情境主要介绍了屋面防水渗漏事故，地下防水工程渗漏事故，厨房、厕浴间渗漏事故及建筑墙面防水工程事故等内容，详细介绍了各类防水工程事故的分析、预防、治理。本学习情境内容是进行防水工程施工和管理必不可少的基本知识。

学 习 检 测

1. 填空题

（1）在进行卷材防水层修复时，对直径小于等于300 mm的鼓泡，可采用________或________的方法，排出泡内气体，使卷材复平。

（2）卷材屋面大面积积水的处理方法有________、________和________。

（3）细石混凝土防水层表面起砂、脱皮的处理措施有________和________。

（4）处理防水混凝土裂缝渗漏时，局部较深的裂缝且水压较大的急流漏水，可采用________。

（5）因穿楼管道的套管损坏而引起的渗漏水，应更换套管，对所设套管要封口，并高出楼地面________mm以上。

2. 简答题

（1）卷材防水层流淌的原因有哪些？如何处理？

（2）防水层破损的原因有哪些？如何处理？

（3）简述刚性屋面开裂引起渗漏的原因及处理措施。

（4）涂膜防水层开裂的原因有哪些？如何处理？

（5）防水混凝土施工缝渗漏的原因有哪些？有哪些处理措施？

（6）檐口、女儿墙渗漏事故有哪些？该如何处理？

学习情境九

火灾后建筑的鉴定与加固

情境导入

某市保险公司营业楼共七层，总建筑面积8900 m^2。一层为商场，二层为营业大厅，三至六层为办公，七层为多功能厅。梁柱现浇，砼强度等级为C25，受力钢筋为Ⅱ等级钢，楼面为预应力砼空心板，选自江苏省标准图集苏G8007，其砼强度等级为C30，主筋为冷拨低碳钢丝ϕb4。

1994年年初，某天上午9时，在七层某一多功能厅后期装修时，木工违规操作，点燃了严禁明火的油漆，引起了油漆桶爆炸，进而引发火灾。经组织灭火，在9时40分左右扑灭火灾，过火时间约0.5 h，燃烧物为油漆、木料，受灾面积约180 m^2。铝合金窗户严重变形，局部玻璃液化，框架梁表面呈粉红色或灰色，保护层脱落，漏筋严重，板底保护层大面积酥化脱落，露出钢丝和孔洞。根据现场物体受灾后的情况判断，火灾温度达到900 ℃左右，但大火延续时间较短。

案例导航

从火灾现场调查与分析中，发现该多功能厅灾情严重，灭火时又用了大量的水，使砼的强度受到一定影响，因此对框架梁、楼板、柱进行了检测。

对框架梁的检测：框架梁表面有大量的竖向或斜向裂缝，并沿梁形成环形，高度延伸至梁的挑耳，部分砼保护层崩脱，梁表面砼裂缝宽度为0.25 ~ 0.65 mm，间距200 mm左右，梁砼烧伤深度经钻孔取芯等现场勘测约为25 mm左右，经强度试验，梁砼抗压强度为19.6 MPa。

对楼板的检测：预应力砼空心板下挠严重（约10 mm），保护层脱落，钢丝外露软化，预应力已失效，除板端局部区域，钢丝与砼之间已无预应力。

对柱的检测：由于后期粉刷层较厚，柱砼烧伤深度较浅，仅为0.5 mm左右，砼强度为24.5 MPa。经检测，梁柱无任何明显的变形，对没有遭受火灾影响的砼本体进行了测试，其强度为27.5 MPa。

鉴定结论：

（1）空心板严重受损，剩余承载力很低，需进行加固。

（2）框架梁受损较重，要进行加固。

（3）框架柱受损较轻，可以不做加固，将酥松、剥离的砼剔除，然后用环氧水泥修补。

如何了解火灾后建筑结构鉴定的程序和内容？如何对火灾后建筑损伤结构进行修复与加固？需要掌握的相关知识有：

1. 火灾后建筑结构鉴定的程序与内容；
2. 火灾对建筑结构性能的影响；
3. 火灾后建筑结构检测；
4. 火灾后损伤结构的修复与加固。

学习单元一　火灾后建筑结构鉴定的程序与内容

知识目标

（1）了解火灾后建筑结构鉴定的程序。
（2）熟悉火灾后建筑结构鉴定的内容。

技能目标

能够根据火灾后建的筑结构做初步鉴定和详细鉴定，编制鉴定报告。

基础知识

一、火灾后建筑结构鉴定的程序

建筑物发生火灾后应及时进行鉴定，检测人员应到现场调查所有过火房间和整体建筑物。对有垮塌危险的结构构件，应首先采取防护措施。建筑结构火灾后的鉴定程序，可根据结构鉴定的需要，分为初步鉴定和详细鉴定两个阶段，如图9-1所示。

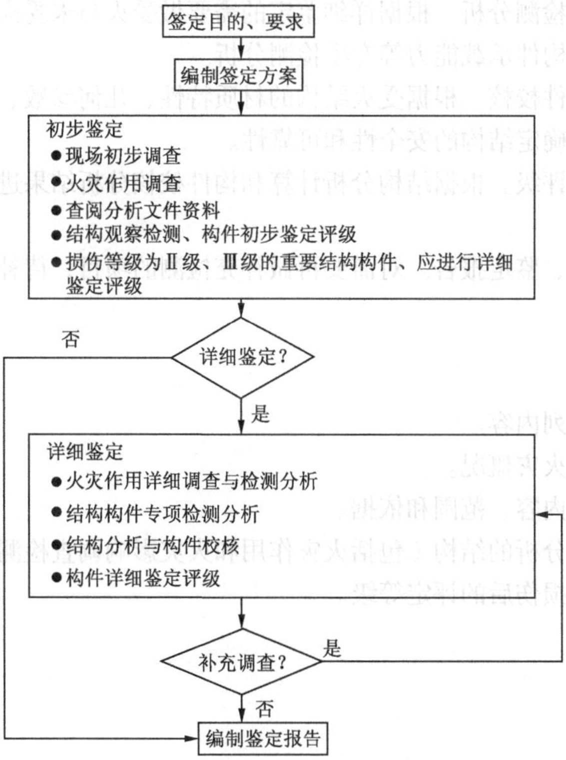

图9-1　火灾后结构鉴定程序

二、火灾后建筑结构鉴定的内容

（一）初步鉴定

初步鉴定应包括下列内容。

（1）现场初步调查。现场勘察火灾残留状况；观察结构损伤严重程度；了解火灾过程；制订检测方案。

（2）火灾作用调查。根据火灾过程、火场残留物状况初步判断结构所受的温度范围和作用时间。

（3）查阅分析文件资料。查阅火灾报告、结构设计和竣工等资料，并进行核实。对结构所能承受火灾作用的能力做出初步判断。

（4）结构观察检测、构件初步鉴定评级。根据结构构件损伤状态特征进行结构构件的初步鉴定评级。

（5）编制鉴定报告或准备详细检测鉴定。对损伤等级为Ⅱ级、Ⅲ级的重要结构构件，应进行详细鉴定评级。对不需要进行详细检测鉴定的结构，可根据初步鉴定结果直接编制鉴定报告。

（二）详细鉴定

详细鉴定应包括下列内容。

（1）火灾作用详细调查与检测分析。根据火灾荷载密度、可燃物特性、燃烧环境、燃烧条件、燃烧规律，分析区域火灾温度—时间曲线，与初步判断相结合，提出用于详细检测、鉴定的各区域的火灾温度—时间曲线；也可根据材料微观特征判断受火温度。

（2）结构构件专项检测分析。根据详细鉴定的需要做受火与未受火结构的材质性能、结构变形、节点连接、结构构件承载能力等专项检测分析。

（3）结构分析与构件校核。根据受火结构的材质特性、几何参数、受力特征进行结构分析计算和构件校核分析，确定结构的安全性和可靠性。

（4）构件详细鉴定评级。根据结构分析计算和构件校核分析结果进行结构构件的详细鉴定评级。

（5）编制详细检测、鉴定报告。对需要再做补充检测的项目，待补充检测完成后再编制最终鉴定报告。

（三）鉴定报告

鉴定报告应包括下列内容。

（1）建筑、结构和火灾概况。

（2）鉴定的目的、内容、范围和依据。

（3）调查、检测、分析的结构（包括火灾作用和火灾影响调查检测分析结果）。

（4）结构构件烧灼损伤后的评定等级。

（5）结论与建议。

（6）附件。

学习单元二　火灾对建筑结构性能的影响

知识目标

（1）了解火灾后对建筑结构火灾温度的确定方法。

（2）了解火灾温度对建筑结构的影响。

技能目标

能够确定火灾中建筑结构的过火温度，能够评估高温对混凝土性能、钢筋性能的影响。

基础知识

一、火灾后对建筑结构火灾温度的确定

（1）取构件表面混凝土的烧伤层，在电子显微镜下进行混凝土内部结构和矿物成分变化分析，判定火灾温度。

（2）根据现场残留物和混凝土结构颜色的调查结果判定火灾温度。

（3）根据混凝土结构内钢筋的强度损失和混凝土烧伤深度判定火灾温度。

例如，根据现场调查和构件各部位的取样鉴定，判定某工程最高火灾温度为800 ℃ ~ 1 000 ℃。其轴线位置为轴① ~ ②、轴Ⓒ ~ Ⓓ附近和轴② ~ ③、轴Ⓒ ~ Ⓓ范围内，火灾温度区域如图9-2所示。

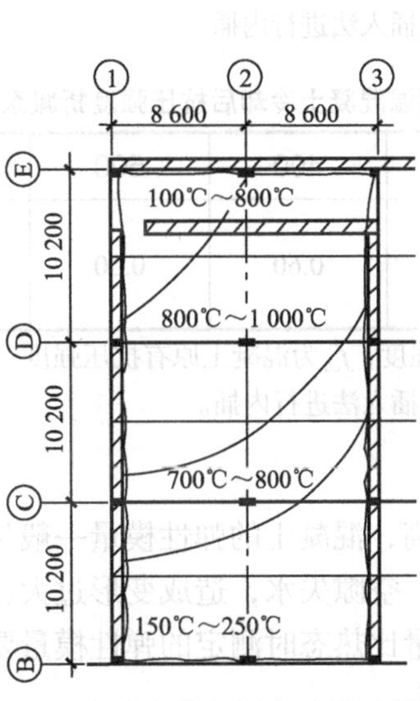

图9-2　火灾面积与温度区域示意图

根据调查和现场查看，该起火灾起火部位是在轴② ~ ③靠轴Ⓓ附近，火焰由南向北蔓延，从而使得轴①和轴②线的结构受损较为严重。

二、火灾温度对建筑结构的影响

在火灾（高温）作用下，建筑材料的性能会发生重大的变化，从而导致构件变形和结构内力重分布，大大降低结构的承载力。因此，总结、完善火灾对钢筋及混凝土材料物理力学性能

的退化规律，是开展混凝土结构抗火性能及火灾后损伤评估与修复研究的基础。

（一）高温对混凝土性能的影响

1. 强度

在进行初步调查后，根据火场温度确定的混凝土构件灼烧温度，可按表9-1 ~ 表9-3所示的抗压强度折减系数确定火灾后混凝土构件的实际强度。

表9-1 混凝土高温时抗压强度折减系数

温度/℃	常温	300	400	500	600	700	800
$\frac{f_{cu,t}}{f_{cu}}$	1.00	1.00	0.80	0.70	0.60	0.40	0.20

注：1. $f_{cu,t}$为混凝土高温冷却后的抗压强度，f_{cu}为混凝土原有抗压强度。
2. 当温度在两者之间时，采用线性插入法进行内插。

表9-2 高温混凝土自然冷却后抗压强度折减系数

温度/℃	常温	300	400	500	600	700	800
$\frac{f_{cu,t}}{f_{cu}}$	1.00	0.80	0.70	0.60	0.50	0.40	0.20

注：1. $f_{cu,t}$为混凝土高温冷却后的抗压强度，f_{cu}为混凝土原有抗压强度。
2. 当温度在两者之间时，采用线性插入法进行内插。

表9-3 高温混凝土冷却后抗压强度折减系数

温度/℃	常温	300	400	500	600	700	800
$\frac{f_{cu,t}}{f_{cu}}$	1.00	0.70	0.60	0.50	0.40	0.25	0.10

注：1. $f_{cu,t}$为混凝土高温冷却后的抗压强度，f_{cu}为混凝土原有抗压强度。
2. 当温度在两者之间时，采用线性插入法进行内插。

2. 混凝土的弹性模量

试验研究表明，随着温度升高，混凝土的弹性模量一般呈线性迅速下降。因为在高温条件下，混凝土出现裂缝，组织松弛，空隙失水，造成变形过大，弹性模量降低。另外，混凝土加热并冷却到室温时测定的弹性模量比热态时测定的弹性模量要小。高温自然冷却后，混凝土弹性模量折减系数按表9-4所示确定。

表9-4 高温自然冷却后混凝土弹性模量折减系数

温度/℃	常温	300	400	500	600	700	800
$\frac{E_{h,5}}{E_h}$	1.00	0.75	0.46	0.39	0.11	0.05	0.03

注：E_h为混凝土弹性模量。

（二）高温对钢筋性能的影响

1．强度

（1）常用的普通低碳钢筋，温度低于200 ℃时，钢筋的屈服强度没有显著下降，屈服台阶随温度的升高而逐渐减小；温度约为300 ℃时，屈服台阶消失，此时其屈服强度可按0.2%的残余变形确定；温度在400 ℃以下时，由于钢材在200 ℃～350 ℃时的蓝脆现象，其强度比常温时略高，但塑性降低；温度超过400 ℃时，强度随温度升高而降低，但是其塑性增加；温度超过500 ℃时，钢筋强度降低50%左右；温度约700 ℃时，钢筋强度降低80%以上。

（2）低合金钢在300 ℃以下时，其强度略有提高，但塑性降低；超过300 ℃时，其强度降低而塑性增加。低合金钢筋强度降低幅度比普通低碳钢筋小。

HPB235钢筋、HRB335钢筋和冷拔钢丝高温时及高温冷却后的强度折减系数按表9-5和表9-6所示确定。

表9-5　高温时钢筋强度折减系数

温度/℃	折减系数		
	HPB235	HRB335	冷拔钢丝
室温	1.00	1.00	1.00
100	1.00	1.00	1.00
200	1.00	1.00	0.75
300	1.00	0.80	0.55
400	0.60	0.70	0.35
500	0.50	0.60	0.20
600	0.30	0.40	0.15
700	0.10	0.25	0.05
900	0.05	0.10	0.00

注：对于热轧钢筋HPB235和HRB335，钢筋强度指标为屈服强度；对于冷拔钢丝，钢筋强度指标为极限抗拉强度。

表9-6　HRB335钢筋高温冷却后强度折减系数

温度/℃	折减系数	
	屈服强度	极限抗拉强度
室温	1.00	1.00
100	0.95	1.00
200	0.95	1.00
250	0.95	0.95

续表

温度/℃	折减系数	
	屈服强度	极限抗拉强度
300	0.95	0.95
350	0.95	0.95
400	0.95	0.90
450	0.90	0.90
500	0.90	0.90
600	0.90	0.85
700	0.85	0.85
800	0.85	0.85
900	0.80	0.80

2. 钢筋的弹性模量

试验研究表明，钢筋弹性模量是一个比较稳定的物理量，虽然随着温度的升高而降低，但与钢材的种类及钢筋的级别关系不大。已有研究表明，钢筋在火灾后的弹性模量无明显变化，可取常温时的值。

学习单元三　火灾后建筑结构检测

知识目标

（1）了解火灾后对混凝土结构烧损程度的检测。

（2）掌握火灾后对砌体结构的检测方法。

（3）掌握火灾后对钢结构检测内容。

技能目标

能够掌握火灾后对混凝土结构烧损程度、砌体结构和钢结构的检测方法。

基础知识

一、火灾后对混凝土结构烧损程度的检测

根据火灾后对结构的检查、火灾温度及火灾持续时间的推定，可以判断构件材料的变化和承载能力。对建筑结构火灾后受损程度进行评定，是对火灾后建筑物进行修复与加固的前提。

火灾后，对混凝土结构烧损程度的检测标准如图9-3所示。

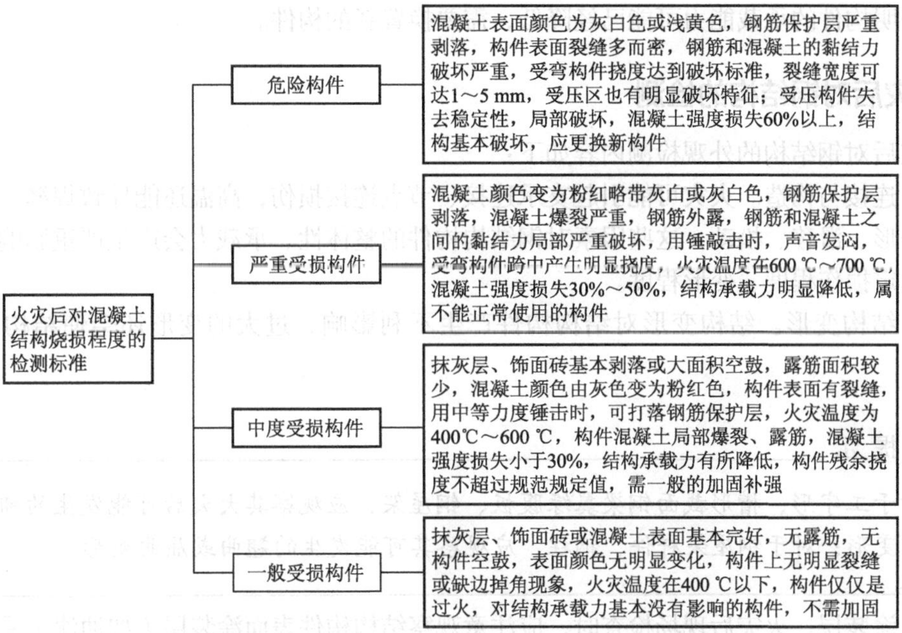

图9-3　火灾后对混凝土结构烧损程度的检测标准

二、火灾后对砌体结构的检测

（一）砌体的残余强度检测

高温会对砌体强度造成一定影响。砌体强度的检测，可直接从灾情严重的烧伤区挖取一定数量的砖块进行抗压强度试验。

（二）砖块损坏检测

在火灾温度不高时，砖块所受影响不大。当火灾温度高于800 ℃时，砖块强度约为原强度的54%，质地疏松。

（三）灰缝损坏检测

遭受火灾时，灰缝通常比砌块更容易受损。特别是用水冲刷时，有时会把处于脱水状态的砂浆冲下来。

小提示

在实际生活中，当遭受严重火灾时，虽然灰缝损坏部分的深度一般不超过20 mm，但灰缝会变软、粉化，400 ℃冷却后的残余强度为常温的70%，800 ℃冷却后的残余强度为常温的10%。

（四）变形检测

检测砌体结构的表面裂缝、面层剥落或其他表面损害，以确定是否对结构造成影响。总体来说，没有过度变形、挠曲、位移或大裂缝的砌体都可以修补，而无须拆除重建。若出现上述缺陷，表明构件的承载能力可能已经降低，需要换置新的构件。

三、火灾后对钢结构的检测

火灾后对钢结构的外观检测内容如下：

（1）连接与构造。火灾可能引起支承连接、节点连接损伤，高温还能导致焊缝、铆钉、螺栓产生变形、滑移、松动，这些因素对钢结构构件的整体性、承载力会产生严重影响，应仔细检查，确定损伤程度、变形程度。

（2）结构变形。结构变形对结构构件产生不利影响，过大的变形还会使结构丧失承载能力。

小提示

对于工字形、槽形截面钢梁翼缘腹板、钢屋架，应观察其大火后可能发生的翘曲或侧向弯曲变形；对于钢屋架杆件、钢柱，应观察其可能发生的翘曲或屈曲变形。

（3）涂装层。火灾后现场检查时，应注意观察结构构件表面涂装层（如油漆）受火燃烧后的颜色变化、迎火面与背火面油漆颜色的区别，为判断大火的温度及确定钢结构材料火灾后的强度提供依据。

学习单元四　火灾后损伤结构的修复与加固

知识目标

（1）了解火灾后损伤结构的修复与加固设计原则。

（2）了解火灾后结构修复与加固材料的选取原则。

（3）熟悉火灾后结构修复与加固的施工顺序。

（4）掌握结构表面烧伤层的修复处理方法。

技能目标

（1）能够掌握火灾后损伤结构的修复和加固设计原则。

（2）能够选取火灾后结构修复与加固材料。

（3）能够掌握火灾后结构修复与加固的施工顺序。

（4）能够修复结构表面烧伤层。

基础知识

一、火灾后损伤结构的修复与加固设计原则

（1）修复、加固设计时，要尽量保证加固措施能与原结构共同工作。

（2）对上层结构加固后，检查下层结构及地基基础等能否承受由上层加固所增加的荷载。

（3）检查按所选择的加固方案施工是否会对其他构件产生不利影响。因为施工过程中，拆卸危险构件和凿除烧酥层时的敲击振动，常常会使相邻构件损伤程度增加。

（4）修复、加固方法应简单易行、安全可靠、经济合理。修复、加固工作是在原有建筑上进行的，因此应选择施工方便的修复、加固方法。在制订修复、加固设计方案时，应考虑加固时和加固后建筑物的总体效应。

（5）检查对某些构件加固后是否会改变建筑物的动力特性，而影响整幢建筑物的抗震性能。

（6）修复、加固设计时，应尽量保留原有结构，减少拆除工程量。

二、火灾后结构修复与加固材料的选取原则

（1）加固用水泥宜选用普通硅酸盐水泥，强度等级不应低于42.5级。

（2）加固用钢材一般选用HPB300级、HRB335级钢；钢绞线应选用高强低松弛的1860级钢绞线。

（3）加固用混凝土强度等级应比原结构混凝土强度等级高一级，且不宜低于C20级。

（4）黏结材料及化学灌浆料的黏结强度应高于被黏结构混凝土的抗拉强度和抗剪强度。

三、火灾后结构修复与加固的施工顺序

（1）根据结构受损程度，按设计要求在梁和板底部位设置安全支撑，以免在修复、加固的施工过程中使构件受损程度增加，甚至断裂、倒塌。

（2）铲除板底原粉刷层，凿除其烧酥层，进行烧伤层处理及截面复原工作。

（3）铲除梁、柱原粉刷层，凿除其烧酥层，进行烧伤层处理及截面复原工作。

（4）对柱进行结构加固施工。

（5）对主梁进行结构加固施工。

（6）对连系梁进行结构加固施工。

（7）对楼板进行结构加固施工。

（8）对梁、柱、楼板底面、墙面做水泥砂浆粉刷。

（9）建筑装饰施工。

四、结构表面烧伤层修复处理

遭受火灾的混凝土构件表面往往存在混凝土烧酥、爆裂、剥落、露筋、开裂等损伤，对这类结构表面烧伤层的修复、加固，需按结构烧损程度进行表面处理。对轻度受损构件，火灾后仅需进行烧伤层处理；对中度和严重受损构件，先进行烧伤处理，然后进行结构加固。烧伤层处理主要包括烧酥、爆裂、剥落层处理和裂缝处理两方面的工作。

（1）受损结构加固方法。板、梁、柱受损程度分类及加固方法见表9-7。

表9-7　　板、梁、柱受损程度分类及加固方法

受损程度 加固方法	严重	中度	轻度
板	撑桁架方法加固	板底高强度水泥砂浆方法加固	清理面层，用水泥砂浆粉平

续表

加固方法＼受损程度	严重	中度	轻度
梁	预应力撑杆及受压区粘钢加固	预应力撑杆加固	铲除烧酥层，清理剥落的粉刷层，用1 ：1水泥砂浆粉抹平
柱	撑杆角钢加固，加1 ：1水泥砂浆粉刷50 mm厚	撑杆角钢加固，加1 ：1水泥砂浆粉刷25 mm厚	铲除烧酥层并清理剥落的粉刷层，加1 ：1水泥砂浆粉刷25 mm厚

（2）加固处理措施。

① 烧酥层处理。柱、梁、板烧酥层处理措施是凿除混凝土烧酥层。在火灾检测及加固设计人员指导下进行，凿除工作应仔细，避免将未烧酥层振松，烧酥层凿除后，用钢丝刷刷去浮灰，用压力清水将表面冲洗干净后刷一遍801胶，用1 ：1水泥砂浆将构件分层粉平至原尺寸。

② 柱子的加固施工。

（a）施工时，缀板与角钢应采用等焊。

（b）安装柱角传力钢板。

（c）根据柱子的实际尺寸在现场放样，受力四角用角钢加固。

（d）用C30细石混凝土灌捣密实60 mm厚，柱角钢保护层30 mm厚。

（e）在分块缀板上下各焊一道12箍筋。

③ 梁的加固施工。

（a）中度损伤梁用预应力撑杆加固。

（b）损伤严重的梁的加固施工，应先与中度损伤梁一样进行预应力撑杆加固施工，施工完后再进行粘贴加固。

④ 板的加固施工。

（a）一般用1 ：1水泥砂浆粉刷板底即可。

（b）对于严重损伤的板，采用撑桁架方法进行加固。将板面酥松砂浆全部凿除，全部铺双向钢筋网浇筑C30细石混凝土。

学习案例

四川某歌舞厅为砖混结构，平面布置为：一、二层为钢筋混凝土框架结构，作为商业门面用房。三至八层为住宅。楼板均采用混凝土预制空心楼板，住宅砌体采用Mu15砖和M10砂浆砌筑，底部两层框架混凝土强度为C30。该住宅楼与1989年6月竣工，使用中将二层设为歌舞厅，于2000年8月27日凌晨3:30分发生火灾，火灾开始于该楼层前部，然后迅速蔓延至全楼层后半部分，并将部分玻璃和铝合金窗熔化，但并未引起三楼室内燃烧，大火燃烧时间为100 min，直至凌晨5：10分火势才得到控制。

因燃烧发生在第二层，故第三层的楼面梁、板和第二层的柱损伤十分明显。柱上摸灰层普遍炸裂、脱落，部分柱的混凝土保护层出现龟裂，个别柱烧伤程度达到50 mm。第三层梁底保护层普遍烧酥，梁底部位损伤最为严重，梁侧面烧酥程度较底部轻，但出现大面积龟裂和裂缝，剥开裂缝发现，少数裂缝深入梁核心混凝土。个别梁烧伤十分严重，其刚度明显降低。第二层楼板普遍完好。第三层楼板的板底混凝土普遍烧酥大面积脱落，大部分空心板孔洞外露，空心板的预应力钢筋也出现大面积外露、松弛现象，使空心板丧失了承载能力。

想一想

1. 试分析结构受损情况。

2. 应该采取什么样的加固措施？

案例分析

1. 结构受损情况分析

（1）对板柱检查。从火烧作用的范围来看，第二层楼板几乎无损伤，第二层柱由下而上，损伤逐步加重，第三层梁比第二层柱严重，第三层预制板比该楼层楼面梁严重，梁柱的棱角部位比平面部位严重，梁柱自表面向里损伤逐渐减轻。

主要原因：不同构件接触火苗的部位不同、受火面大小不同和构件自身的薄厚不同所至。第三层楼板的损伤比框架梁柱的损伤严重得多，主要原因是火灾时钢筋混凝土空心板直接承受火荷载，而且板的厚度比较小，其钢筋混凝土保护层也比较小。所以钢筋混凝土空心板是火灾是最薄弱的环节。火灾时，钢筋混凝土空心板中钢筋受高温作用而强度降低，钢筋与混凝土之间的黏结力完全失效，从而使板的截面抵抗矩降低，板的刚度下降，饶度增加，裂缝增多，进而导致板的完全破坏。

（2）对住宅部分各层墙体检查。第三层和第四层因火灾而引起的裂缝较多，尤其时第三层更显著，大多数裂缝都贯穿墙体两面。最大裂缝达2.0 mm，裂缝走势和分布无规律可循，但水平向裂缝很少，门窗洞口一般均出现裂缝。由于外墙被直接从第二层窜出的火苗烧烤，其变形较内墙快且大，其裂缝也比内墙多。第四层墙体裂缝只有个别大于0.5 mm。随着楼层的增加，温度影响越来越小，墙体裂缝也逐渐减少。

2. 加固方案

加固的总体思路是：首先对第三层楼面梁采用钢管支撑以排除险情，第三层楼板由于损伤过于严重，决定予以拆除，重新浇注混凝土板，第三层梁采用外粘钢板进行加固，第二层柱敲除表面抹灰，采用外包钢加固后，重新进行粉刷。

（1）钢管支撑。采用直径为219 mm的钢管对第三层楼面梁进行支护。每根梁设置两根钢管支护，钢管应上下对齐，两端采用钢板封闭，下垫250 mm×250 mm的方木。由于火灾时楼面梁刚度降低，在荷载作用下已明显饶曲，应采用千斤顶给梁反向加荷卸载。千斤顶的顶升荷载根据现场梁上荷载确定，使其顶升位移满足卸荷要求。

钢管支护的主要目的，是由于该工程火灾损伤较重，需要及时排除险情，同时又能给第三层楼面梁柱卸荷，有利于结构加固。火灾使梁柱混凝土内部出现微裂缝，这些微裂缝将逐渐发展与梁柱的应力水平有关，应力水平越高，其发展速度越快，反之越慢。通过钢管的顶升作用，可使梁柱的应力水平降至最低，从而最大限度地阻止了梁柱微裂缝的继续发展。

（2）柱加固。由于柱表面已经受损，柱截面消弱较大，采用外包钢进行加固。该方法在新增加柱截面的部分提高柱承载力的同时，还因为新增钢板箍的横向约束作用，使原混凝土柱处于良好的三向应力状态，因而可以大幅度地提高柱的承载力

（3）梁加固。梁侧面和梁底损伤较为严重，强度降低较大，采用外粘钢板进行加固。该方法将高强度的钢板粘贴于被加固的钢筋混凝土梁受力部位，不仅能保证混凝土和钢板作为一个

新的整体共同受力，而且能最充分地发挥粘钢构件的抗弯、抗剪和抗压的性能。

由于混凝土面受火灾后产生不同程度的疏松、剥落，应将其凿除后才能进行补强。凿除受损混凝土后，混凝土表面凹凸不平，可用胶泥砂浆对其表面进行找平，其后才能对其进行粘钢加固处理。

（4）板加固。第三层楼板是损伤最为严重的构件，其表面混凝土大面积脱落，钢筋裸露，部分钢筋已锈断，决定拆除原预制混凝土空心楼板，整浇注钢筋混凝土板。且该层是框架与砖混部分之间的转换层，整体现浇对房屋的刚度是有利的。

（5）构件裂缝处理。经过火灾作用的混凝土突然遇到冷水作用而使混凝土面产生大面积的龟裂纹，大部分裂缝宽度仅为0.3 mm左右，且大部分在混凝土梁上，为避免钢筋锈蚀，先用裂缝密封胶对其进行密封。对于梁柱上的裂缝，应采用粘钢补强，通过钢板来封闭粘钢部位加固构件的裂缝，约束混凝土的变形，从而有效地提高加固构件的强度、刚度和抗裂性。

知识拓展

火灾对材料特性的影响

1.有色金属（铝、锌、铜、黄铜）

建筑上所用各种有色金属不能自燃，但根据火灾的规模，会出现强度降低、变形和熔化等情况，如铝窗框在650 ℃就熔化，窗玻璃脱落；水道配管类所用的锌和铅在300 ℃ ~ 400 ℃时就软化了；铜导线和门把手所用黄铜具有一定耐热性，到900℃时还没有熔化。

2.油漆

一般涂在钢材上的油漆受热不到100 ℃时只产生黑烟，并不受到损伤。100 ℃ ~ 300 ℃可产生裂缝和脱皮现象。防锈漆一直到300 ℃能维持完好的状态，但到300 ℃ ~ 600 ℃时，也开始变色，发黑脱落。当超过600 ℃后除防火涂料外，均被烧光。

3.塑料

塑料可分为热可塑性树脂和热硬化树脂两类。

应特别注意因灭火时大量用水产生二次型灾害——水灾。

学习情境小结

本学习情境主要介绍了火灾后建筑结构鉴定的程序与内容、火灾对建筑结构性能的影响、火灾后建筑结构检测及火灾后损伤结构的修复与加固。通过本学习情境的学习，掌握火灾后建筑结构的检测、修复与加固方法。

学习检测

1. 填空题

（1）对有垮塌危险的结构构件，应首先采取________措施。

（2）对损伤等级为________、________的重要结构构件，应进行详细鉴定评级。

（3）试验研究表明，随着温度升高，混凝土的弹性模量一般呈________。

（4）常用的普通低碳钢筋，温度低于________时，钢筋的屈服强度没有显著下降，屈服台阶随温度的升高而逐渐减小。

（5）加固用水泥宜选用普通硅酸盐水泥，强度等级不应低于________级。

2. 简答题

（1）简述火灾后建筑结构鉴定的内容。

（2）鉴定报告应包括哪些内容？

（3）如何确定火灾后建筑结构火灾温度？

（4）火灾后如何检测砌体结构？

（5）火灾后结构选取修复与加固材料时应遵循哪些原则？

（6）如何对结构表面烧伤层进行修复处理？